21世纪高等院校信息与通信工程规划教材

21st Century University Planned Textbooks of Information and Communication Engineering

刘崇琪 吕淑媛 谢东华 李晓莉 罗文峰 编著

光纤光学与技术

Optical Fiber Optics and Technology

人民邮电出版社

北京

高校系列

图书在版编目（CIP）数据

光纤光学与技术 / 刘崇琪等编著. -- 北京 ：人民
邮电出版社，2015.8
  21世纪高等院校信息与通信工程规划教材
  ISBN 978-7-115-28261-3

Ⅰ．①光… Ⅱ．①刘… Ⅲ．①纤维光学－高等学校－
教材 Ⅳ．①TN25

中国版本图书馆CIP数据核字(2015)第151095号

内 容 提 要

　　本书首先系统论述了光纤光学的射线理论和波动理论；在此基础上，对光纤和平面光波导进行了理论分析，重点分析光纤的损耗和色散对通信质量的影响；讨论了色散对脉冲展宽的影响；最后介绍了时域有限差分法、光束传播法和有限元法等数值计算方法，给出了相应的实例。本书注重理论联系实际，编写了大量例题以帮助读者理解基本概念和理论，并提供了理论模拟和 Matlab 应用实例。

　　本书可作为通信技术、测控技术、光学工程、光信息科学与技术、光电信息工程、光电子技术等专业本科生教材和相近专业研究生的参考书，也可供有关工程技术人员、科研人员和教师阅读参考。

◆ 编　著　刘崇琪　吕淑媛　谢东华　李晓莉　罗文峰
　　责任编辑　张孟玮
　　执行编辑　李　召
　　责任印制　沈　蓉　彭志环
◆ 人民邮电出版社出版发行　　北京市丰台区成寿寺路 11 号
　　邮编　100164　　电子邮件　315@ptpress.com.cn
　　网址　http://www.ptpress.com.cn
　　北京昌平百善印刷厂印刷
◆ 开本：787×1092　1/16
　　印张：10.75　　　　　　　　2015 年 8 月第 1 版
　　字数：252 千字　　　　　　2015 年 8 月北京第 1 次印刷

定价：36.00 元
读者服务热线：(010)81055256　印装质量热线：(010)81055316
反盗版热线：(010)81055315

　　光纤光学这一名称始于 20 世纪 50 年代，是光学的分支之一。光纤光学是研究光波在光导纤维中传输的一门技术，在通信和传感领域得到了广泛的应用。随着光纤技术的发展，光纤光学研究的内容仍在不断丰富，应用范围仍在不断扩展。光纤的有些特性目前仍处于研究之中，以光纤为基础的新型光器件也随之不断出现。光纤光学这门课程是光学工程、光信息科学与技术、光电信息工程、光电子技术、通信技术、测控技术等专业的一门重要的专业基础课。

　　本书是在作者多年从事教学工作的基础上，依据教学需要编写而成的。其内容既注重了系统、深入的理论描述，同时也力求反映技术研究领域的最新成果，使之不但可作为工科大学本科生和研究生教材，而且也可作为有关领域技术人员的参考书。

　　本书共 5 章，参考教学时数为 48 学时。它以经典电磁场理论和近代光学为基础，系统论述了光纤光学的基本原理、传输特性及主要应用。第 1 章介绍光纤光学的基本理论，包括光的射线理论基础和波动理论基础。第 2 章运用射线理论和波动理论对阶跃光纤、渐变光纤等进行了分析。第 3 章围绕光纤的传输特性，重点分析光纤的损耗特性和色散特性的产生原因、分类及其对通信质量的影响，并且以基带特性模型分析了色散对脉冲展宽的影响。第 4 章从射线理论和波动理论两个方面研究平面光波导的特性。第 5 章介绍了光波导的数值计算方法，包括时域有限差分法、光束传播法和有限元法，并在有限元法中给出了 Comsol 软件的使用方法和应用实例。

　　本书由刘崇琪、吕淑媛、谢东华、李晓莉和罗文峰共同编写。其中第 1 章由罗文峰编写；第 2 章由刘崇琪编写；第 3 章由谢东华编写；第 4 章由李晓莉编写；第 5 章由吕淑媛编写。全书由刘崇琪统稿。

　　感谢梁猛老师在本书编写过程中提供了部分资料并给予许多有益的建议，感谢研究生邢竹艳提供了 Comsol 软件的应用实例。

　　由于编者水平有限，书中难免存在疏漏之处，热切希望读者指正。

编　者

2015 年 1 月

目 录

第1章 光波导基础理论 ……………… 1
1.1 概述 ………………………… 1
1.2 麦克斯韦方程组 ………………… 1
1.3 亥姆霍兹波动方程 ……………… 3
1.4 光波导电磁场求解的一般方法
　 ……………………………… 4
1.5 射线光学基础 ………………… 7
1.6 坡印廷矢量 …………………… 9
1.7 平面光波在电介质表面的反射
　 和折射 ……………………… 10
　 1.7.1 电矢量垂直入射面的
　　　　 平面波 ……………… 11
　 1.7.2 电矢量平行入射面的
　　　　 平面波 ……………… 11
　 1.7.3 反射率和透射率 ……… 12
　 1.7.4 全反射 ………………… 13
　 1.7.5 倏逝波 ………………… 14
1.8 小结 ………………………… 15
习 题 ……………………………… 15
第2章 光 纤 …………………… 16
2.1 光纤的结构和分类 …………… 16
　 2.1.1 光纤的基本结构 ……… 16
　 2.1.2 光纤的分类 …………… 16
2.2 光纤的射线理论分析 ………… 17
　 2.2.1 阶跃光纤的射线分析 …… 17
　 2.2.2 渐变光纤射线分析 …… 21
2.3 阶跃光纤波动理论分析 ……… 24
　 2.3.1 概述 …………………… 24
　 2.3.2 阶跃光纤矢量解法 …… 25
　 2.3.3 阶跃光纤标量近似解法 … 39
2.4 渐变光纤波动理论分析 ……… 49
　 2.4.1 概述 …………………… 49

2.4.2 平方律折射率分布光纤标量
　　　 近似解法 ……………… 49
2.5 多包层光纤 …………………… 53
　 2.5.1 概述 …………………… 53
　 2.5.2 多包层光纤的结构和类型 … 53
2.6 小结 ………………………… 56
习 题 ……………………………… 56
第3章 光纤特性 ……………… 58
3.1 概述 ………………………… 58
3.2 光纤损耗特性 ………………… 58
　 3.2.1 光纤损耗的概念及其表示
　　　　 ………………………… 58
　 3.2.2 光纤损耗产生的原因分析
　　　　 ………………………… 59
　 3.2.3 光纤损耗对通信质量的影响
　　　　 ………………………… 62
3.3 光纤色散 …………………… 64
　 3.3.1 群时延 ………………… 65
　 3.3.2 光纤色散类型及其表示 … 65
　 3.3.3 色散导致的脉冲展宽 …… 72
　 3.3.4 色散对于传输带宽的影响
　　　　 ………………………… 78
　 3.3.5 光纤色散对通信质量的影响
　　　　 ………………………… 79
　 3.3.6 色散补偿 ……………… 80
3.4 小结 ………………………… 82
习 题 ……………………………… 83
第4章 平面光波导 …………… 84
4.1 平面介质波导的光线模型 …… 84
　 4.1.1 平面介质波导的结构 …… 84
　 4.1.2 平板介质波导模式的
　　　　 几何模型 ……………… 85

4.1.3 平面介质波导导模的特征
方程 ⋯⋯⋯⋯ 85
4.1.4 平面介质波导导模的传输
特性和截止条件 ⋯⋯⋯ 89
4.2 平面介质波导的电磁理论——
波动方程 ⋯⋯⋯⋯ 94
4.2.1 平面介质波导中导模的
电磁场的结构 ⋯⋯⋯ 94
4.2.2 场分布及特征方程 ⋯⋯ 98
4.3 平面介质波导导模的传输功率
⋯⋯⋯⋯⋯⋯⋯⋯⋯ 113
4.4 小结 ⋯⋯⋯⋯⋯⋯ 114
习 题 ⋯⋯⋯⋯⋯⋯⋯ 114
第5章 光波导的数值解析计算 ⋯⋯ 116
5.1 时域有限差分法 ⋯⋯⋯ 116
5.1.1 FDTD 的发展历程及
应用领域 ⋯⋯⋯⋯ 116
5.1.2 时域有限差分法的基本原理
⋯⋯⋯⋯⋯⋯⋯⋯⋯ 120
5.1.3 数值稳定性 ⋯⋯⋯⋯ 126
5.1.4 数值色散 ⋯⋯⋯⋯⋯ 127
5.1.5 吸收边界条件 ⋯⋯⋯ 128
5.1.6 激励源的选择 ⋯⋯⋯ 129
5.1.7 基于时域有限差分法的软件
⋯⋯⋯⋯⋯⋯⋯⋯⋯ 130

5.1.8 平面光波导的 FDTD 计算
分析 ⋯⋯⋯⋯⋯⋯ 130
5.1.9 平行介质波导耦合的计算
仿真 ⋯⋯⋯⋯⋯⋯ 131
5.2 光束传播法 ⋯⋯⋯⋯⋯ 132
5.2.1 FD-BPM ⋯⋯⋯⋯ 133
5.2.2 二维光波导的 TE 模方程
⋯⋯⋯⋯⋯⋯⋯⋯⋯ 135
5.2.3 二维光波导的 TM 模方程
⋯⋯⋯⋯⋯⋯⋯⋯⋯ 135
5.2.4 TE 模 FD-BPM 模式 ⋯ 136
5.2.5 TM 模的 FD-BPM 模式
⋯⋯⋯⋯⋯⋯⋯⋯⋯ 137
5.2.6 边界透明条件 ⋯⋯⋯ 139
5.3 有限元法 ⋯⋯⋯⋯⋯ 142
5.3.1 有限元法的分析过程 ⋯ 143
5.3.2 光波导有限元方法分析
⋯⋯⋯⋯⋯⋯⋯⋯⋯ 144
5.3.3 基于有限元法的软件 ⋯ 147
5.3.4 利用 COMSOL 软件进行
计算的一个实例 ⋯⋯ 149
习 题 ⋯⋯⋯⋯⋯⋯⋯ 160
附录1 矢量分析常用公式 ⋯⋯⋯ 161
附录2 常用贝塞尔函数公式 ⋯⋯ 162
参考文献 ⋯⋯⋯⋯⋯⋯⋯⋯ 165

第 1 章　光波导基础理论

　　本章首先基于麦克斯韦方程组讨论了光波导中电磁场求解的一般方法，然后阐述了射线光学理论，最后讨论了平面光波在介质表面的反射和折射现象。

1.1　概述

　　光纤是光纤通信的传输介质，要传输的信号被调制在光载波上由光纤传输后被解调恢复。能使光信号按照一定的方向传输的装置被称为光波导，光纤是一种圆柱型的能导光的玻璃纤维，又称光导纤维。分析研究包括光纤在内的光波导的基础理论有两种：一种是电磁场理论，另一种是射线理论。射线理论即几何光学。几何光学分析研究光波导简单、直观，可以给出清晰的物理概念，但其分析结果略显粗糙。光是电磁波，所以可以用电磁理论分析研究其在光波导中的行为，分析的结果较为精确，但其分析过程较为复杂烦琐。两种理论各有其优点，因此，在分析研究光波导时，依据需要可同时应用两种理论，发挥各自的优点。电磁理论仅对简单的边值问题能求解出精确的解析解，对于较为复杂的边值问题很难求出解析解。在实际中，大量应用电磁理论的数值方法解决复杂边值问题。无论解析方法还是数值方法，经典电磁理论是基础，电磁理论即麦克斯韦方程组。

1.2　麦克斯韦方程组

　　电磁场的基本规律由麦克斯韦 Maxwell 方程组来表征，其微分形式为

$$\nabla \times \boldsymbol{E} = -\frac{\partial \boldsymbol{B}}{\partial t} \tag{1.1}$$

$$\nabla \times \boldsymbol{H} = J + \frac{\partial \boldsymbol{D}}{\partial t} \tag{1.2}$$

$$\nabla \cdot \boldsymbol{B} = 0 \tag{1.3}$$

$$\nabla \cdot \boldsymbol{D} = \rho \tag{1.4}$$

其中，$\boldsymbol{D}$，$\boldsymbol{E}$，$\boldsymbol{H}$，$\boldsymbol{B}$，ρ，J 分别为电位移矢量、电场强度、磁场强度、磁感应强度、自由电荷密度和介质中的传导电流密度。其中，$\boldsymbol{D}$，$\boldsymbol{E}$，$\boldsymbol{H}$，$\boldsymbol{B}$ 是描述电磁场的物理量，而且都是矢量。式（1.1）表示变化的磁场是电场的旋度源，其感应的电场的电力线是闭合的；式（1.2）表示传导电流和位移电流均为磁场的旋度源，磁力线是闭合的；式（1.3）表示磁场没有散度源，即磁场不能终止于磁荷，所以至今也没有发现磁荷；式（1.4）表示电荷是电场的散度源，电场终止于负电荷。

　　∇ 为矢性算符，在不同坐标系下的表达式分别为

直角坐标系 $\nabla = i_x \dfrac{\partial}{\partial x} + i_y \dfrac{\partial}{\partial y} + i_z \dfrac{\partial}{\partial z}$，其中，$i_x$，$i_y$，$i_z$ 为直角坐标系单位矢量；

圆柱坐标系 $\nabla = i_r \dfrac{\partial}{\partial r} + i_\varphi \dfrac{1}{r}\dfrac{\partial}{\partial \varphi} + i_z \dfrac{\partial}{\partial z}$，其中，$i_r$，$i_\varphi$，$i_z$ 为圆柱坐标系单位矢量；

球坐标系 $\nabla = i_r \dfrac{\partial}{\partial r} + i_\theta \dfrac{1}{r}\dfrac{\partial}{\partial \theta} + i_\varphi \dfrac{1}{r\sin\theta}\dfrac{\partial}{\partial \varphi}$，其中，$i_r$，$i_\theta$，$i_\varphi$ 为球坐标系单位矢量。

$\nabla\cdot$ 和 $\nabla\times$ 分别表示散度和旋度，运算符合标量积和矢量积规则。

【例 1.1】给定电场强度 $\boldsymbol{E} = i_x E_x + i_y E_y = i_x y + i_y x$，求其散度和旋度。

解：

$$\nabla\cdot\boldsymbol{E} = \left(i_x \frac{\partial}{\partial x} + i_y \frac{\partial}{\partial y} + i_z \frac{\partial}{\partial z}\right)\cdot(i_x y + i_y x)$$

$$= \frac{\partial}{\partial x}y + \frac{\partial}{\partial y}x = 0$$

$$\nabla\times\boldsymbol{E} = \left(i_x \frac{\partial}{\partial x} + i_y \frac{\partial}{\partial y} + i_z \frac{\partial}{\partial z}\right)\times(i_x y + i_y x)$$

$$= i_z \frac{\partial}{\partial x}x - i_z \frac{\partial}{\partial y}y + i_y \frac{\partial}{\partial z}y - i_x \frac{\partial}{\partial z}x = 0$$

【例 1.2】求柱坐标系下标量函数的梯度和拉普拉斯表达式，矢量函数的散度和旋度表达式。

解：设标量函数 u，矢量函数 $\boldsymbol{A} = i_r A_r + i_\varphi A_\varphi + i_z A_z$，则

$$\nabla u = i_r \frac{\partial u}{\partial r} + i_\varphi \frac{\partial u}{r\partial \varphi} + i_z \frac{\partial u}{\partial z}$$

$$\nabla^2 u = \nabla\cdot\nabla u = \frac{1}{r}\frac{\partial}{\partial r}\left(r\frac{\partial u}{\partial r}\right) + \frac{1}{r^2}\frac{\partial^2 u}{\partial \varphi^2} + \frac{\partial^2 u}{\partial z^2}$$

$$\nabla\cdot\boldsymbol{A} = \frac{1}{r}\frac{\partial}{\partial r}(rA_r) + \frac{1}{r}\frac{\partial A_\varphi}{\partial \varphi} + \frac{\partial A_z}{\partial z}$$

$$\nabla\times\boldsymbol{A} = \frac{1}{r}\left[i_r\left(\frac{\partial A_z}{\partial \varphi} - \frac{\partial(rA_\varphi)}{\partial z}\right) + r i_\varphi\left(\frac{\partial A_r}{\partial z} - \frac{\partial A_z}{\partial r}\right) + i_z\left(\frac{\partial(rA_\varphi)}{\partial r} - \frac{\partial A_r}{\partial \varphi}\right)\right]$$

若电磁场随时间做简谐变化，即时间因子为 $\exp(\mathrm{j}\omega t)$，则可得到复数形式的麦克斯韦方程组

$$\nabla\cdot\boldsymbol{D} = \rho \tag{1.5}$$

$$\nabla\times\boldsymbol{E} = -\mathrm{j}\omega\boldsymbol{B} \tag{1.6}$$

$$\nabla\times\boldsymbol{H} = \boldsymbol{J} + \mathrm{j}\omega\boldsymbol{D} \tag{1.7}$$

$$\nabla\cdot\boldsymbol{B} = 0 \tag{1.8}$$

式（1.5）～式（1.8）中的所有物理量都是复数。在光纤光学中，通常处理的都是简谐电磁场问题，所以复数形式的麦克斯韦方程组就是电磁理论分析光波导的基础。

麦克斯韦方程组中，$\boldsymbol{D}$ 和 $\boldsymbol{E}$，$\boldsymbol{H}$ 和 $\boldsymbol{B}$ 之间的关系与电磁场存在空间的介质有关。在均匀、各向同性介质中，它们的关系为

$$\boldsymbol{D} = \varepsilon\boldsymbol{E} = \varepsilon_0\varepsilon_r\boldsymbol{E} \tag{1.9}$$

$$\boldsymbol{B} = \mu\boldsymbol{H} = \mu_0\mu_r\boldsymbol{H} \tag{1.10}$$

其中，ε 和 μ 为介质的介电常数和磁导率，ε_0 和 μ_0 为真空中的介电常数和磁导率，ε_r 和 μ_r

为介质相对于真空的相对介电常数和相对磁导率。式（1.9）、式（1.10）由介质决定，所以称为物质关系。

在实际问题中，电磁场存在于不同介质组成的空间中，即存在两种介质的边界，所以需要把麦克斯韦方程组应用到两种介质的边界，得到所谓的边界条件。

对两个理想介质的分界面，边界条件为

$$\boldsymbol{n} \cdot (\boldsymbol{D}_1 - \boldsymbol{D}_2) = \boldsymbol{0} \Rightarrow D_{1n} = D_{2n} \tag{1.11}$$

$$\boldsymbol{n} \times (\boldsymbol{E}_1 - \boldsymbol{E}_2) = \boldsymbol{0} \Rightarrow E_{1t} = E_{2t} \tag{1.12}$$

$$\boldsymbol{n} \cdot (\boldsymbol{B}_1 - \boldsymbol{B}_2) = \boldsymbol{0} \Rightarrow B_{1n} = B_{2n} \tag{1.13}$$

$$\boldsymbol{n} \times (\boldsymbol{H}_1 - \boldsymbol{H}_2) = \boldsymbol{0} \Rightarrow H_{1t} = H_{2t} \tag{1.14}$$

其中，$\boldsymbol{n}$ 为两介质分界面法线方向的单位矢量，电磁场量带下角标 "1" 代表介质 1 的电磁场量，带下角标 "2" 代表介质 2 的电磁场量，电磁场量下角标带 "n" 和 "t" 分别表示电磁场量的法向分量和切向分量。

1.3　亥姆霍兹波动方程

由复数形式的麦克斯韦方程组可以得到亥姆霍兹波动方程。通过解亥姆霍兹方程，并利用边界条件可以求出电磁场。

对式（1.6）两边分别取旋度，并利用式（1.7）、式（1.9）和式（1.10）有

$$\nabla \times (\nabla \times \boldsymbol{E}) = -j\omega \ \nabla \times \boldsymbol{B} = -j\omega\mu \ \nabla \times \boldsymbol{H} = -j\omega\mu (\boldsymbol{J} + j\omega\boldsymbol{D}) = -j\omega\mu (\boldsymbol{J} + j\omega\varepsilon\boldsymbol{E})$$

对无源区域，$\boldsymbol{J} = 0$，则

$$\nabla \times \nabla \times \boldsymbol{E} = \omega^2 \mu\varepsilon\boldsymbol{E} \tag{1.15}$$

再利用矢量恒等式

$$\nabla \times \nabla \times \boldsymbol{E} = \nabla(\nabla \cdot \boldsymbol{E}) - \nabla^2\boldsymbol{E} \tag{1.16}$$

可得

$$\nabla(\nabla \cdot \boldsymbol{E}) - \nabla^2\boldsymbol{E} = \omega^2\mu\varepsilon\boldsymbol{E} \tag{1.17}$$

对无源区域，$\rho = 0$，由式（1.4）可知 $\nabla \cdot \boldsymbol{E} = 0$，代入式（1.17）得

$$\nabla^2\boldsymbol{E} + \omega^2\mu\varepsilon\boldsymbol{E} = 0 \tag{1.18}$$

同理可得

$$\nabla^2\boldsymbol{H} + \omega^2\mu\varepsilon\boldsymbol{H} = 0 \tag{1.19}$$

式（1.18）和式（1.19）分别为电场和磁场的亥姆霍兹方程。算子 $\nabla^2 = \nabla \cdot \nabla$，方程中的场量为矢量，所以称为矢量亥姆霍兹方程。直接求解矢量亥姆霍兹方程并不容易，一般是将矢量亥姆霍兹方程转化为标量亥姆霍兹方程，然后进行求解。

在直角坐标系中，$\boldsymbol{E} = \boldsymbol{i}_x E_x + \boldsymbol{i}_y E_y + \boldsymbol{i}_z E_z$，由于 $\boldsymbol{i}_x$，$\boldsymbol{i}_y$，$\boldsymbol{i}_z$ 为常矢量，即大小和方向均不变，算子 ∇^2 对其作用结果为零，所以有

$$(\boldsymbol{i}_x \ \nabla^2 E_x + \boldsymbol{i}_y \ \nabla^2 E_y + \boldsymbol{i}_z \ \nabla^2 E_z) + \omega^2\mu\varepsilon(\boldsymbol{i}_x E_x + \boldsymbol{i}_y E_y + \boldsymbol{i}_z E_z) = 0$$

因此有

$$\nabla^2 E_x = \omega^2\mu\varepsilon E_x = 0 \tag{1.20}$$

$$\nabla^2 E_y + \omega^2\mu\varepsilon E_y = 0 \tag{1.21}$$

$$\nabla^2 E_z + \omega^2\mu\varepsilon E_z = 0 \tag{1.22}$$

式（1.20）～式（1.22）为电场的三个分量满足的方程。这些方程的形式与矢量亥姆霍兹方程一样，唯一不同的是其中的场量为标量，所以是标量亥姆霍兹方程。

对磁场的三个分量，同样有

$$\nabla^2 H_x + \omega^2 \mu\varepsilon H_x = 0 \tag{1.23}$$

$$\nabla^2 H_y + \omega^2 \mu\varepsilon H_y = 0 \tag{1.24}$$

$$\nabla^2 H_z + \omega^2 \mu\varepsilon H_z = 0 \tag{1.25}$$

在圆柱坐标系中，由于只有 i_z 是常矢量，所以只有 E_z 和 H_z 满足标量亥姆霍兹方程。

在球坐标系中，所有的坐标方向单位矢量都不是常矢量，所以所有场分量都不满足标量亥姆霍兹方程。

【例 1.3】 在各向同性均匀介质中，某电场在直角坐标系中只有 x 分量，且只是 z 的函数，即

$$\boldsymbol{E} = \boldsymbol{i}_x E_x(z)$$

求电磁场 $\boldsymbol{E}$ 和 $\boldsymbol{H}$。

解： 由标量亥姆霍兹方程

$$\nabla^2 E_x + \omega^2 \mu\varepsilon E_x = 0$$

将算子 ∇^2 在直角坐标系的表达式 $\nabla^2 = \dfrac{\partial^2}{\partial x^2} + \dfrac{\partial^2}{\partial y^2} + \dfrac{\partial^2}{\partial z^2}$ 和 $\boldsymbol{E} = \boldsymbol{i}_x E_x(z)$ 代入可得

$$\frac{\mathrm{d}^2 E_x}{\mathrm{d}z^2} + \omega^2 \mu\varepsilon E_x = 0$$

解得其通解

$$E_x = A\exp(-\mathrm{j}kz) + B\exp(\mathrm{j}kz)$$

其中，$k = \omega\sqrt{\mu\varepsilon}$，第一项表示沿 $+z$ 方向传播的均匀平面波，第二项表示沿 $-z$ 方向传播的均匀平面波。

假定 $B = 0$，则

$$E_x = A\exp(-\mathrm{j}kz)$$

其相位随 z 周期性变化，k 称为相位常数。相位变化一个最小周期对应的长度称为波长 λ，即

$$k\lambda = 2\pi \Rightarrow \lambda = \frac{2\pi}{k} \text{ 或 } k = \frac{2\pi}{\lambda}$$

因此，k 又称为波数，即 2π 长度上可容纳的波长数。

由式（1.6）可得

$$\boldsymbol{H} = \boldsymbol{i}_y H_y(z) = \boldsymbol{i}_y \sqrt{\frac{\varepsilon}{\mu}} A\exp(-\mathrm{j}kz)$$

从例 1.3 可以看出，各向同性均匀介质中的均匀平面波，电场、磁场和传输方向三者符合右手定则。

1.4　光波导电磁场求解的一般方法

通常，把能够导引电磁波按照一定的方向进行传播的装置，称为波导。由金属材料构成的波导称为金属波导；由介质材料构成的波导称为介质波导。导引光的光波导一般是介

质波导。例如，介质平面光波导、光纤等都是介质波导。

能够独立存在于波导中的电磁场结构被称为模式。波导中实际存在的电磁场结构可以看作是这些模式的线性叠加。因此求解波导中的电磁场解可以转化为求解波导中的模式的场结构。电磁场模式通常按照电磁场传输方向的场分量（称为纵向场分量）是否为零对模式进行分类，假定传输方向为 z 方向，则根据 E_z，H_z 是否为零进行分类：若 $E_z = H_z = 0$，则称为横电磁模，即 TEM 模式；若 $E_z = 0$，$H_z \neq 0$，则称为横电模，即 TE 模式；若 $H_z = 0$，$E_z \neq 0$，则称为横磁模，即 TM 模式；若 $H_z \neq 0$，$E_z \neq 0$，则称为混合模，即 EH 或 HE 模式。

在直角坐标系下，所有的场分量都满足标量亥姆霍兹方程，所以可以求出所有场分量，即使这样，求解每一场分量所满足的亥姆霍兹方程仍然过于烦琐，况且，若是在圆柱坐标系下，仅有 E_z，H_z 这样的纵向场分量满足标量亥姆霍兹方程可供求解，其他横向的场分量并不能通过解亥姆霍兹方程来求得。因此，只有通过麦克斯韦方程组找到横向场分量和纵向场分量的关系，所有的场分量才能得到求解。

在无源区域，重写麦克斯韦方程组式（1.5）～式（1.8）

$$\nabla \cdot \boldsymbol{D} = \rho = 0 \tag{1.5}$$

$$\nabla \times \boldsymbol{E} = -\mathrm{j}\omega\boldsymbol{B} = -\mathrm{j}\omega\mu\boldsymbol{H} \tag{1.6}$$

$$\nabla \times \boldsymbol{H} = \boldsymbol{J} + \mathrm{j}\omega\boldsymbol{D} = \mathrm{j}\omega\varepsilon\boldsymbol{E} \tag{1.7}$$

$$\nabla \cdot \boldsymbol{B} = 0 \tag{1.8}$$

假定电磁场沿 z 轴方向（纵向）传输，把场和算子写成纵向矢量和横向矢量相加形式

$$\boldsymbol{E} = \boldsymbol{E}_T + \boldsymbol{i}_z E_z$$

$$\boldsymbol{H} = \boldsymbol{H}_T + \boldsymbol{i}_z H_z$$

$$\nabla = \nabla_T + \boldsymbol{i}_z \frac{\partial}{\partial z}$$

其中下标 T 代表横向场，代入式（1.6）和式（1.7），有

$$\nabla_T \times \boldsymbol{E}_T = -\boldsymbol{i}_z \mathrm{j}\omega\mu H_z \tag{1.26}$$

$$\nabla_T \times \boldsymbol{i}_z E_z + \boldsymbol{i}_z \times \frac{\partial \boldsymbol{E}_T}{\partial z} = -\mathrm{j}\omega\mu\boldsymbol{H}_T \tag{1.27}$$

$$\nabla_T \times \boldsymbol{H}_T = \boldsymbol{i}_z \mathrm{j}\omega\varepsilon E_z \tag{1.28}$$

$$\nabla_T \times \boldsymbol{i}_z H_z + \boldsymbol{i}_z \times \frac{\partial \boldsymbol{H}_T}{\partial z} = \mathrm{j}\omega\varepsilon\boldsymbol{E}_T \tag{1.29}$$

由式（1.27）和式（1.29），并利用公式 $\nabla_T \times (\boldsymbol{i}_z E_z) = -\boldsymbol{i}_z \times \nabla_T E_z$ 和 $\nabla_T \times (\boldsymbol{i}_z H_z) = -\boldsymbol{i}_z \times \nabla_T H_z$，可得

$$\boldsymbol{i}_z \times \frac{\partial \boldsymbol{E}_T}{\partial z} + \mathrm{j}\omega\mu\boldsymbol{H}_T = \boldsymbol{i}_z \times \nabla_T E_z \tag{1.30}$$

$$\boldsymbol{i}_z \times \frac{\partial \boldsymbol{H}_T}{\partial z} - \mathrm{j}\omega\varepsilon\boldsymbol{E}_T = \boldsymbol{i}_z \times \nabla_T H_z \tag{1.31}$$

$\boldsymbol{i}_z \times$ 分别作用于式（1.30）和式（1.31），可得

$$-\frac{\partial \boldsymbol{E}_T}{\partial z} + \mathrm{j}\omega\mu\boldsymbol{i}_z \times \boldsymbol{H}_T = -\nabla_T E_z \tag{1.32}$$

$$-\frac{\partial \boldsymbol{H}_T}{\partial z} - \mathrm{j}\omega\varepsilon\boldsymbol{i}_z \times \boldsymbol{E}_T = -\nabla_T H_z \tag{1.33}$$

$\dfrac{\partial}{\partial z}$ 作用于式 (1.32) 后，与式 (1.33) 联立，消去 $\dfrac{\partial \boldsymbol{H}_T}{\partial z}$，可得

$$\left(k^2 + \frac{\partial^2}{\partial z^2}\right) \boldsymbol{E}_T = \frac{\partial}{\partial z} \nabla_T E_z + \mathrm{j}\omega\mu \boldsymbol{i}_z \times \nabla_T H_z \tag{1.34}$$

其中 $k^2 = \omega^2 \mu\varepsilon$。

同理可得

$$\left(k^2 + \frac{\partial^2}{\partial z^2}\right) H_T = \frac{\partial}{\partial z} \nabla_T H_z - \mathrm{j}\omega\varepsilon \boldsymbol{i}_z \times \nabla_T E_z \tag{1.35}$$

若电磁波沿 z 轴方向传播，不计损耗，则所有场量随 z 有相位变化因子 $\mathrm{e}^{-\mathrm{j}\beta z}$，$\beta$ 为传输方向的相位常数，因此有

$$\frac{\partial}{\partial z} = -\mathrm{j}\beta, \qquad \frac{\partial^2}{\partial z^2} = -\beta^2$$
$$k^2 + \frac{\partial^2}{\partial z^2} = k^2 - \beta^2 = k_c^2 \tag{1.36}$$

应用式 (1.36) 后，式 (1.34) 和式 (1.35) 变为

$$\boldsymbol{E}_T = \frac{-\mathrm{j}\beta}{k_c^2} \nabla_T E_z + \mathrm{j}\frac{\omega\mu}{k_c^2} \boldsymbol{i}_z \times \nabla_T H_z \tag{1.37}$$

$$\boldsymbol{H}_T = \frac{-\mathrm{j}\beta}{k_c^2} \nabla_T H_z - \mathrm{j}\frac{\omega\varepsilon}{k_c^2} \boldsymbol{i}_z \times \nabla_T E_z \tag{1.38}$$

式 (1.37) 和式 (1.38) 给出了纵向场和横向场的关系。若纵向场分量被确定，则可求出横向场。因为纵向场分量在直角坐标系和圆柱坐标系下均满足标量亥姆霍兹方程，所以可以通过解标量亥姆霍兹方程求出纵向场分量，然后再利用纵向场和横向场的关系求出横向场。

除了 TEM 模式外，所有的模式都可以采取先求纵向场，再求横向场的方法。

【例 1.4】 某波导中电磁场的纵向场分量

$$E_z = E_0 \sin\left(\frac{\pi x}{5}\right) \sin\left(\frac{\pi y}{3}\right) \mathrm{e}^{-\mathrm{j}\beta z}$$

$$H_z = 0$$

试求其横向场分量 E_x，E_y，H_x 和 H_y。

解： 在直角坐标系下，$\nabla_T = \boldsymbol{i}_x \dfrac{\partial}{\partial x} + \boldsymbol{i}_y \dfrac{\partial}{\partial y}$，所以

$$\boldsymbol{E}_T = \frac{-\mathrm{j}\beta}{k_c^2}\left(\boldsymbol{i}_x \frac{\partial}{\partial x} + \boldsymbol{i}_y \frac{\partial}{\partial y}\right) E_z + \mathrm{j}\frac{\omega\mu}{k_c^2} \boldsymbol{i}_z \times \left(\boldsymbol{i}_x \frac{\partial}{\partial x} + \boldsymbol{i}_y \frac{\partial}{\partial y}\right) H_z$$

$$\boldsymbol{H}_T = \frac{-\mathrm{j}\beta}{k_c^2}\left(\boldsymbol{i}_x \frac{\partial}{\partial x} + \boldsymbol{i}_y \frac{\partial}{\partial y}\right) H_z - \mathrm{j}\frac{\omega\varepsilon}{k_c^2} \boldsymbol{i}_z \times \left(\boldsymbol{i}_x \frac{\partial}{\partial x} + \boldsymbol{i}_y \frac{\partial}{\partial y}\right) E_z$$

将 $E_z = E_0 \sin\left(\dfrac{\pi x}{5}\right) \sin\left(\dfrac{\pi y}{3}\right) \mathrm{e}^{-\mathrm{j}\beta z}$，$H_z = 0$ 代入可得

$$\boldsymbol{E}_T = \frac{-\mathrm{j}\beta E_0}{k_c^2}\left[\boldsymbol{i}_x \frac{\pi}{5}\cos\left(\frac{\pi x}{5}\right)\sin\left(\frac{\pi y}{3}\right) + \boldsymbol{i}_y \frac{\pi}{3}\sin\left(\frac{\pi x}{5}\right)\cos\left(\frac{\pi y}{3}\right)\right]\mathrm{e}^{-\mathrm{j}\beta z}$$

$$\boldsymbol{H}_T = -\mathrm{j}\frac{\omega\varepsilon E_0}{k_c^2}\left[\boldsymbol{i}_y \frac{\pi}{5}\cos\left(\frac{\pi x}{5}\right)\sin\left(\frac{\pi y}{3}\right) - \boldsymbol{i}_x \frac{\pi}{3}\sin\left(\frac{\pi x}{5}\right)\cos\left(\frac{\pi y}{3}\right)\right]\mathrm{e}^{-\mathrm{j}\beta z}$$

所以

$$E_x = \frac{-\mathrm{j}\beta E_0}{k_c^2} \frac{\pi}{5} \cos\left(\frac{\pi x}{5}\right) \sin\left(\frac{\pi y}{3}\right) \mathrm{e}^{-\mathrm{j}\beta t}$$

$$E_y = \frac{-\mathrm{j}\beta E_0}{k_c^2} \frac{\pi}{3} \sin\left(\frac{\pi x}{5}\right) \cos\left(\frac{\pi y}{3}\right) \mathrm{e}^{-\mathrm{j}\beta t}$$

$$H_x = \frac{\mathrm{j}\omega\varepsilon E_0}{k_c^2} \frac{\pi}{3} \sin\left(\frac{\pi x}{5}\right) \cos\left(\frac{\pi y}{3}\right) \mathrm{e}^{-\mathrm{j}\beta t}$$

$$H_y = \frac{-\mathrm{j}\omega\varepsilon E_0}{k_c^2} \frac{\pi}{5} \cos\left(\frac{\pi x}{5}\right) \sin\left(\frac{\pi y}{3}\right) \mathrm{e}^{-\mathrm{j}\beta t}$$

1.5　射线光学基础

用射线分析光波导具有直观形象、概念清晰、方法简便的优点，射线光学是一种电磁理论的短波长近似。当波长远小于系统尺寸时，可以忽略光波的衍射效应，而把光的传播作为直线或曲线处理。在该理论中，光线传播的方向就是光波的能流方向，它的每一点的切线方向与光波等相位面正交。

程函方程是射线光学的基本方程，是描述光线相位特性的方程，适用于单色光的 Maxwell 方程的约化形式

$$\nabla \times \boldsymbol{E} = -\mathrm{j}\omega\mu\boldsymbol{H} \tag{1.39}$$

$$\nabla \times \boldsymbol{H} = \mathrm{j}\omega\varepsilon\boldsymbol{E} \tag{1.40}$$

在均匀介质中式（1.39）和式（1.30）存在平面波特解

$$\boldsymbol{E}(\boldsymbol{r}) = \boldsymbol{E}_0(\boldsymbol{r})\mathrm{e}^{-\mathrm{j}k_0\varphi(\boldsymbol{r})} , \quad \boldsymbol{H}(\boldsymbol{r}) = \boldsymbol{H}_0(\boldsymbol{r})\mathrm{e}^{-\mathrm{j}k_0\varphi(\boldsymbol{r})}$$

在特解表达式中已省略了固定的时变因子 $\mathrm{e}^{\mathrm{j}\omega t}$，振幅 $\boldsymbol{E}_0(\boldsymbol{r})$ 和 $\boldsymbol{H}_0(\boldsymbol{r})$ 均为 $\boldsymbol{r}$ 的函数，$-k_0\varphi(\boldsymbol{r})$ 代表相位延迟，$k_0 = 2\pi/\lambda_0$，$\varphi(\boldsymbol{r})$ 为光程。

$$\nabla \times \boldsymbol{E}(\boldsymbol{r}) = \nabla \times (\boldsymbol{E}_0(\boldsymbol{r})\mathrm{e}^{-\mathrm{j}k_0\varphi(\boldsymbol{r})}) = [\nabla \times (\boldsymbol{E}_0(\boldsymbol{r})]\mathrm{e}^{-\mathrm{j}k_0\varphi(\boldsymbol{r})} - \mathrm{j}k_0[\nabla\varphi(\boldsymbol{r}) \times \boldsymbol{E}_0(\boldsymbol{r})]\mathrm{e}^{-\mathrm{j}k_0\varphi(\boldsymbol{r})}$$

$$\tag{1.41}$$

在几何光学近似下，$\lambda_0 \to 0$ 时，波矢项 k_0 数值很大，式（1.41）右边第一项可以忽略，这时式（1.41）简化为

$$\nabla \times \boldsymbol{E}(\boldsymbol{r}) \approx -\mathrm{j}k_0[\nabla\varphi(\boldsymbol{r}) \times \boldsymbol{E}_0(\boldsymbol{r})]\mathrm{e}^{-\mathrm{j}k_0\varphi(\boldsymbol{r})} \tag{1.42}$$

代入式（1.39），可得

$$k_0[\nabla\varphi(\boldsymbol{r}) \times \boldsymbol{E}_0(\boldsymbol{r})] = \omega\mu\boldsymbol{H}_0(\boldsymbol{r}) \tag{1.43}$$

同理可得

$$k_0[\nabla\varphi(\boldsymbol{r}) \times \boldsymbol{H}_0(\boldsymbol{r})] = -\omega\varepsilon\boldsymbol{E}_0(\boldsymbol{r}) \tag{1.44}$$

电场和磁场的关系式用矩阵表示为

$$\begin{pmatrix} k_0\,\nabla\varphi(\boldsymbol{r}) \times & \varepsilon\omega \\ -\mu\omega & k_0\,\nabla\varphi(\boldsymbol{r}) \times \end{pmatrix} \begin{pmatrix} \boldsymbol{H}_0(\boldsymbol{r}) \\ \boldsymbol{E}_0(\boldsymbol{r}) \end{pmatrix} = 0 \tag{1.45}$$

要使电场和磁场有非零解，式（1.45）中系数行列式应该为零。

对于各向同性介质，经计算可以得到相应的程函方程为

$$[\nabla(k_0\varphi(\boldsymbol{r}))]^2 = \varepsilon(\boldsymbol{r})\mu(\boldsymbol{r})\omega^2 = k^2(\boldsymbol{r}) \tag{1.46}$$

对于非磁性光学介质，式（1.46）简化为

$$|\nabla\varphi(\boldsymbol{r})|=n(\boldsymbol{r}) \tag{1.47}$$

其中使用了 $k(\boldsymbol{r})=k_0\sqrt{\varepsilon_r(\boldsymbol{r})}=k_0 n(\boldsymbol{r})$。式（1.47）是各向同性介质中的程函方程，其物理含义为：空间中任何一点的光波的相位变化率正比于该点的折射率。

当已知折射率分布时，就可以得到光程函数 $\varphi(\boldsymbol{r})$，若令

$$\varphi(\boldsymbol{r})=\text{常数}$$

就可确定等相位面，等相位面的法线方向就是光线的方向。

用几何光学研究光的传播问题，最直观的还是对光线这一概念的操作，理论上用射线方程来描述。在此，可以通过程函方程推导出射线方程。

如图 1.1 所示，光线上各点到参考点的矢径为 $\boldsymbol{r}$，$\mathrm{d}s$ 为光线上的一段微分元，则光线的方向为切线方向，其单位矢量为

$$\boldsymbol{\tau}=\frac{\mathrm{d}\boldsymbol{r}}{\mathrm{d}s} \tag{1.48}$$

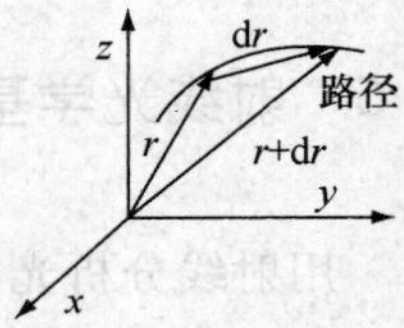

另外，$\nabla\varphi(\boldsymbol{r})$ 是等相位面的梯度，所以光线上的某点的切线方向也可以表示成 $\dfrac{\nabla\varphi(\boldsymbol{r})}{|\nabla\varphi(\boldsymbol{r})|}$，于是有

图 1.1 光线

$$\boldsymbol{\tau}=\frac{\mathrm{d}\boldsymbol{r}}{\mathrm{d}s}=\frac{\nabla\varphi(\boldsymbol{r})}{|\nabla\varphi(\boldsymbol{r})|} \tag{1.49}$$

将式（1.47）代入到式（1.49）中，可以得到

$$n(\boldsymbol{r})\frac{\mathrm{d}\boldsymbol{r}}{\mathrm{d}s}=\nabla\varphi(\boldsymbol{r})=\frac{\mathrm{d}\boldsymbol{r}}{\mathrm{d}s}\frac{\mathrm{d}\varphi(\boldsymbol{r})}{\mathrm{d}s} \tag{1.50}$$

再对式（1.50）两边求路径 s 的导数，可得

$$\frac{\mathrm{d}}{\mathrm{d}s}\left(n\frac{\mathrm{d}\boldsymbol{r}}{\mathrm{d}s}\right)=\frac{\mathrm{d}}{\mathrm{d}s}\nabla\varphi(\boldsymbol{r})=\nabla\frac{\mathrm{d}}{\mathrm{d}s}\varphi(\boldsymbol{r})=\nabla n \tag{1.51}$$

式（1.51）就是折射率分布为 n 的媒质中光线传播的路径方程，也称为射线方程。射线方程将光线轨迹（用 $\boldsymbol{r}$ 描述）和空间折射率分布 n 联系起来，从而用射线方程可以直接求出光线轨迹表达式。$\dfrac{\mathrm{d}\boldsymbol{r}}{\mathrm{d}s}$ 是光线切向斜率，对于均匀介质，折射率 n 为常数，光线以直线形式传播；对于渐变介质，折射率 n 是矢径 $\boldsymbol{r}$ 的函数，则 $\dfrac{\mathrm{d}\boldsymbol{r}}{\mathrm{d}s}$ 为一个变量，这表明光线将发生弯曲。而且可以证明，光线总是向折射率高的一侧弯曲。

【例 1.5】 光线在均匀介质中沿直线传播。

解：设介质均匀各向同性，则介质折射率 n 是一个常数，即 $\nabla n=0$，于是程函方程可以改写成 $\dfrac{\mathrm{d}}{\mathrm{d}s}\left(n\dfrac{\mathrm{d}\boldsymbol{r}}{\mathrm{d}s}\right)=0$，其解为矢量直线方程 $\boldsymbol{r}=s\boldsymbol{a}+\boldsymbol{b}$，其中 $\boldsymbol{a}$ 和 $\boldsymbol{b}$ 是常矢量，在均匀介质中光线路径沿矢量 $\boldsymbol{a}$ 前进，并通过 $\boldsymbol{r}=\boldsymbol{b}$ 点，即光线在均匀介质中沿直线传播，如图 1.2 所示。

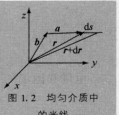

图 1.2 均匀介质中的光线

【例 1.6】 证明在非均匀介质中，光线向折射率较高之处弯曲。

解：令 $\boldsymbol{\tau}$ 为沿光线切线方向的单位矢量，即 $\boldsymbol{\tau}=\dfrac{\mathrm{d}\boldsymbol{r}}{\mathrm{d}s}$。由光线方程可得

$$\frac{\mathrm{d}}{\mathrm{d}s}\left(n\frac{\mathrm{d}\boldsymbol{r}}{\mathrm{d}s}\right)=\frac{\mathrm{d}}{\mathrm{d}s}(n\boldsymbol{\tau})=n\frac{\mathrm{d}\boldsymbol{\tau}}{\mathrm{d}s}+\boldsymbol{\tau}\frac{\mathrm{d}n}{\mathrm{d}s}=\nabla n$$

整理得

$$\frac{\mathrm{d}\boldsymbol{\tau}}{\mathrm{d}s}=\frac{1}{n}\left(\nabla n-\boldsymbol{\tau}\frac{\mathrm{d}n}{\mathrm{d}s}\right)$$

单位矢量 $\boldsymbol{\tau}$ 沿光线曲线上的变化率大小可表示为

$$\frac{1}{\rho}=\left|\frac{\mathrm{d}\boldsymbol{\tau}}{\mathrm{d}s}\right|$$

其中，ρ 为曲线在该点的曲率半径，则

$$\frac{\mathrm{d}\boldsymbol{\tau}}{\mathrm{d}s}=\frac{1}{\rho}\boldsymbol{\sigma}$$

其中，$\boldsymbol{\sigma}$ 为法线方向的单位矢量，由 $\boldsymbol{\sigma}\cdot\boldsymbol{\tau}=0$，可得

$$(\nabla n)\cdot\boldsymbol{\sigma}=\frac{n}{\rho}>0$$

因此，光线轨迹的主法线与折射率的梯度方向之间的夹角为锐角，即沿主法线方向前行时，折射率增大，也就是说光线向折射率较高之处弯曲。

1.6　坡印廷矢量

下面根据麦克斯韦方程分析电磁场的坡印廷矢量，即能流密度矢量，重写式（1.1）和式（1.2）

$$\nabla\times\boldsymbol{E}=-\frac{\partial\boldsymbol{B}}{\partial t}$$

$$\nabla\times\boldsymbol{H}=\boldsymbol{J}+\frac{\partial\boldsymbol{D}}{\partial t}$$

则

$$\nabla\cdot(\boldsymbol{E}\times\boldsymbol{H})=\boldsymbol{H}\cdot\nabla\times\boldsymbol{E}-\boldsymbol{E}\cdot\nabla\times\boldsymbol{H}=-\boldsymbol{H}\cdot\frac{\partial\boldsymbol{B}}{\partial t}-\boldsymbol{J}\cdot\boldsymbol{E}-\boldsymbol{E}\cdot\frac{\partial\boldsymbol{D}}{\partial t} \quad (1.52)$$

对于线性材料，有

$$\boldsymbol{H}\cdot\frac{\partial\boldsymbol{B}}{\partial t}+\boldsymbol{E}\cdot\frac{\partial\boldsymbol{D}}{\partial t}=\mu\boldsymbol{H}\cdot\frac{\partial\boldsymbol{H}}{\partial t}+\varepsilon\boldsymbol{E}\cdot\frac{\partial\boldsymbol{E}}{\partial t}$$

$$=\frac{1}{2}\mu\frac{\partial}{\partial t}(\boldsymbol{H}\cdot\boldsymbol{H})+\frac{1}{2}\varepsilon\frac{\partial}{\partial t}(\boldsymbol{E}\cdot\boldsymbol{E}) \quad (1.53)$$

$$=\frac{1}{2}\frac{\partial}{\partial t}(\boldsymbol{B}\cdot\boldsymbol{H}+\boldsymbol{D}\cdot\boldsymbol{E})$$

$$\boldsymbol{J}\cdot\boldsymbol{E}=\sigma\boldsymbol{E}\cdot\boldsymbol{E}=\sigma E^2 \quad (1.54)$$

令

$$u=\frac{1}{2}\boldsymbol{B}\cdot\boldsymbol{H}+\frac{1}{2}\boldsymbol{D}\cdot\boldsymbol{E} \quad (1.55)$$

$$\boldsymbol{S}=\boldsymbol{E}\times\boldsymbol{H} \quad (1.56)$$

其中，u 为能量密度，$\boldsymbol{S}$ 称为坡印亭矢量。

因此，式（1.52）可以改写为以下形式：

$$-\nabla \cdot \boldsymbol{S} = \frac{\partial}{\partial t}u + \sigma E^2 \tag{1.57}$$

对式（1.57）两边关于任意体积 V 进行积分，再利用高斯散度定理可得

$$-\boldsymbol{S} \cdot \mathrm{d}\boldsymbol{A} = \frac{\partial}{\partial t}\iiint_V u\,\mathrm{d}V + \iiint_V \sigma E^2 \,\mathrm{d}V \tag{1.58}$$

式（1.58）的物理意义是：空间某点 $\boldsymbol{S}$ 矢量流入单位体积边界面的流量等于该体积内电磁能量的增加率和焦耳损耗功率，它表征了电磁场中能量守恒关系。

【例 1.7】 在无源（$\rho = 0$，$\boldsymbol{J} = 0$）的自由空间中，时变电磁场的电场强度为

$$\boldsymbol{E}(z) = \boldsymbol{i}_y E_0 \cos(\omega t - kz)\,(\mathrm{V/m})$$

其中，k 和 E_0 为常数。求坡印廷矢量的瞬时值和平均值。

解： 因为

$$\nabla \times \boldsymbol{E} = -\frac{\partial \boldsymbol{B}}{\partial t} = \boldsymbol{i}_z \frac{\partial E_y}{\partial x} - \boldsymbol{i}_x \frac{\partial E_y}{\partial z} = -\boldsymbol{i}_x k E_0 \sin(\omega t - kz)$$

所以

$$\boldsymbol{H} = \frac{1}{\mu_0}\int \frac{\partial \boldsymbol{B}}{\partial t}\mathrm{d}t = -\boldsymbol{i}_x \frac{k E_0}{\omega \mu_0}\cos(\omega t - kz)$$

瞬时坡印廷矢量为

$$\boldsymbol{S}(t) = \boldsymbol{E}(t) \times \boldsymbol{H}(t) = -\boldsymbol{i}_y E_0 \cos(\omega t - kz) \times \boldsymbol{i}_x \frac{k E_0}{\omega \mu_0}\cos(\omega t - kz)$$

$$= \boldsymbol{i}_z \frac{k E_0^2}{\omega \mu_0}\cos^2(\omega t - kz)$$

平均坡印廷矢量为

$$\boldsymbol{S}_{\mathrm{av}} = \frac{1}{T}\int_0^T \boldsymbol{S}(t)\mathrm{d}t = \frac{1}{T}\int_0^T \boldsymbol{E}(t) \times \boldsymbol{H}(t)\mathrm{d}t = \boldsymbol{i}_z \frac{k E_0^2}{\omega \mu_0 T}\int_0^T \cos^2(\omega t - kz)\mathrm{d}t$$

$$= \boldsymbol{i}_z \frac{k E_0^2}{2\omega \mu_0}\,(\mathrm{W/m^2})$$

1.7 平面光波在电介质表面的反射和折射

平面光波通过不同介质的界面时会发生反射和折射，光在介质界面的反射和折射特性与电矢量的振动方向密切相关。由于平面光波的横波特性，电矢量可在垂直传播方向的平面内的任意方向上振动，而它总可以分解成平行于入射面振动的分量（p 分量）和垂直于入射面振动的分量（s 分量），一旦这两个分量的反射、折射特性确定，则任意方向上的振动的光的反射和折射特性也就确定。菲涅耳公式就是确定这两个振动分量反射、折射特性的定量关系式。

首先研究入射波仅含 s 分量和仅含 p 分量这两种特殊情况，当这两种分量同时存在时，则只要分别先计算由单个分量成分的折射、反射电场，然后根据矢量叠加原理进行矢量相加即可得到结果。

1.7.1 电矢量垂直入射面的平面波

图 1.3 是电矢量垂直入射面的平面波在介质分界面发生反射和折射的示意图，其中电场 E 的 s 分量垂直于纸面，向外为正，E_i，E_r 和 E_t 分别是入射波电矢量、反射波电矢量、透射波电矢量。所有场量的脚标中 s，p 分别代表 s 和 p 分量，0 代表界面处。在界面上电场切向分量连续，根据式（1.12），可得

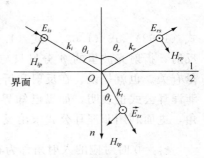

图 1.3 电矢量垂直入射面的平面波的反射和折射

$$E_{ios} + E_{ros} = E_{tos} \qquad (1.59)$$

同理，根据式（1.14），在界面上磁场的切向分量连续，即

$$-H_{iop}\cos\theta_i + H_{rop}\cos\theta_r = -H_{top}\cos\theta_t \qquad (1.60)$$

在非磁性各向同性介质中，电场 E 和磁场 H 的数值之间的关系为

$$H = \frac{B}{\mu_0} = \frac{n}{\mu_0 c}E \qquad (1.61)$$

利用式（1.59）～式（1.61），得到电场 s 分量的反射系数和透射系数分别为

$$r_s = \frac{E_{ros}}{E_{ios}} = \frac{n_1\cos\theta_i - n_2\cos\theta_t}{n_1\cos\theta_i + n_2\cos\theta_t} = \frac{n_1\cos\theta_i - n_2\sqrt{1 - \left(\dfrac{n_1}{n_2}\right)^2\sin^2\theta_i}}{n_1\cos\theta_i + n_2\sqrt{1 - \left(\dfrac{n_1}{n_2}\right)^2\sin^2\theta_i}} \qquad (1.62)$$

$$t_s = \frac{E_{tos}}{E_{ios}} = \frac{2n_1\cos\theta_i}{n_1\cos\theta_i + n_2\cos\theta_t} = \frac{2n_1\cos\theta_i}{n_1\cos\theta_i + n_2\sqrt{1 - \left(\dfrac{n_1}{n_2}\right)^2\sin^2\theta_i}} \qquad (1.63)$$

1.7.2 电矢量平行入射面的平面波

图 1.4 是电矢量平行入射面时光波在两种介质界面上的反射和折射示意图，其中电场 E 的 p 分量按照其在界面上的投影方向向右为正，向左为负。磁场 H 垂直于纸面，向外为正。E，H 和 k 组成右手坐标系。

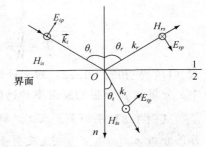

图 1.4 电矢量平行入射面的平面波的反射和折射

在介质分界面，电场和磁场的切向分量连续，根据式（1.12）和式（1.14）可得

$$E_{iop}\cos\theta_i + E_{rop}\cos\theta_r = E_{top}\cos\theta_t \qquad (1.64)$$

$$H_{ios} - H_{ros} = H_{tos} \qquad (1.65)$$

利用非磁性各向同性介质中，电矢量 E 和磁矢量 H 的数值之间的关系，可以得到电场 p 分量的反射系数和透射系数，分别为

$$r_p = \frac{E_{rop}}{E_{iop}} = -\frac{n_1\cos\theta_t - n_2\cos\theta_i}{n_1\cos\theta_t + n_2\cos\theta_i} = \frac{n_2\cos\theta_i - n_1\sqrt{1 - \left(\dfrac{n_1}{n_2}\right)^2\sin^2\theta_i}}{n_2\cos\theta_i + n_1\sqrt{1 - \left(\dfrac{n_1}{n_2}\right)^2\sin^2\theta_i}} \qquad (1.66)$$

$$t_p = \frac{E_{top}}{E_{iop}} = \frac{2n_1\cos\theta_i}{n_1\cos\theta_t + n_2\cos\theta_i} = \frac{2n_1\cos\theta_i}{n_2\cos\theta_i + n_1\sqrt{1 - \left(\frac{n_1}{n_2}\right)^2\sin^2\theta_i}} \tag{1.67}$$

式（1.62）、式（1.63）、式（1.66）和式（1.67）4 个等式称作菲涅耳公式，可以看出，反射、折射光波里的 p 分量只与入射光波中的 p 分量有关，s 分量只与入射光波中的 s 分量有关。也就是说，在反射和折射的过程中，p，s 两个分量的振动是相互独立的。另外，菲涅耳公式也表明，如果已知界面两侧的折射率和入射角，就可以由折射定律确定折射角，进而利用菲涅耳公式求出反射系数和折射系数。

$r_p = 0$ 时对应的入射角称为布鲁斯特角，其大小为 $\theta_i = \theta_B = \tan^{-1}\left(\frac{n_2}{n_1}\right)$。

1.7.3 反射率和透射率

当平面光波在传输过程中遇到两种折射率不同的介质界面时，入射光能量在反射光和折射光中重新分配，而总能量保持不变。

如图 1.5 所示，有一束平面波以入射角 θ_i 斜入射到介质分界面上，分界面上光斑面积为 A_0，则每秒入射光能量、反射光能量和透射光能量分别为

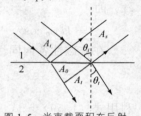

图 1.5 光束截面积在反射和折射时的变化

$$W_i = I_i A_0 \cos\theta_i = \frac{n_1}{2c\mu_0}|E_{io}|^2 A_0\cos\theta_i \tag{1.68}$$

$$W_r = I_r A_0 \cos\theta_r = \frac{n_1}{2c\mu_0}|E_{ro}|^2 A_0\cos\theta_r \tag{1.69}$$

$$W_t = I_t A_0 \cos\theta_t = \frac{n_2}{2c\mu_0}|E_{to}|^2 A_0\cos\theta_t \tag{1.70}$$

由此，可以得到能量反射率和透射率的表达式分别为

$$R = \frac{W_r}{W_i} = \left|\frac{E_{ro}}{E_{io}}\right|^2 = |r|^2 \tag{1.71}$$

$$T = \frac{W_t}{W_i} = \frac{n_2\cos\theta_t}{n_1\cos\theta_i}\left|\frac{E_{to}}{E_{io}}\right|^2 = \frac{n_2\cos\theta_t}{n_1\cos\theta_i}|t|^2 \tag{1.72}$$

式（1.71）和式（1.72）对 s 分量和 p 分量都适用，将菲涅耳公式代入，即可得到入射光中 s 分量和 p 分量的反射率和透射率与入射角 θ_i 的表达式。

【**例 1.8**】平面光波从石英玻璃中（折射率 $n_1 = 1.45$）入射到空气（折射率 $n_2 = 1$），作图分析 p，s 分量的能流反射率和能流透射率随入射角度的变化规律。

解：式（1.71）和式（1.72）对 p 分量和 s 分量同样适用，只需将折射率代入，并借助式（1.62）、式（1.63）、式（1.66）和式（1.67）就可以计算出 p 分量、s 分量的能流反射率和能流透射率随入射角度的变化规律，如图 1.6 所示。

以 p 分量为例，当光波由石英玻璃中入射到空气时，随着入射角由 0° 逐渐增加，反射率逐渐降低，透射率逐渐增加，始终满足 $R_p + T_p = 1$。当入射角等于 34.59° 时，反射率等于 0，而透射率变为 100%，也就是入射光被全部反射回玻璃中，也就是此时发生了全反射现象。

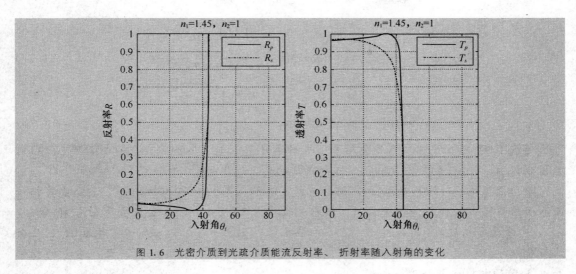

图 1.6 光密介质到光疏介质能流反射率、折射率随入射角的变化

1.7.4 全反射

由前面的讨论已知，当光由光密介质射向光疏介质时，会发生全反射现象。光在光纤中的传输原理就是基于全反射现象。

根据折射定律，有

$$\sin\theta_c = \left(\frac{n_1}{n_2}\right)\sin\theta_i \tag{1.73}$$

光由光密介质射向光疏介质，即 $n_1 > n_2$ 时，$\theta_i < \theta_c$，如果 θ_i 增大到一定程度，使得 $\sin\theta_i > \dfrac{n_2}{n_1}$ 时，将不存在满足式（1.73）条件的折射角 θ_c，故此时没有折射光，在界面上所有的光都反射回光密介质中，这种现象被称为全反射。当 $\theta_i = \theta_c$ 时，所对应的入射角称为临界角，如例 1.8 中，图 1.6 中 p 分量对应的能流反射率，当满足 $\theta_i = 34.59°$ 时，$R_p = 0$，而 $T_p = 1$，即发生了全反射。临界角满足如下关系：

$$\sin\theta_c = \frac{n_2}{n_1} \tag{1.74}$$

光波由光密介质射入光疏介质，在界面上发生全反射时，由于 $1 - (n_1/n_2)^2 \sin^2\theta_i < 0$，计算得到的 r_s 和 r_p 将变成复数，因此式（1.66）和式（1.62）可以改写成

$$r_p = \frac{E_{rop}}{E_{iop}} = \frac{n_2\cos\theta_i - jn_1\sqrt{\left(\dfrac{n_1}{n_2}\right)^2 \sin^2\theta_i - 1}}{n_2\cos\theta_i + jn_1\sqrt{\left(\dfrac{n_1}{n_2}\right)^2 \sin^2\theta_i - 1}} = |r_p|e^{j\varphi_p} \tag{1.75}$$

$$r_s = \frac{E_{ros}}{E_{ios}} = \frac{n_1\cos\theta_i - jn_2\sqrt{\left(\dfrac{n_1}{n_2}\right)^2 \sin^2\theta_i - 1}}{n_1\cos\theta_i + jn_2\sqrt{\left(\dfrac{n_1}{n_2}\right)^2 \sin^2\theta_i - 1}} = |r_s|e^{j\varphi_s} \tag{1.76}$$

其中，$|r_p| = |r_s| = 1$，说明全反射时光能全部反射回光密介质中，φ_p，φ_s 分别表示全反射时 p 分量和 s 分量的相位变化，其表达式为

$$\varphi_p = \arg(r_p) = -2\arctan\frac{n_1\sqrt{\left(\dfrac{n_1}{n_2}\right)^2\sin^2\theta_i - 1}}{n_2\cos\theta_i} \tag{1.77}$$

$$\varphi_s = \arg(r_s) = -2\arctan\frac{n_2\sqrt{\left(\dfrac{n_1}{n_2}\right)^2\sin^2\theta_i - 1}}{n_1\cos\theta_i} \tag{1.78}$$

【例 1.9】 平面光波从石英玻璃中（折射率 $n_1 = 1.45$）入射到空气（折射率 $n_2 = 1$），作图分析 p，s 分量的反射波相位随入射角度的变化规律。

解： 根据式（1.77）和式（1.78），将折射率代入可以计算出 p 分量、s 分量的相位随入射角的变化规律，如图 1.7 所示。从图 1.7 中可以看出，在发生全反射之前（$\theta_i < \theta_c$），r_s 分量的相位为 0，而 r_p 分量的相位在 $\theta_i < \theta_B$ 时为 π，在 $\theta_B < \theta_i < \theta_c$ 时为 0；发生全反射后（$\theta_i \geqslant \theta_c$），反射波的相位没有发生突变，而是随着入射角 θ_i 的增大 r_s 分量的相位和 r_p 分量的相位逐渐趋于 $-\pi$。

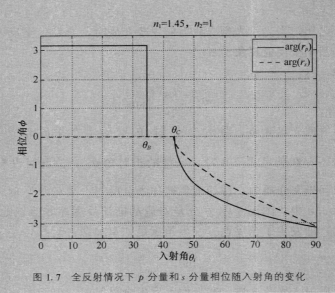

图 1.7 全反射情况下 p 分量和 s 分量相位随入射角的变化

1.7.5 倏逝波

当光由光密介质射向光疏介质，并在界面上发生全反射时，光波场将透入到光疏介质约光波波长大小范围，并沿着界面传播一段距离，再返回光密介质。这种仅存在介质界面的波称为倏逝波。

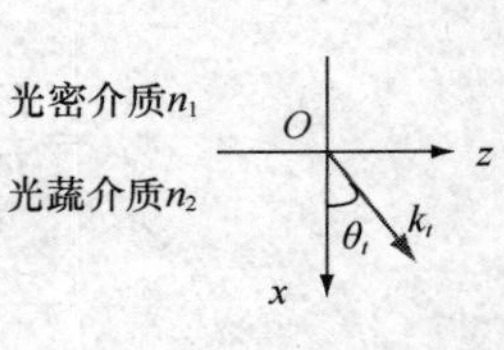

如图 1.8 所示，假设介质界面为 xy 平面，入射面为 xz 平面，则在透射波场函数可以表示为

图 1.8 全反射情况下光疏介质中的波矢方向

$$\begin{aligned}
\boldsymbol{E}_t &= \boldsymbol{E}_{ot}\exp\left[\mathrm{j}(\omega t - \boldsymbol{k}_t \cdot \boldsymbol{r})\right] \\
&= \boldsymbol{E}_{ot}\exp\left[\mathrm{j}(\omega t - k_t z\sin\theta_t - k_t x\cos\theta_t)\right]
\end{aligned} \tag{1.79}$$

考虑到发生全反射时，透射角的余弦为虚数，因此，式（1.79）可以改写为

$$\boldsymbol{E}_t = \boldsymbol{E}_{ot} \exp\left[j\left(\omega t - k_t z \sin\theta_t - jk_t x \sqrt{\left(\frac{n_1}{n_2}\right)^2 \sin^2\theta_i - 1}\right)\right] \tag{1.80}$$

$$= \boldsymbol{E}_{ot} \exp\left[-k_t x \sqrt{\left(\frac{n_1}{n_2}\right)^2 \sin^2\theta_i - 1}\right] \exp\left[j(\omega t - k_t z \sin\theta_t)\right]$$

式（1.80）中第一个因子为波的复振幅矢量，第二个因子表示波的振幅沿 x 方向衰减，第三个因子表示一列沿 z 方向传播的简谐波。由于该波沿 x 方向衰减，仅存在于光疏介质中靠近界面处很薄的介质层中，因此称为倏逝波，也称为表面波。

当极窄的光束发生全反射时，反射点和入射点不在同一处，反射光束在界面上相对于几何光学预言的位置有一个很小的侧向位移，称为古斯–汉欣位移。

1.8　小结

本章首先研究了光纤中的电磁场理论，给出了直角坐标系下和圆柱坐标系下麦克斯韦方程组的表达形式，重点分析了亥姆霍兹波动方程。利用亥姆霍兹波动方程求出波导中的纵向场分量，利用式（1.37）、式（1.38）就可以得到波导中的横向场。

射线光学是一种电磁理论的短波长近似，而程函方程是射线光学的基本方程。因此，本章通过程函方程推导并研究了射线方程，得出在均匀波导中，光纤以直线形式传播；在非均匀波导中，光纤总是向折射率高的区域偏折。

本章的最后研究了 s 分量和仅含 p 分量在不同介质的界面时会发生反射和折射规律，并研究了全反射现象。

习　题

1. 说明几何光学理论的特点和适用条件。
2. 由麦克斯韦方程组推导程函方程。
3. 利用射线方程证明在折射率具有球对称分布的介质中，光线总是弯向折射率大的方向。
4. 平面光波从石英玻璃中（折射率 $n_1 = 1.45$）入射到空气（折射率 $n_2 = 1$），计算 p 分量、s 分量的振幅反射率和振幅透射率，以及它们的绝对值随入射角度的变化规律，并利用 Matlab 进行作图分析。

第2章 光纤

光纤在通信和传感等领域作为信息的传输介质，与其他的传输线的不同主要表现在两点：一是光纤是介质波导，二是传输信息是以光信号作为载体。研究光纤首先了解光纤的结构，然后讨论这样的结构是如何传输光的，最后确定光场分布。分析研究光的传输包括光射线理论和电磁波理论两种方法，光射线理论纤虽简单、粗糙，但物理概念清晰，电磁波理论可以得到精确的结果，但分析略显繁杂，这两种方法均被用来对光纤进行分析。本章首先介绍光纤的基本结构和类型，其次，用射线方法分析光纤传输光的基本原理；然后利用电磁理论确定光纤中的场分布和传播常数；最后对多包层光纤进行了简要分析，旨在进一步理解包层作用。

2.1 光纤的结构和分类

2.1.1 光纤的基本结构

光纤是用透明介质材料制成的能够传输光信号的圆柱形纤维。最简单的光纤是由圆柱形的纤芯和其外的包层构成，其截面如图 2.1 所示。纤芯主要用来传输光，而包层的作用是把光限制在纤芯中。为了实现这种导光作用，纤芯的折射率 n_1 要高于包层的折射率 n_2。通常用 a 表示纤芯的半径，用 b 表示包层的外半径。通信用光纤的纤芯直径在几到几十微米之间，而包层外径一般为 $125\mu m$。

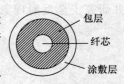

图 2.1 光纤的结构

纤芯和包层组成的光纤被称为裸光纤，光纤的传输特性主要由它们决定。在制造过程中，裸光纤的包层外面被覆 $5\sim40\mu m$ 的涂覆层，其作用是增强光纤的机械强度和柔韧性。涂覆层外再加套塑层可以进一步提高光纤的机械性能。

2.1.2 光纤的分类

光纤的分类方法很多，可以按照光纤截面上的折射率分布来分类，也可按光纤中传输模式的数量来分类，还可以按光纤的使用材料、工作波长或应用场合等进行分类。同一光纤在不同的分类下会有不同的名称。

1. 按照光纤截面上的折射率分布分类

光纤的折射率不随轴向变化，只随径向变化，因此其折射率分布可以用折射率随径向变化的函数 $n(r)$ 来表示。

$$n(r)=\begin{cases}n_1, & r\leqslant a \\ n_2, & r>a\end{cases}$$

按照折射率分布不同，光纤可分为阶跃光纤和渐变光纤两种，其折射率分布如图 2.2 所示。

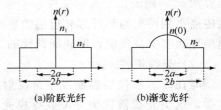

图 2.2 光纤的折射率分布

阶跃光纤的纤芯折射率 n_1 为常数，包层折射率 n_2 也为常数，纤芯折射率 n_1 大于包层折射率 n_2。均匀光纤的折射率在纤芯中保持不变，所以又称为均匀光纤。

渐变光纤的纤芯折射率 n_1 不再是常数，而是随径向 r 连续变化。在光纤轴线 $r=0$ 处，折射率最高；随 r 增加逐渐减小，在纤芯与包层界面处达到包层折射率 n_2。渐变光纤的纤芯中各处的折射率沿径向缓慢变小，所以又称为非均匀光纤。

2. 按照光纤中传输模式数量分类

根据光纤中传输模式的数量，光纤可分为多模光纤和单模光纤。在一定的工作波长下，多模光纤中光的传输是由多个模式完成的，而单模光纤中光的传输是由单一模式完成的。从电磁场的角度看，模式是指可以独立存在的一种电磁场分布。从光射线的角度看，模式是指光传输的一个路径。

3. 按照光纤材料分类

按照光纤的材料不同，可分为以下几种类型。

石英光纤：纤芯和包层的主要材料均为石英，即二氧化硅（SiO_2），通过掺杂实现纤芯和包层折射率的不同。

多组分玻璃光纤：组成光纤的玻璃成分除 SiO_2 外，还含有碱金属、碱土金属、铅硼等的氧化物。

塑料包层光纤：纤芯为石英玻璃，包层为塑料的光纤。

全塑光纤：纤芯和包层全为塑料的光纤。

除此之外，还有许多特种光纤。通信中广泛采用的是石英系光纤。

2.2 光纤的射线理论分析

2.2.1 阶跃光纤的射线分析

1. 阶跃光纤中光纤的射线类型

光纤中的射线有以下两类。

①子午光线：包含光纤轴线的剖面内的光线，即子午面内的光线，如图 2.3 所示。

②斜射光线：光线不在包含光纤轴线的剖面，即不在子午面内的光线，它是穿越子午面的光线。

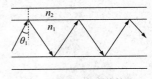

图 2.3 子午光线的轨迹

2. 子午光线分析

（1）子午光线的轨迹

阶跃光纤纤芯折射率 n_1 为常数，在子午面内的入射光线为直线，遇到纤芯和包层界面时发生反射和折射，反射和折射光线仍为直线且在该子午面内。如果光线入射角 θ_1 大于

临界角 θ_c，则满足全反射条件，子午光线在纤芯和包层界面只发生反射。反射的光线再直线传播直到再次遇到纤芯和包层的界面，再次发生全反射，以此类推，子午光线在纤芯和包层界面多次全反射，形成周期性的折线轨迹，如图 2.3 所示。

（2）光线模式

能在纤芯和包层界面发生全反射的光，被限制在纤芯中以折线轨迹沿光纤轴线方向传播，这类光线被称为导波或导模光线，即可以被导引的波或模式；在纤芯和包层界面不满足全反射条件的光线，在纤芯和包层界面除发生反射外还会发生折射，每一次的折射都会损失光能量，经过多次折射，纤芯中光能量迅速减少，这类光线被称为辐射模。

在导模中，有大量的满足全反射的光线，这些光线的轨迹和传播参数都是不同的，因此代表不同的模式。这些模式可以用入射角的不同来区分。在辐射模中，也是一样。

显然，导模光线的入射角 $\theta_1 > \theta_c$，而辐射模光线的入射角 $\theta_1 < \theta_c$。用入射角来区分不同的模式，若光线的入射角是连续的，意味着模式是不可数的，对辐射模而言，光线的入射角是连续的，因为它不需要满足相位一致条件。但对于导模而言，其模式是可数的，意味着光线的入射角是离散的。这是因为，导模还需满足相位一致条件，即同一等相位面上光的相位差为 2π 的整数倍。

在光纤中，相位一致条件可表示为

$$4ak_0n_1\cos\theta_1 + 2\psi = 2\pi N, \quad N = 0, 1, 2, 3, \cdots \tag{2.1}$$

其中，$k_0 = 2\pi/\lambda_0$ 为真空中波数，a 为纤芯半径，λ_0 为真空中波长，N 为非负整数，ψ 为在界面发生全反射时的相位突变值。由式（2.1）可以看出，不同的整数对应不同的入射角，使导模的入射角分立，又因为导模的入射角在 $\theta_c \sim 90°$，所以光纤中导模数量有限。当有多个模式传输时，称为多模传输，且 N 越大，对应的模次越高，N 越小，对应的模次越低；当只有基模传输时，称为单模传输。

【例 2.1】某阶跃光纤纤芯半径为 $5\mu m$，纤芯折射率 $n_1 = 1.5$，试求光波长分别为 $1.5\mu m$ 和 $0.85\mu m$ 时，两相邻导模入射角的余弦差。

解：由式（2.1）可知

当 N 分别取 $N+1$ 和 N 时，对应导模的入射角分别为 θ_1' 和 θ_1，则有

$$4ak_0n_1\cos\theta_1' + 2\psi = 2\pi(N+1)$$

$$4ak_0n_1\cos\theta_1 + 2\psi = 2\pi N$$

相减可得

$$4ak_0n_1(\cos\theta_1' - \cos\theta_1) = 2\pi$$

也即

$$\cos\theta_1' - \cos\theta_1 = \frac{\pi}{2ak_0n_1} = \frac{\lambda_0}{4n_1a}$$

当波长为 $1.5\mu m$ 时，

$$\cos\theta_1' - \cos\theta_1 = \frac{\lambda_0}{4n_1a} = \frac{1.5}{4 \times 1.5 \times 5} = 0.05$$

当波长为 $0.85\mu m$ 时，

$$\cos\theta_1' - \cos\theta_1 = \frac{\lambda_0}{4n_1a} = \frac{0.85}{4 \times 1.5 \times 5} = 0.0285$$

由例 2.1 可以看出，在长波长下，导模入射角的间隔较大，即在 $\theta_c \sim 90°$ 间可容纳的导模就会减少。因此，对确定光纤，要想减少其中传输模式的数量，可以通过增大工作波长来实现。如果工作波长不变，光纤的折射率分布也不变，那么传输模式数量多少就只取决于光纤的纤芯半径。

【例 2.2】 两阶跃光纤纤芯半径分别为 $5\mu m$ 和 $50\mu m$，纤芯折射率均为 $n_1=1.5$，假设相位突变值相同，试求在光波长为 $0.85\mu m$ 时，两光纤中相邻模次的导模的入射角的余弦差为多少。

解： 由例 2.1 可知相邻导模的入射角的余弦差为

$$\cos\theta_1' - \cos\theta_1 = \frac{\lambda_0}{4n_1 a}$$

对纤芯半径为 $5\mu m$ 的光纤，有

$$\cos\theta_1' - \cos\theta_1 = \frac{\lambda_0}{4n_1 a} = \frac{0.85}{4\times 1.5\times 5} = 0.0285$$

对纤芯半径为 $50\mu m$ 的光纤，有

$$\cos\theta_1' - \cos\theta_1 = \frac{\lambda_0}{4n_1 a} = \frac{0.85}{4\times 1.5\times 50} = 0.00285$$

从例 2.2 可以看出，纤芯越大，导模入射角间隔越小，即在 $\theta_c \sim 90°$ 间可容纳的的导模就会增加。因此，在同一波长下，同样折射率分布的光纤，传输模式数量多的光纤的纤芯半径要比传输模式数量少的光纤的纤芯半径要大。

【例 2.3】 两阶跃光纤纤芯半径均为 $5\mu m$，纤芯折射率分别为 $n_1=1.5$ 和 1.53，试求在光波长为 $0.85\mu m$ 时，两光纤相邻导模入射角的余弦差各为多少。

解： 相邻导模的入射角的余弦差为

$$\cos\theta_1' - \cos\theta_1 = \frac{\lambda_0}{4n_1 a}$$

对纤芯折射率为 1.5 的光纤，有

$$\cos\theta_1' - \cos\theta_1 = \frac{\lambda_0}{4n_1 a} = \frac{0.85}{4\times 1.5\times 5} = 0.00285$$

对纤芯折射率为 1.53 的光纤，有

$$\cos\theta_1' - \cos\theta_1 = \frac{\lambda_0}{4n_1 a} = \frac{0.85}{4\times 1.53\times 5} = 0.0028$$

从例 2.3 可以看出，纤芯折射率越大，导模入射角间隔越小，即在 $\theta_c \sim 90°$ 间可容纳的导模就会增加。

（3）导模传播常数

用射线分析光纤中光的传播，除了研究其形成导模的条件和各导模的光线轨迹外，也需要确定其在轴线方向的传播常数，用于分析各导模的传输特性。入射光线沿光线方向的波数 $k=k_0 n_1$ 在轴线方向的分量，就是该模式在轴线方向的传播常数 β。从图 2.3 可知

$$\beta = k_0 n_1 \sin\theta_1 \tag{2.2}$$

因为各导模的入射角与模式、波长和光纤参数等有关，所以传播常数 β 也与这些因素

有关。

（4）模式的传输与截止

由式（2.1）可知，在光纤参数确定的情况下，随着波长增大，导模数量减少，即高次模逐渐截止，因此，每一模式有一截止波长 λ_c。显然，可根据式（2.1）取不同 N 值时对应的模式数量来粗略确定每一模式的截止波长。例如，式（2.1）中的 $N=100$，θ_1 取 θ_c 时，计算出的波长为第 101 个临界截止的波长，该模式不能传输，所以，该波长就是第 101 个模式的截止波长。当工作波长大于该模式的截止波长时，该模式截止，反之，模式传输。显然，导模的模次越高，其截止波长越短。当所有高次模都截止，只有基模传输时，光纤处于单模传输状态。

3. 数值孔径、相对折射率差和最大时延差

（1）数值孔径与相对折射率差

纤芯中的光线是由空气中的光线经光纤端面折射形成的。一条光线射到光纤端面发生折射，进入纤芯，然后形成折线轨迹。如图 2.4 所示，根据折射定律有

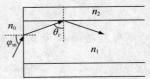

图 2.4 光纤端面光线的折射

$$n_0 \sin\varphi_m = n_1 \sin(90°-\theta_c) = n_1 \cos\theta_c$$

$$= n_1 \sqrt{1-\sin^2\theta_c} = n_1 \sqrt{1-\left(\frac{n_2}{n_1}\right)^2} = \sqrt{{n_1}^2-{n_2}^2} \tag{2.3}$$

要想光线在光纤中全反射地传输，必须满足

$$\varphi < \varphi_m$$

由此可以看出，φ 有一极大值 φ_m，该极大值越大，说明光纤收集光线的能力越强，反之，收集光线的能力越差。通常，用数值孔径 NA 这一物理量来反映光纤的这种能力，并用这一极大值的正弦值来表示，即

$$NA = n_0 \sin\varphi_m = \sqrt{n_1^2-n_2^2} = n_1 \sqrt{2\Delta} \tag{2.4}$$

其中，Δ 为光纤的相对折射率差，它反映纤芯和包层折射率的差异程度，其定义为

$$\Delta = \frac{n_1^2-n_2^2}{2n_1^2} \tag{2.5}$$

显然，相对折射率差越大，光纤的数值孔径越大，收集光线的能力越强。通常把 Δ 很小的光纤称为弱导光纤。弱导光纤的数值孔径相对较小，收集光线能力不强，但有利于降低最大时延差。

（2）最大时延差

在多模传输时，光纤中不同导模光线的轴向速度不同，导致不同光线（模式）传输同样长度光纤所用时间不同，造成时延差。通常用最大时延差来表示最低次和最高次导模间的时延差，它是入射角分别为临界角和 $90°$ 的两光线传输所用时间差

$$\Delta\tau_{max} = \frac{L}{\nu \sin\theta_c} - \frac{L}{\nu} = \frac{Ln_1}{c}\left(\frac{n_1-n_2}{n_1}\right) = \frac{Ln_1}{c}\Delta \tag{2.6}$$

其中，L 为光纤长度，ν 为介质中的光速，$c=3\times10^8$ m/s 为真空中的光速。很明显，Δ 越大，最大时延差也越大。最大时延差可以反映模式色散，对光信号传输而言，最大时延差越小越好，即色散越小越好。这一点，在光纤特性一章中将会加以叙述。

【例 2.4】 设两光纤的数值孔径分别为 $NA=0.20$ 和 $NA=0.30$，纤芯折射率均为 $n_1=1.5$，$L=1$km，试分别计算两光纤的最大时延差。

解：由 $NA=n_1\sqrt{2\Delta}$ 得

$$\Delta=\frac{(NA)^2}{2n_1^2}$$

则

$$\Delta\tau_{max}=\frac{Ln_1}{c}\Delta=\frac{L}{c}\frac{(NA)^2}{2n_1}$$

对于的光纤 $NA=0.20$

$$\Delta\tau_{max}=\frac{L}{c}\frac{(NA)^2}{2n_1}=\frac{10^3\times0.2^2}{2\times1.5\times3\times10^8}=44(\text{ns})$$

对于的光纤 $NA=0.30$

$$\Delta\tau_{max}=\frac{L}{c}\frac{(NA)^2}{2n_1}=\frac{10^3\times0.3^2}{2\times1.5\times3\times10^8}=100(\text{ns})$$

由例 2.4 可以看出，数值孔径增大，最大时延差也会增大。数值孔径增大使光耦合进光纤更容易，但最大时延差会使模式色散增加，影响信号传输质量。因此，在光纤设计和制造时需要兼顾二者之间的平衡。

4. 斜射线分析

斜射线和子午光线不同，其入射光线不与任何一个子午面在同一平面，因此，其光线的轨迹将会和子午光线的轨迹有所不同。因为阶跃光纤纤芯为均匀介质，所以斜射线的入射和反射光线也都为直线，每次的反射光线和入射光线在同一平面，但多次入射反射却不在同一平面。这样斜射线在满足入射角 θ 大于临界角 θ_c 的条件下，在纤芯和包层界面多次全反射，光被限制在纤芯中并沿光纤轴线方向传播，形成的光线轨迹是空间折线轨迹。斜射线在横截面的投影如图 2.5 所示，光线不经过的中心区域，称为焦散面。

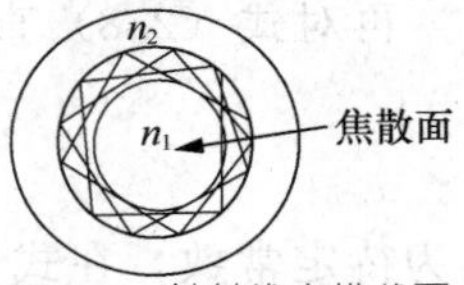

图 2.5 斜射线在横截面的投影

2.2.2 渐变光纤射线分析

为了消除阶跃光纤中不同模式光线存在的时延差，出现了渐变光纤。渐变光纤的折射率在纤芯中连续变化，不同光线经历不同路径，适当选择折射率的分布形式，可以使不同入射角的光线有大致相同的光程，从而大大减小时延差。

1. 渐变光纤中的射线类型

渐变光纤中的射线类型也包括子午光线和斜射线两类。但轨迹与阶跃光纤中的轨迹不同。渐变光纤的纤芯折射率不再是常数，纤芯轴线处折射率最高，随着径向逐渐减小，直至达到包层折射率。子午面内的光线不再为直线，而是曲线轨迹，如图 2.6 所示。

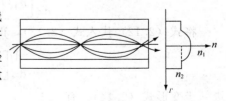

图 2.6 子午光线轨迹

2. 渐变光纤子午光线分析

（1）光线方程

图 2.6 中子午线的轨迹为曲线而不是像图 2.3 中那样的折线。渐变光纤子午线的轨迹

可利用光线方程求解。为方便起见，用柱坐标 (r, θ, z) 表示位置，写出光线方程的分量：

r 分量：$\dfrac{\mathrm{d}}{\mathrm{d}s}\left[n_1(r)\dfrac{\mathrm{d}r}{\mathrm{d}s}\right] - rn_1(r)\left(\dfrac{\mathrm{d}\theta}{\mathrm{d}s}\right)^2 = \dfrac{\mathrm{d}n_1(r)}{\mathrm{d}r}$

θ 分量：$n_1(r)\dfrac{\mathrm{d}r}{\mathrm{d}s}\dfrac{\mathrm{d}\theta}{\mathrm{d}s} + \dfrac{\mathrm{d}}{\mathrm{d}s}\left[rn_1(r)\dfrac{\mathrm{d}\theta}{\mathrm{d}s}\right] = 0$

z 分量：$\dfrac{\mathrm{d}}{\mathrm{d}s}\left[n_1(r)\dfrac{\mathrm{d}z}{\mathrm{d}s}\right] = 0$

对于子午光线，坐标 θ 不变，所以光线方程的没有分量，且其他分量变为

r 分量：
$$\dfrac{\mathrm{d}}{\mathrm{d}s}\left[rn_1(r)\dfrac{\mathrm{d}r}{\mathrm{d}s}\right] = \dfrac{\mathrm{d}n_1(r)}{\mathrm{d}r} \tag{2.7}$$

z 分量：
$$\dfrac{\mathrm{d}}{\mathrm{d}s}\left[n_1(r)\dfrac{\mathrm{d}z}{\mathrm{d}s}\right] = 0 \tag{2.8}$$

先定义光线的轴向角 θ_z，如图 2.7 所示，显然有

$$\dfrac{\mathrm{d}z}{\mathrm{d}s} = \cos\theta_z \tag{2.9}$$

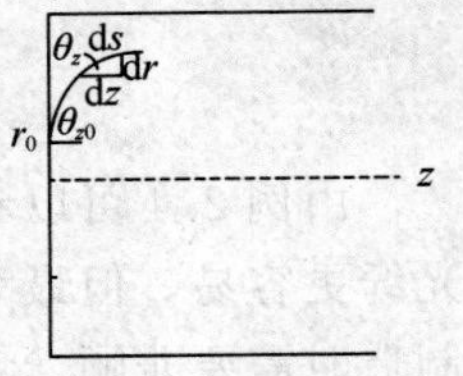

若入射光线的初始位置为 $r = r_0$，$z = 0$ 处，初始轴向角为 θ_{z0}，折射率为 $n_1(r_0) = n_0$，则有

图 2.7 光线轴向角

$$\left.\dfrac{\mathrm{d}z}{\mathrm{d}s}\right|_{\substack{r=r_0 \\ z=0}} = \cos\theta_{z0} = N_0 \tag{2.10}$$

N_0 为入射光线在轴向的方向余弦。

再对式（2.8）直接积分，可得

$$n_1(r)\dfrac{\mathrm{d}z}{\mathrm{d}s} = A \tag{2.11}$$

A 为待定常数，在式（2.11）中代入光线初始位置的参数，并利用式（2.10），有

$$n_1(r_0)\left.\dfrac{\mathrm{d}z}{\mathrm{d}s}\right|_{\substack{r=r_0 \\ z=0}} = n_0\cos\theta_{z0} = n_0 N_0 = A$$

则式（2.11）变为

$$n_1(r)\dfrac{\mathrm{d}z}{\mathrm{d}s} = n_0 N_0 \tag{2.12}$$

对式（2.7）进行变量变换，有

$$\dfrac{\mathrm{d}}{\mathrm{d}z}\left[n_1(r)\dfrac{\mathrm{d}r}{\mathrm{d}z}\dfrac{\mathrm{d}z}{\mathrm{d}s}\right]\cdot\dfrac{\mathrm{d}z}{\mathrm{d}s} = \dfrac{\mathrm{d}n_1(r)}{\mathrm{d}r} \tag{2.13}$$

将式（2.12）代入式（2.13），得到

$$\dfrac{\mathrm{d}}{\mathrm{d}z}\left[\dfrac{\mathrm{d}r}{\mathrm{d}z}\right] = \dfrac{n_1(r)}{n_0^2 N_0^2}\dfrac{\mathrm{d}n_1(r)}{\mathrm{d}r} \tag{2.14}$$

进一步变形式（2.14），有

$$\dfrac{\mathrm{d}}{\mathrm{d}z}\left[\dfrac{\mathrm{d}r}{\mathrm{d}z}\right] = \dfrac{\mathrm{d}}{\mathrm{d}r}\left[\dfrac{1}{2}\left(\dfrac{\mathrm{d}r}{\mathrm{d}z}\right)^2\right] = \dfrac{n_1(r)}{n_0^2 N_0^2}\dfrac{\mathrm{d}n_1(r)}{\mathrm{d}r} = \dfrac{1}{n_0^2 N_0^2}\dfrac{\mathrm{d}}{\mathrm{d}r}\left[\dfrac{1}{2}n_1^2(r)\right]$$

即

$$\frac{\mathrm{d}}{\mathrm{d}r}\left[\frac{1}{2}\left(\frac{\mathrm{d}r}{\mathrm{d}z}\right)^2\right]=\frac{1}{n_0^2 N_0^2}\frac{\mathrm{d}}{\mathrm{d}r}\left[\frac{1}{2}n_1^2(r)\right]$$

所以

$$\left(\frac{\mathrm{d}r}{\mathrm{d}z}\right)^2=\frac{n_1^2(r)}{n_0^2 N_0^2}+B \tag{2.15}$$

利用初始位置的参数，有

$$\left(\frac{\sin\theta_{z0}}{\cos\theta_{z0}}\right)^2=\frac{1-N_0^2}{N_0^2}=\frac{n_1^2(r_0)}{n_0^2 N_0^2}+B$$

即

$$B=-1$$

因此式（2.15）变为

$$\frac{\mathrm{d}r}{\mathrm{d}z}=\left[\frac{n_1^2(r)}{n_0^2 N_0^2}-1\right]^{1/2}$$

所以

$$z=\int_{r_0}^r\frac{N_0\mathrm{d}r}{\left\{\left[\frac{n_1(r)}{n_0}\right]^2-N_0^2\right\}^{1/2}} \tag{2.16}$$

若已知纤芯的折射率分布和光线的初始条件，则可求出子午光纤的轨迹（r 和 z 的关系）。

（2）子午光线轨迹

对于纤芯折射率分布为双曲正割分布

$$n_1(r)=n_1(0)\mathrm{sech}(Ar) \tag{2.17}$$

其中，$n_1(0)$ 为光纤轴线处折射率，A 为常数。将式（2.17）代入式（2.16）可得

$$z=\int_{r_0}^r\frac{n_0 n_0\mathrm{d}r}{\{[n_1(0)\mathrm{sech}(Ar)]^2-n_0 N_0^2\}^{1/2}}=\frac{1}{A}\sin^{-1}\frac{n_0 N_0\sinh(Ar)}{\sqrt{n_1^2(0)-n_0^2 N_0^2}}+C$$

即

$$\sin A(z-C)=\frac{n_0 N_0\sinh(Ar)}{\sqrt{n_1^2(0)-n_0^2 N_0^2}} \tag{2.18}$$

其中，C 为待定常数，由初始条件决定。式（2.18）即为子午光线的轨迹方程。显然，射线轨迹是 z 方向的周期函数，周期用 L 表示，则

$$L=\frac{2\pi}{A} \tag{2.19}$$

这意味着从同一点发出的不同光线，经过轴向周期 L 后会重复，即不同光线虽轨迹不同，但可以同时汇聚到同一点，即自聚焦。此时不同的光线，即不同的模式有相同的时延。

双曲正割分布可近似为抛物线分布，即

$$n_1(r)=n_1(0)\mathrm{sech}(Ar)$$

$$=n_1(0)\left[1-\frac{1}{2}A^2 r^2+\frac{5}{24}A^4 r^4-\frac{61}{720}A^6 r^6+\cdots\right]$$

$$\approx n_1(0)\left[1-\frac{1}{2}A^2 r^2\right]$$

当 $r=a$ 时，

$$n_1(a) = n_1(0)\left[1 - \frac{1}{2}A^2a^2\right] = n_2$$

所以

$$A = a\sqrt{2\frac{n_1(0) - n_2}{n_1(0)}} \tag{2.20}$$

由于抛物线分布可看成双曲正割分布的近似，因此抛物线分布的渐变光纤，其光线也近似自聚焦。

3. 本地数值孔径和相对折射率差

渐变光纤的纤芯折射率是径向函数，因此其数值孔径也与径向有关，称为本地数值孔径：

$$NA(r) = n_0\sin\varphi_M = \sqrt{n_1^2(r) - n_2^2} \tag{2.21}$$

显然，离轴线越远，$n_1(r)$ 越小，数值孔径也越小。

渐变光纤的相对折射率差 Δ 用包层折射率和纤芯轴线处折射率来表示：

$$\Delta = \frac{n_1^2(0) - n_2^2}{2n_1^2(0)} \tag{2.22}$$

与阶跃光纤的表达式相同，只是纤芯中的折射率用轴线处的折射率。

4. 斜射线分析

渐变光纤的斜射线在光纤纤芯中的轨迹是空间曲线，其在横截面的投影如图 2.8 所示。

和阶跃光纤斜射线的空间折线轨迹不同，渐变光纤中斜射线形成的是螺旋形空间曲线轨迹，而且光线不必到达纤芯和包层界面就发生转向。

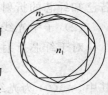

图 2.8 渐变光纤
斜射线投影

2.3 阶跃光纤波动理论分析

2.3.1 概述

用波动理论分析光纤，要确定光纤中模式的传输和截止条件，并且求出模式在传输时的场分布和其传播常数 β。波动理论分析是通过求解满足边界条件的波动方程来完成的。这些满足边界条件的"本征解"就是波动理论中所谓的模式，这些"本征解"中对应的传播常数 β 就是模式的"本征值"。光纤中的电磁场分布是这些"本征解"的线性叠加。在一定条件下，那些截止了的模式在线性叠加时系数为零。因此，在求解本征解和本征值的同时，确定模式的截止条件。

光纤中的模式类型包括 TE 模式、TM 模式、HE 模式和 EH 模式。如果不存在 HE 模式和 EH 模式，问题相对简单，可以分模式求解。但 EH 模式和 HE 模式的光纤中存在 HE 模式和 EH 模式，它们的纵向场分量均不为零，因此，求解场就变得较为复杂，分模式类型求解也没有意义。不同类型模式解的不同，体现在用边界条件对场分量待定系数的约束。另外，当纤芯和包层的折射率相差很小时，可以简化分析。把纤芯和包层折射率差很小的光纤称为弱导光纤，弱导光纤的折射率差一般小于 1%。实际使用的光纤通常都是弱导光纤。

阶跃光纤波动理论分析有两种方法，一种是严格的矢量求解，另一种是标量近似解。矢量解模式类型多，包括 TE 模式、TM 模式、EH 模式和 HE 模式，各类模式有自己的特征方程，因此求解较为复杂，而标量解把所有模式归为一类，统称标量模，标量模只有一个特征方程，计算量相对减少。但标量近似解法是有条件的，在介绍标量近似解法时将进行讨论。

2.3.2 阶跃光纤矢量解法

按照正规模的一般求解方法，可以先求纵向场分量，再根据横向场与纵向场的关系，确定横向场。对于光纤，在圆柱坐标系下，电磁场的纵向场分量为 E_z 和 H_z，横向场分量包括 E_θ，E_r，H_θ 和 H_r。这些场分量是圆柱坐标系下位置坐标 (r, θ, z) 的函数。圆柱坐标系下的光纤截面如图 2.9 所示。

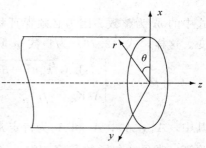

图 2.9 光纤中的圆柱坐标系

1. 阶跃光纤中纵向场分量

（1）纵向场分量的通解

光纤中的纵向场分量包括 E_z 和 H_z，它们满足的标量波动方程：

$$\nabla^2 E_z + k_0^2 n^2 E_z = 0$$
$$\nabla^2 H_z + k_0^2 n^2 H_z = 0 \tag{2.23}$$

在纤芯和包层中，折射率 n 是不同的，分别用 n_1 和 n_2 代替即可。若位置坐标选用圆柱坐标 (r, θ, z)，则纵向场分量是位置坐标的函数，即 $E_z(r, \theta, z)$ 和 $H_z(r, \theta, z)$。在圆柱坐标系下纵向场分量满足的标量波动方程为

$$\frac{\partial^2 E_z}{\partial r^2} + \frac{1}{r}\frac{\partial E_z}{\partial r} + \frac{1}{r^2}\frac{\partial^2 E_z}{\partial \theta^2} + \frac{\partial^2 E_z}{\partial z^2} + k_0^2 n^2 E_z = 0$$
$$\frac{\partial^2 H_z}{\partial r^2} + \frac{1}{r}\frac{\partial H_z}{\partial r} + \frac{1}{r^2}\frac{\partial^2 H_z}{\partial \theta^2} + \frac{\partial^2 H_z}{\partial z^2} + k_0^2 n^2 H_z = 0 \tag{2.24}$$

式（2.24）中 H_z 和 E_z 满足的方程完全相同，求解过程和得到的解的形式也应相同。所以，为简化叙述，以 E_z 为例进行求解。

先求出通解形式，再分别用纤芯和包层的中折射率替换式（2.24）中的折射率 n，就可分别得到纤芯和包层中的通解形式。

运用分离变量法求解 E_z 满足的方程，令

$$E_z(r, \theta, z) = R(r)\Theta(\theta)\mathrm{e}^{-\mathrm{j}\beta z} \tag{2.25}$$

将式（2.25）代入式（2.24）进行分离变量，可以得到

$$\Theta(\theta)\frac{\mathrm{d}^2 R(r)}{\mathrm{d}r^2} + \frac{1}{r}\Theta(\theta)\frac{\mathrm{d}R(r)}{\mathrm{d}r} + \frac{1}{r^2}R(r)\frac{\mathrm{d}^2\Theta(\theta)}{\mathrm{d}\theta^2} + (k_0^2 n^2 - \beta^2)R(r)\Theta(\theta) = 0$$

两边同除以 $\frac{1}{r^2}R(r)\Theta(\theta)$，可得

$$\frac{r^2}{R(r)}\frac{\mathrm{d}^2 R(r)}{\mathrm{d}r^2} + \frac{r}{R(r)}\frac{\mathrm{d}R(r)}{\mathrm{d}r} + (k_0^2 n^2 - \beta^2)r^2 + \frac{1}{\Theta(\theta)}\frac{\mathrm{d}^2\Theta(\theta)}{\mathrm{d}\theta^2} = 0$$

分离变量后得到关于 r 和 θ 的两个独立方程：

$$\frac{r^2}{R(r)}\frac{\mathrm{d}^2 R(r)}{\mathrm{d}r^2} + \frac{r}{R(r)}\frac{\mathrm{d}R(r)}{\mathrm{d}r} + (k_0^2 n^2 - \beta^2)r^2 = m^2 \tag{2.26}$$

$$\frac{1}{\Theta(\theta)}\frac{\mathrm{d}^2 \Theta(\theta)}{\mathrm{d}\theta^2} = -m^2 \tag{2.27}$$

式（2.27）的解为

$$\Theta(\theta) = \begin{cases} \cos m\theta \\ \sin m\theta \end{cases} \tag{2.28}$$

式中的 m 为整数，因为必须保证场的唯一性，即在 θ 变化 2π 的整数倍时，$\Theta(\theta)$ 的值不变。这样，式（2.26）为整数 m 阶贝塞尔方程，其解为

$$R(r) = \begin{cases} A_1 \mathrm{J}_m(\sqrt{k_0^2 n^2 - \beta^2}\,r) + A_2 \mathrm{N}_m(\sqrt{k_0^2 n^2 - \beta^2}\,r) & k_0^2 n^2 - \beta^2 \geqslant 0 \\ A_3 \mathrm{K}_m(\left|\sqrt{k_0^2 n^2 - \beta^2}\right|r) + A_4 \mathrm{I}_m(\left|\sqrt{k_0^2 n^2 - \beta^2}\right|r) & k_0^2 n^2 - \beta^2 < 0 \end{cases} \tag{2.29}$$

其中，A_1，A_2，A_3 和 A_4 为待定常数，$\mathrm{J}_m(\sqrt{k_0^2 n^2 - \beta^2}\,r)$ 和 $\mathrm{N}_m(\sqrt{k_0^2 n^2 - \beta^2}\,r)$ 分别为 m 阶第一类贝塞尔函数和第二类贝塞尔函数，$\mathrm{I}_m(\left|\sqrt{k_0^2 n^2 - \beta^2}\right|r)$ 和 $\mathrm{K}_m(\left|\sqrt{k_0^2 n^2 - \beta^2}\right|r)$ 分别为 m 阶第一类修正贝塞尔函数和第二类修正贝塞尔函数，括号中为其宗量。

这样，就得到了 E_z 的形式解中的 $R(r)$ 和 $\Theta(\theta)$ 的通解。同理，H_z 有和 E_z 一样的通解形式。

（2）纤芯和包层中的纵向场

阶跃光纤中的电磁场分布在纤芯和包层两个区域。从式（2.29）可以看出，$R(r)$ 的表达式中有两种形式，取哪一种形式取决于满足的条件。

由射线分析可知，导模满足全反射条件，即

$$\theta_c < \theta_1 < 90° \tag{2.30}$$

对式（2.30）取正弦，并乘以 $k_0 n_1$ 后，再利用式（2.2）可得

$$k_0 n_2 < \beta < k_0 n_1 \tag{2.31}$$

进而可知

$$k_0^2 n_2 - \beta^2 < 0 \tag{2.32}$$

$$k_0^2 n_1 - \beta^2 > 0 \tag{2.33}$$

因此，在纤芯区，纤芯中的纵向场解应为

$$E_{z1} = \left[A_1 \mathrm{J}_m(\sqrt{k_0^2 n_1^2 - \beta^2}\,r) + A_2 \mathrm{N}_m(\sqrt{k_0^2 n_1^2 - \beta^2}\,r)\right]\begin{cases}\cos m\theta \\ \sin m\theta\end{cases}\mathrm{e}^{-\mathrm{j}\beta z} \tag{2.34}$$

同样

$$H_{z1} = \left[B_1 \mathrm{J}_m(\sqrt{k_0^2 n_1^2 - \beta^2}\,r) + B_2 \mathrm{N}_m(\sqrt{k_0^2 n_1^2 - \beta^2}\,r)\right]\begin{cases}\sin m\theta \\ \cos m\theta\end{cases}\mathrm{e}^{-\mathrm{j}\beta z} \tag{2.35}$$

式（2.34）和式（2.35）中，场分量脚标中的"1"代表场分量是纤芯中的场分量。

在包层区，纵向场的解应为

$$E_{z2} = \left[A_3 \mathrm{K}_m(\sqrt{\beta^2 - k_0^2 n_2^2}\,r) + A_4 \mathrm{I}_m(\sqrt{\beta^2 - k_0^2 n_2^2}\,r)\right]\begin{cases}\cos m\theta \\ \sin m\theta\end{cases}\mathrm{e}^{-\mathrm{j}\beta z} \tag{2.36}$$

$$H_{z2} = \left[B_3 \mathrm{K}_m(\sqrt{\beta^2 - k_0^2 n_2^2}\,r) + B_4 \mathrm{I}_m(\sqrt{\beta^2 - k_0^2 n_2^2}\,r)\right]\begin{cases}\sin m\theta \\ \cos m\theta\end{cases}\mathrm{e}^{-\mathrm{j}\beta z} \tag{2.37}$$

式（2.36）和式（2.37）中，场分量脚标中的"2"代表场分量是包层中的场分量。

（3）自然边界条件的应用

应用自然边界条件，可以简化式（2.34）～式（2.37）。为了方便，定义两个参量 u 和 w：

$$u = \sqrt{k_0^2 n_1^2 - \beta^2}\, a \qquad (2.38)$$

$$w = \sqrt{\beta^2 - k_0^2 n_2^2}\, a \qquad (2.39)$$

u 和 w 分别称为纤芯中横向相位常数和包层中横向衰减系数。

在纤芯中，根据场有限可得纤芯区自然边界条件：

$$E_{z1} \big|_{r=0} \neq \infty \qquad (2.40)$$

$$H_{z1} \big|_{r=0} \neq \infty \qquad (2.41)$$

第一类贝塞尔函数的图像如图 2.10 所示。从图 2.10 可以看出，在 $r=0$ 时，第一类贝塞尔函数 J_m 有限，第二类贝塞尔函数 N_m 趋于无限。

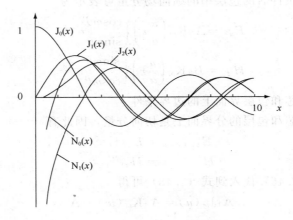

图 2.10 $J_m(x)$，$N_m(x)$ 的函数图形

因此，式（2.40）、式（2.41）应用到式（2.34）和式（2.35）时，必使

$$A_2 = 0$$

$$B_2 = 0$$

所以应用自然边界条件后的纤芯纵向场分量可表示为

$$E_{z1} = A_1 J_m\left(\frac{u}{a}r\right) \begin{cases} \cos m\theta \\ \sin m\theta \end{cases} e^{-j\beta z} \qquad (2.42)$$

$$H_{z1} = B_1 J_m\left(\frac{u}{a}r\right) \begin{cases} \sin m\theta \\ \cos m\theta \end{cases} e^{-j\beta z} \qquad (2.43)$$

在包层区，导模沿远离纤芯包层界面，其场幅度指数衰减，假定包层的厚度趋于无穷大，不会影响分析结果。这样，可以得到包层区的自然边界条件：

$$E_{z2} \big|_{r \to \infty} \to 0 \qquad (2.44)$$

$$H_{z2} \big|_{r \to \infty} \to 0 \qquad (2.45)$$

修正的贝塞尔函数的图像如图 2.11 所示。从图 2.11 可以看出，在 $r \to \infty$ 时，第二类修正的贝塞尔函数 K_m 趋于零，第二类修正的贝塞尔函数 I_m 不趋于零。

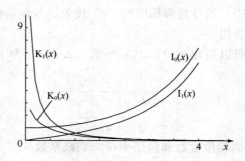

图 2.11　$I_m(x)$，$K_m(x)$ 的函数图形

所以，式（2.44）和式（2.45）应用到式（2.36）和式（2.37）时，必有

$$A_4 = 0$$
$$B_4 = 0$$

这样，应用自然边界条件后的包层中的纵向场分量可表示为

$$E_{z2} = A_3 K_m \left(\frac{w}{a}r\right) \begin{cases} \cos m\theta \\ \sin m\theta \end{cases} e^{-j\beta z} \tag{2.46}$$

$$H_{z2} = B_3 K_m \left(\frac{u}{a}r\right) \begin{cases} \sin m\theta \\ \cos m\theta \end{cases} e^{-j\beta z} \tag{2.47}$$

（4）纵向场在纤芯和包层界面上的边界条件

纵向场分量在纤芯和包层的分界面上是切向分量，因此有

$$E_{z1} |_{r=a} = E_{z2} |_{r=a} \tag{2.48}$$

$$H_{z1} |_{r=a} = H_{z2} |_{r=a} \tag{2.49}$$

把式（2.42）和式（2.46）代入到式（2.48）可得

$$A_1 J_m(u) = A_3 K_m(w) = A$$

则

$$A_1 = \frac{A}{J_m(u)}$$

$$A_3 = \frac{A}{K_m(w)}$$

把式（2.43）和式（2.47）代入到式（2.49）可得

$$B_1 J_m(u) = B_3 K_m(w) = B$$

则

$$B_1 = \frac{B}{J_m(u)}$$

$$B_3 = \frac{B}{K_m(w)}$$

因此，纤芯中的纵向场分量和包层中的纵向场分量分别表示为

$$E_{z1} = \frac{A}{J_m(u)} J_m \left(\frac{u}{a}r\right) \begin{cases} \cos m\theta \\ \sin m\theta \end{cases} e^{-j\beta z} \tag{2.50}$$

$$H_{z1} = \frac{B}{J_m(u)} J_m \left(\frac{u}{a}r\right) \begin{cases} \sin m\theta \\ \cos m\theta \end{cases} e^{-j\beta z} \tag{2.51}$$

$$E_{z2} = \frac{A}{\mathrm{K}_m(w)} \mathrm{K}_m\left(\frac{w}{a}r\right) \begin{Bmatrix} \cos m\theta \\ \sin m\theta \end{Bmatrix} \mathrm{e}^{-\mathrm{j}\beta z} \tag{2.52}$$

$$H_{z2} = \frac{B}{\mathrm{K}_m(w)} \mathrm{K}_m\left(\frac{u}{a}r\right) \begin{Bmatrix} \sin m\theta \\ \cos m\theta \end{Bmatrix} \mathrm{e}^{-\mathrm{j}\beta z} \tag{2.53}$$

2. 阶跃光纤中横向场分量

柱坐标系下横向场与纵向场的关系式为

$$E_r = -\frac{\mathrm{j}}{k_0^2 n^2 - \beta^2}\left(\beta \frac{\partial E_z}{\partial r} + \omega\mu \frac{1}{r} \frac{\partial H_z}{\partial \theta}\right) \tag{2.54}$$

$$E_\theta = -\frac{\mathrm{j}}{k_0^2 n^2 - \beta^2}\left(\beta \frac{1}{r} \frac{\partial E_z}{\partial \theta} - \omega\mu \frac{\partial H_z}{\partial r}\right) \tag{2.55}$$

$$H_r = -\frac{\mathrm{j}}{k_0^2 n^2 - \beta^2}\left(\beta \frac{\partial H_z}{\partial r} - \omega\varepsilon \frac{1}{r} \frac{\partial E_z}{\partial \theta}\right) \tag{2.56}$$

$$H_\theta = -\frac{\mathrm{j}}{k_0^2 n^2 - \beta^2}\left(\beta \frac{1}{r} \frac{\partial H_z}{\partial \theta} + \omega\varepsilon \frac{\partial E_z}{\partial r}\right) \tag{2.57}$$

（1）阶跃光纤中横向场分量

把纤芯中的参量和纵向场分量式（2.50）、式（2.51）代入式（2.54）～式（2.57），可得纤芯中的各横向场分量：

$$E_{r1} = -\frac{\mathrm{j}\mathrm{e}^{-\mathrm{j}\beta z}}{k_0^2 n_1^2 - \beta^2}\left[\beta \frac{Au}{a\mathrm{J}_m(u)} \mathrm{J}'_m\left(\frac{u}{a}r\right) \pm \omega\mu_0 \frac{mB}{r\mathrm{J}_m(u)} \mathrm{J}_m\left(\frac{u}{a}r\right)\right] \begin{Bmatrix} \cos m\theta \\ \sin m\theta \end{Bmatrix} \tag{2.58}$$

$$E_{\theta1} = \frac{\mathrm{j}\mathrm{e}^{-\mathrm{j}\beta z}}{k_0^2 n_1^2 - \beta^2}\left[\pm\beta \frac{mA}{r\mathrm{J}_m(u)} \mathrm{J}_m\left(\frac{u}{a}r\right) + \omega\mu_0 \frac{uB}{a\mathrm{J}_m(u)} \mathrm{J}'_m\left(\frac{u}{a}r\right)\right] \begin{Bmatrix} \sin m\theta \\ \cos m\theta \end{Bmatrix} \tag{2.59}$$

$$H_{r1} = -\frac{\mathrm{j}\mathrm{e}^{-\mathrm{j}\beta z}}{k_0^2 n_1^2 - \beta^2}\left[\beta \frac{Bu}{a\mathrm{J}_m(u)} \mathrm{J}'_m\left(\frac{u}{a}r\right) \pm \omega\varepsilon_1 \frac{mA}{r\mathrm{J}_m(u)} \mathrm{J}_m\left(\frac{u}{a}r\right)\right] \begin{Bmatrix} \sin m\theta \\ \cos m\theta \end{Bmatrix} \tag{2.60}$$

$$H_{\theta1} = -\frac{\mathrm{j}\mathrm{e}^{-\mathrm{j}\beta z}}{k_0^2 n_1^2 - \beta^2}\left[\pm\beta \frac{-mB}{r\mathrm{J}_m(u)} \mathrm{J}'_m\left(\frac{u}{a}r\right) + \omega\varepsilon_1 \frac{uA}{a\mathrm{J}_m(u)} \mathrm{J}_m\left(\frac{u}{a}r\right)\right] \begin{Bmatrix} \sin m\theta \\ \cos m\theta \end{Bmatrix} \tag{2.61}$$

把包层中的参量和纵向场分量式（2.52）、式（2.53）代入式（2.54）～式（2.57），可得包层中的各横向场分量：

$$E_{r2} = -\frac{\mathrm{j}\mathrm{e}^{-\mathrm{j}\beta z}}{k_0^2 n_2^2 - \beta^2}\left[\beta \frac{Aw}{a\mathrm{K}_m(w)} \mathrm{K}'_m\left(\frac{w}{a}r\right) \pm \omega\mu_0 \frac{mB}{r\mathrm{K}_m(w)} \mathrm{K}_m\left(\frac{w}{a}r\right)\right] \begin{Bmatrix} \cos m\theta \\ \sin m\theta \end{Bmatrix} \tag{2.62}$$

$$E_{\theta2} = \frac{\mathrm{j}\mathrm{e}^{-\mathrm{j}\beta z}}{k_0^2 n_2^2 - \beta^2}\left[\pm\beta \frac{mA}{r\mathrm{K}_m(w)} \mathrm{K}_m\left(\frac{w}{a}r\right) + \omega\mu_0 \frac{Bw}{a\mathrm{K}_m(w)} \mathrm{K}'_m\left(\frac{w}{a}r\right)\right] \begin{Bmatrix} \sin m\theta \\ \cos m\theta \end{Bmatrix} \tag{2.63}$$

$$H_{r2} = -\frac{\mathrm{j}\mathrm{e}^{-\mathrm{j}\beta z}}{k_0^2 n_2^2 - \beta^2}\left[\beta \frac{Bw}{a\mathrm{K}_m(w)} \mathrm{K}'_m\left(\frac{w}{a}r\right) \pm \omega\varepsilon_2 \frac{mA}{r\mathrm{K}_m(w)} \mathrm{K}_m\left(\frac{w}{a}r\right)\right] \begin{Bmatrix} \sin m\theta \\ \cos m\theta \end{Bmatrix} \tag{2.64}$$

$$H_{\theta2} = -\frac{\mathrm{j}\mathrm{e}^{-\mathrm{j}\beta z}}{k_0^2 n_2^2 - \beta^2}\left[\pm\beta \frac{-mB}{r\mathrm{K}_m(w)} \mathrm{K}'_m\left(\frac{u}{a}r\right) + \omega\varepsilon_2 \frac{Aw}{a\mathrm{K}_m(u)} \mathrm{K}_m\left(\frac{u}{a}r\right)\right] \begin{Bmatrix} \sin m\theta \\ \cos m\theta \end{Bmatrix} \tag{2.65}$$

至此，阶跃光纤中的纤芯和包层的场分布基本确定了，只是其中的待定常数 A，B 和 β 还需要利用边界条件或激励条件来确定。

（2）横向场分量在纤芯和包层边界上的边界条件

横向场分量中的 E_θ 和 H_θ 在纤芯和包层的分界面上是切向分量，因此有

$$E_{\theta 1}\big|_{r=a} = E_{\theta 2}\big|_{r=a} \tag{2.66}$$

$$H_{\theta 1}\big|_{r=a} = H_{\theta 2}\big|_{r=a} \tag{2.67}$$

利用式（2.59）、式（2.61）和式（2.63）～式（2.67），可得

$$\omega\mu_0 B\left[\frac{K_m'(w)}{wK_m(w)} + \frac{J_m'(u)}{uJ_m(u)}\right] = \pm\beta m A\left[\frac{1}{u^2} + \frac{1}{w^2}\right] \tag{2.68}$$

$$\omega\varepsilon_0 A\left[\frac{n_2^2 K_m'(w)}{wK_m(w)} + \frac{n_1^2 J_m'(u)}{uJ_m(u)}\right] = \pm\beta m B\left[\frac{1}{u^2} + \frac{1}{w^2}\right] \tag{2.69}$$

其中应用了 $\varepsilon_1 = \varepsilon_0 n_1^2$ 和 $\varepsilon_2 = \varepsilon_0 n_2^2$。式（2.68）和式（2.69）两个方程中含有 β，A 和 B 三个未知数，事实上，A 和 B 是与激励的模式及功率有关的，因此，式（2.68）和式（2.69）可以用于求解 β。

3. 阶跃光纤中的模式

在此，先对阶跃光纤中的模式进行初步讨论，以便于后续进行分类求解各类模式的传播常数 β。从式（2.50）～式（2.65）可以看出：

①若 $A=0$，$B\neq 0$，则 $E_z=0$，$H_z\neq 0$，式（2.50）～式（2.65）是 TE 模式的场分布；

②若 $A\neq 0$，$B=0$，则 $E_z\neq 0$，$H_z=0$，式（2.50）～式（2.65）是 TM 模式的场分布；

③若 $A\neq 0$，$B\neq 0$，则 $E_z\neq 0$，$H_z\neq 0$，式（2.50）～式（2.65）是 EH 或 HE 模式的场分布；

④若 $A=0$，$B=0$，则 $E_z=0$，$H_z=0$，进而，所有场分量都等于零，所以，不存在 TEM 模式，但在弱波导近似条件下，当混合模式中的纵向场分量相对横向场较小，可以近似为准 TEM 波。

4. 特征方程

由式（2.68）和式（2.69）及 A，B 是否为零，可以得到求解各类模式的 β 的方程，该方程称为模式的特征方程。

（1）TE 和 TM 模式的特征方程

TE 模式时，$A=0$，$B\neq 0$，由式（2.69）可得

$$\beta m B\left[\frac{1}{u^2} + \frac{1}{w^2}\right] = 0 \tag{2.70}$$

式（2.70）中的 β 不能为零，$\left[\dfrac{1}{u^2} + \dfrac{1}{w^2}\right]\neq 0$，因此，只有 $m=0$。将 $m=0$ 代入式（2.68）可得 TE 模式的特征方程

$$\frac{K_0'(w)}{wK_0(w)} + \frac{J_0'(u)}{uJ_0(u)} = 0 \tag{2.71}$$

利用贝塞尔函数的递推关系

$$J_0'(u) = -J_1(u)$$

$$K_0'(w) = -K_1(w)$$

得到 TE 模式特征方程的另一种形式：

$$\frac{K_1(w)}{wK_0(w)} + \frac{J_1(u)}{uJ_0(u)} = 0 \tag{2.72}$$

TM 模式时，$B=0$，$A\neq0$，由式（2.68）可得

$$\beta m A\left[\frac{1}{u^2}+\frac{1}{w^2}\right]=0 \tag{2.73}$$

式（2.73）中的 β 不能为零，$\left[\frac{1}{u^2}+\frac{1}{w^2}\right]\neq0$，因此，只有 $m=0$。将 $m=0$ 代入式（2.69）可得 TM 模式的特征方程

$$\frac{n_2^2 K_0'(w)}{w K_0(w)}+\frac{n_1^2 J_0'(u)}{u J_0(u)}=0 \tag{2.74}$$

再利用贝塞尔函数的递推关系，TM 模式的特征方程变为

$$\frac{n_2^2 K_1(w)}{w K_0(w)}+\frac{n_1^2 J_1(u)}{u J_0(u)}=0 \tag{2.75}$$

在弱导近似下，有 $n_1\approx n_2$，TM 模式特征方程近似为

$$\frac{K_1(w)}{w K_0(w)}+\frac{J_1(u)}{u J_0(u)}=0 \tag{2.76}$$

式（2.76）和式（2.72）相同。这样，TM 模式和 TE 模式除了 m 都等于零外，还有相同的特征方程。至此，对 TE 和 TM 模式有以下结论。

①对 TE 和 TM 模式而言，式（2.50）～式（2.53）和式（2.58）～式（2.65）各场分量中贝塞尔函数的阶数都为 0。对 TE 模式 $A=0$，$B\neq0$，但对 TM 模式 $B=0$，$A\neq0$。

②TE 和 TM 有相同的特征方程。因此，它们有相同的解，即它们对应的模式的传播常数是一样的，那么对应的 TE 和 TM 模式是简并的。

③特征方程的解不止一个。所以，TE 和 TM 不只一对，通常用 TE_{0n} 和 TM_{0n} 来表示。脚标中的 0 代表 $m=0$，n 用于区分特征方程的不同解，或者说不同模式的传播常数。一对 m，n 确定了一个模式。

④从场结构的角度看，$m=0$，意味着场在圆周方向不变化。n 也有一定意义，与场沿径向的变化有关，通过后面进一步分析，可以明确场沿径向的变化规律。

【例 2.5】 根据 TE 模式的定义，写出 TE 模式的各个场分量。

解： 把 $m=0$，$A=0$ 代入式（2.50）～式（2.53）和式（2.58）～式（2.65），可得 TE 模式的场分布纤芯中：

$$E_{z1}=0$$

$$H_{z1}=\frac{B}{J_0(u)}J_0\left(\frac{u}{a}r\right)e^{-j\beta z}$$

$$E_{r1}=0$$

$$E_{\theta1}=\frac{je^{-j\beta z}}{k_0^2 n_1^2-\beta^2}\left[\omega\mu_0\frac{uB}{aJ_0(u)}J_0'\left(\frac{u}{a}r\right)\right]$$

$$H_{r1}=-\frac{je^{-j\beta z}}{k_0^2 n_1^2-\beta^2}\left[\beta\frac{Bu}{aJ_0(u)}J_0'\left(\frac{u}{a}r\right)\right]$$

$$H_{\theta1}=0$$

包层中：

$$E_{z2}=0$$

$$H_{z2} = \frac{B}{K_0(w)} K_0\left(\frac{u}{a} r\right) e^{-j\beta z}$$

$$E_{r2} = 0$$

$$E_{\theta2} = \frac{je^{-j\beta z}}{k_0^2 n_2^2 - \beta^2}\left[\omega\mu_0 \frac{Bw}{aK_0(w)} K_0'\left(\frac{w}{a} r\right)\right]$$

$$H_{r2} = -\frac{je^{-j\beta z}}{k_0^2 n_2^2 - \beta^2}\left[\beta \frac{Bw}{aK_0(w)} K_0'\left(\frac{w}{a} r\right)\right]$$

$$H_{\theta2} = 0$$

（2）EH 模式和 HE 模式的特征方程

将式（2.68）和式（2.69）两式相乘，消去 AB，且 $m \neq 0$，可得 EH 和 HE 模式的特征方程

$$\omega^2\mu_0\varepsilon_0\left[m\frac{K_m'(w)}{wK_m(w)} + \frac{J_m'(u)}{uJ_m(u)}\right]\left[\frac{n_2^2 K_m'(w)}{wK_m(w)} + \frac{n_1^2 J_m'(u)}{J_m(u)}\right] = \beta^2 m^2\left[\frac{1}{u^2} + \frac{1}{w^2}\right]^2 \quad (2.77)$$

在弱波导近似时，$n_1 \approx n_2$，$k_0 n_1 \approx k_0 n_2 \approx \beta$，式（2.77）可简化为

$$\left[\frac{K_m'(w)}{wK_m(w)} + \frac{J_m'(u)}{uJ_m(u)}\right]^2 = m^2\left[\frac{1}{u^2} + \frac{1}{w^2}\right]^2, \quad m > 0 \quad (2.78)$$

对式（2.78）两边同时开平方，有

$$\frac{K_m'(w)}{wK_m(w)} + \frac{J_m'(u)}{uJ_m m(u)} = \pm m\left[\frac{1}{u^2} + \frac{1}{w^2}\right], \quad m > 0 \quad (2.79)$$

式（2.79）右端分别取"＋"和"－"为两个不同的方程。右端取"＋"时的方程为 EH 模式的特征方程，右端取"－"时的方程为 HE 模式的特征方程，即

EH 模的特征方程：$\dfrac{K_m'(w)}{wK_m(w)} + \dfrac{J_m'(u)}{uJ_m(u)} = +m\left[\dfrac{1}{u^2} + \dfrac{1}{w^2}\right], \quad m \neq 0 \quad (2.80)$

HE 模的特征方程：$\dfrac{K_m'(w)}{wK_m(w)} + \dfrac{J_m'(u)}{uJ_m(u)} = -m\left[\dfrac{1}{u^2} + \dfrac{1}{w^2}\right], \quad m \neq 0 \quad (2.81)$

至此，对 EH 和 HE 模式有以下结论。

①对 EH 和 HE 模式而言，式（2.50）～式（2.53）和式（2.58）～式（2.65）各场分量中贝塞尔函数的阶数都不为 0，且 $A \neq 0$，$B \neq 0$。

②EH 和 HE 有各自的特征方程。因此，它们有各自的解，即式（2.50）～式（2.53）和式（2.58）～式（2.65）各场分量中的 β 和各自的模式相对应。

③同一个 m 下，各自特征方程的解都不只一个。所以，EH 和 HE 模式的数量也都不只一个，通常用 EH_{mn} 和 HE_{mn} 来表示。脚标中的 $m = 1, 2, 3, \cdots$ 对应不同 m 的特征方程，n 则对应于该 m 下的不同解。一对 m，n 确定了各类模式中的一个模式。

④从场结构的角度看，$m \neq 0$ 表示场沿圆周方向有变化，不同的 m 表示沿圆周方向场出现不同的极值对数。脚标 n 用于区分同一 m 下特征方程的不同解，或者说不同模式传播常数。场沿径向的变化与 n 有关。

5. 模式状态分析

各类模式的场分布由式（2.50）～式（2.53）和式（2.58）～式（2.65）来表示，其中的参数 u，w 与 β 和工作波长有关。如果工作波长确定，每一个模式的 β 可由其特征方程相应求出，这样模式的场结构就完全确定。模式的特征方程属于超越方程，没有解析

解，所以只有利用数值方法求解。

应当注意，同一模式，其 β 随工作波长是变化的，因此，所谓的求解特征方程是在确定波长下求解的。如果 β 为虚数时，模式是不能传输的截止状态。这样，求解 β 就没有什么意义，所以，应先确定模式的状态，然后再求其 β。模式的状态判定条件可以通过其特征方程来获得。

（1）模式的状态

从射线理论可知，当模式截止成为辐射模辐射时 $\theta_1 < \theta_c$，此时有

$$k_0 n_1 \sin\theta_1 < k_0 n_1 \sin\theta_c = k_0 n_2$$

即

$$\beta < k_0 n_2 \tag{2.82}$$

从前面定义的参数 w 来看模式的截止状态，把式（2.82）代入式（2.39）可知

$$w^2 = (\beta^2 - k_0^2 n_2^2) a^2 < 0 \tag{2.83}$$

显然，可以把模式的状态用参数 w^2 来划分：

当 $w^2 < 0$ 时，模式截止；

当 $w^2 > 0$ 时，模式传输；

当 $w^2 = 0$ 时，模式处于临界截止状态。

再定义参数 V

$$V^2 = u^2 + w^2 \tag{2.84}$$

把式（2.38）和式（2.39）代入式（2.84）得

$$V^2 = k_0^2 (n_1^2 - n_2^2) a^2 \tag{2.85}$$

参数 V 称为归一化频率。定义临界截止时的 u 和 V 分别为 u_c 和 V_c，此时 $w = 0$，所以有

$$V_c = u_c \tag{2.86}$$

参数 V_c 称为归一化截止频率。这样，可以根据式（2.84）和式（2.86）来划分模式的状态：

当 $V < V_c$ 时，模式截止；

当 $V > V_c$ 时，模式传输；

当 $V = V_c$ 时，模式处于临界截止状态。

从式（2.85）可以看出，当工作波长和光纤结构参数确定时，归一化频率 V 就确定了，所以，要判断某一模式处于什么状态，必须确定该模式的归一化截止频率 V_c。

（2）TE 和 TM 模式的归一化截止频率 V_c

临界截止时，$w = 0$，$V_c = u_c$，所以，TE 和 TM 模式的归一化截止频率可通过其特征方程得到。让式（2.76）中的 w 趋于零，则 u 趋于 $u_c = V_c$，所以有

$$\lim_{w \to 0} \frac{\mathrm{K}_1(w)}{w \mathrm{K}_0(w)} + \frac{\mathrm{J}_1(u_c)}{u_c \mathrm{J}_0(u_c)} = 0 \tag{2.87}$$

利用贝塞尔函数 $\mathrm{K}_m(w)$ 在小宗量下的近似式

$$\mathrm{K}_0(w) \approx \ln\frac{2}{w}, \quad m = 0 \tag{2.88}$$

$$\mathrm{K}_m(w) \approx \frac{1}{2}(m-1)! \left(\frac{2}{w}\right)^m, \quad m \neq 0 \tag{2.89}$$

式（2.87）变为

$$\frac{J_1(u_c)}{u_c J_0(u_c)} = -\lim_{w \to 0} \frac{K_1(w)}{w K_0(w)} = -\lim_{w \to 0} \frac{\dfrac{2}{w}}{w \ln \dfrac{2}{w}} \longrightarrow -\infty \tag{2.90}$$

这样就有

$$J_0(u_c) = 0 \tag{2.91}$$

由式（2.90）可求出 TE_{0n} 和 TM_{0n} 模式的归一化截止频率 V_c

$$V_c = u_c = \nu_{0n}, \quad n = 1, 2, 3, \cdots \tag{2.92}$$

它们是零阶贝塞尔函数的第 n 个零点坐标，可查得 $\nu_{01} = 2.40483$，$\nu_{02} = 5.52088$，$\nu_{03} = 8.65373$，…。

> **【例 2.6】** 试证明 $u_c = 0$ 不是式（2.90）的解。
>
> **证：** 当 $u_c \to 0$ 时，
>
> $$\lim_{u_c \to 0} \frac{J_1(u_c)}{u_c J_0(u_c)} = \lim_{u_c \to 0} \frac{J_1(u_c)}{u_c} = \lim_{u_c \to 0} \frac{u_c J_1(u_c)}{u_c^2} = \lim_{u_c \to 0} \frac{u_c J_0(u_c)}{2u_c} = \frac{1}{2}$$
>
> 所以 $u_c = 0$ 不是式（2.90）的解。
>
> **【例 2.7】** 某阶跃光纤的纤芯半径 $a = 50\,\mu\text{m}$，纤芯和包层折射率分别为 1.51 和 1.5，试确定 TE_{02}（或 TM_{02}）能在光纤中传输的波长范围。
>
> **解：** 根据模式传输条件 $V > V_c$ 可知，TE_{02}（或 TM_{02}）的传输条件为
>
> $$V > \nu_{02} = 5.52088$$
>
> 即
>
> $$V = k_0 (n_1^2 - n_2^2)^{1/2} a = \frac{2\pi}{\lambda_0} (n_1^2 - n_2^2)^{1/2} a > 5.52088$$
>
> 所以
>
> $$\lambda_0 < \frac{2\pi}{5.52088} (n_1^2 - n_2^2)^{1/2} a = \frac{2\pi}{5.52088} (1.51^2 - 1.5^2)^{1/2} \times 50 = 9.867\,(\mu\text{m})$$

（3）EH 和 HE 模式的归一化截止频率 V_c

同 TE 和 TM 模式一样，EH 和 HE 模式的归一化截止频率可通过其特征方程得到。先对 EH 模式和 HE 模式的特征方程式（2.80）和式（2.81）进行简化，利用贝塞尔函数的递推公式

$$J_m'(u) = \frac{m}{u} J_m(u) - J_{m+1}(u) = -\frac{m}{u} J_m(u) + J_{m-1}(u) \tag{2.93}$$

$$K_m'(w) = \frac{m}{w} K_m(w) - K_{m+1}(w) = -\frac{m}{w} K_m(w) + K_{m-1}(w) \tag{2.94}$$

式（2.80）和式（2.81）分别变为

EH 模的特征方程：$\dfrac{K_{m+1}(w)}{w K_m(w)} + \dfrac{J_{m+1}(u)}{u J_m(u)} = 0$，$m \neq 0$ （2.95）

HE 模的特征方程：$\dfrac{K_{m-1}(w)}{w K_m(w)} = \dfrac{J_{m-1}(u)}{u J_m(u)}$，$m \neq 0$ （2.96）

①EH 模的归一化截止频率 V_c。

让式（2.95）中的 w 趋于零，则 u 趋于 $u_c = V_c$，有

$$\lim_{w \to \infty} \frac{K_{m+1}(w)}{w K_m m(w)} + \frac{J_{m+1}(u_c)}{u_c J_m(u_c)} = 0, \quad m > 0 \tag{2.97}$$

再利用贝塞尔函数 $K_m(w)$ 在小宗量下的近似式 (2.89),由式 (2.97) 得

$$-\frac{J_{m+1}(u_c)}{u_c J_m(u_c)} = \lim_{w \to 0} \frac{K_{m+1}(w)}{w K_m(w)} = \lim_{w \to 0} \frac{m! \left(\frac{2}{w}\right)^{m+1}}{w(m-1)! \left(\frac{2}{w}\right)^m} = \lim_{w \to 0} m \left(\frac{2}{w}\right)^2 \to \infty, \quad m > 0 \tag{2.98}$$

这样就有

$$J_m(u_c) = 0 \tag{2.99}$$

由式 (2.99) 可求出 EH_{mn} 模式的归一化截止频率

$$V_c = u_c = \nu_{mn}, \quad m = 1, 2, 3, \cdots; \quad n = 1, 2, 3, \cdots \tag{2.100}$$

它们是 m 阶贝塞尔函数的第 n 个非零零点坐标,即 $u_c = 0$ 的根是 m 阶贝塞尔函数的第 0 个零点坐标,它不是式 (2.98) 的解。可查得 $\nu_{11} = 3.83171$,$\nu_{12} = 7.01559$,$\nu_{13} = 10.17347$,$\cdots$。

②HE 模的归一化截止频率 V_c。

让式 (2.96) 中的 w 趋于零,则 u 趋于 $u_c = V_c$,有

$$\frac{J_{m-1}(u_c)}{u_c J_m(u_c)} = \lim_{w \to 0} \frac{K_{m-1}(w)}{w K_m(w)} = 0, \quad m > 0 \tag{2.101}$$

再利用贝塞尔函数 $K_m(w)$ 在小宗量下的近似式 (2.89),由式 (2.101) 得

$$\frac{J_{m-1}(u_c)}{u_c J_m(u_c)} = \lim_{w \to 0} \frac{K_{m-1}(w)}{w K_m(w)} = \lim_{w \to 0} \frac{(m-2)! \left(\frac{2}{w}\right)^{m-1}}{w(m-1)! \left(\frac{2}{w}\right)^m} = \frac{1}{2(m-1)} \tag{2.102}$$

当 $m = 1$ 时,有

$$\frac{J_0(u_c)}{u_c J_1(u_c)} = 0 \tag{2.103}$$

即

$$J_0(u_c) = 0 \tag{2.104}$$

由式 (2.104) 可求出 HE_{1n} 模式的归一化截止频率

$$V_c = u_c = \nu_{1, n-1}, \quad m = 1; \quad n = 1, 2, 3, \cdots \tag{2.105}$$

它们是 m 阶贝塞尔函数的第 $(n-1)$ 个零点坐标,可查得 $\nu_{10} = 0$,$\nu_{11} = 3.83171$,$\nu_{12} = 7.01559$,$\nu_{13} = 10.17347$,$\cdots$。

当 $m > 1$ 时,利用式 (2.94) 有

$$\frac{J_{m-2}(u_c)}{u_c J_m(u_c)} = 0 \tag{2.106}$$

这样就有

$$J_{m-2}(u_c) = 0 \tag{2.107}$$

由式 (2.107) 可求出 HE_{mn} $(m>1)$ 模式的归一化截止频率

$$V_c = u_c = \nu_{m-2, n} \tag{2.108}$$

它们是 $(m-2)$ 阶贝塞尔函数的第 n 个非零零点坐标,即 $u_c = 0$ 的根是 $(m-2)$ 阶贝塞尔函数的第 0 个零点坐标,它不是式 (2.107) 的解。

6. 模式数量和单模传输条件

式（2.92）、式（2.100）、式（2.105）和式（2.108）给出各类模式中每一模式的归一化截止频率。当归一化频率确定后，根据模式传播条件，就可确定光纤中传输的模式有哪些。光纤中的场由这些传播模式的场叠加构成。

如果把所有模式的归一化截止频率从小到大排列起来，归一化截止频率越大的模式模次越高。因为，随着归一化频率 V 的减小，归一化截止频率越大的模式越先截止。当所有高次模都截止时，就只剩基模传输，此时称为单模工作条件。阶跃光纤中的 HE_{1n} 模式的归一化截止频率为零且最小，因此是光纤中的基模。归一化截止频率第二小的模式有 TE_{01}、TM_{01}、HE_{01} 和 HE_{21}，它们的归一化截止频率都为 2.40483，因此，阶跃光纤的单模工作条件可表示为

$$V < 2.40483 \tag{2.109}$$

在光纤参数确定时，可通过波长选择来满足单模条件使光纤处于单模工作状态。在确定的波长范围内，要使光纤处于单模传输，则可通过设计选择光纤参数来实现，这样的光纤通常称为单模光纤。

【例 2.8】某阶跃光纤的纤芯半径 $a = 5\mu m$，纤芯和包层折射率分别为 1.502 和 1.50，试确定单模传输时的工作波长范围。

解： 根据单模传输条件

$$V < 2.40483$$

即

$$V = k_0 (n_1^2 - n_2^2)^{1/2} a = \frac{2\pi}{\lambda_0} (n_1^2 - n_2^2)^{1/2} a < 2.40483$$

所以

$$\lambda_0 > \frac{2\pi}{2.40483} (n_1^2 - n_2^2)^{1/2} a = \frac{2\pi}{2.40483} (1.502^2 - 1.5^2)^{1/2} \times 5 = 1.011(\mu m)$$

7. 远离截止

在模式传输时，归一化频率大于归一化截止频率，$w^2 > 0$，那么，参数 u 处在什么范围？如果能够确定 u 的范围，可以使我们更好地了解场的分布，因为场分布中贝塞尔函数的宗量中含有 u，更重要的是为数值解满足特征方程的 u（进而确定 β）锁定了模式，并缩小了搜索范围。

模式：	临界截止	$\rightarrow$	远离截止
归一化频率 V：	V_c	$\rightarrow$	∞
参数 w^2：	0	$\rightarrow$	∞
参数 u：	$u_c = V_c$	$\rightarrow$	u_f

u_f 为远离截止时的 u。由此可以看出，只有 u 的范围和相应模式对应，因此，若能确定每一模式的 u_f，就完全确定了模式 u 的范围。与确定归一化截止频率的方法类似，确定归一化截止频率的方法是让特征方程中的 $w \rightarrow \infty$，则求出的 u 就是 u_f。

（1）TE 和 TM 模式的 u_f

远离截止时，$w \rightarrow \infty$，让式（2.76）中的 w 趋于无穷大，则 u 趋于 u_f，

$$\lim_{w \to \infty} \frac{K_1(w)}{w K_0(w)} + \frac{J_1(u_f)}{u_f J_0(u_f)} = 0 \tag{2.110}$$

利用贝塞尔函数 $K_m(w)$ 在大宗量下的近似式

$$K_m(w) \approx \sqrt{\frac{w}{2\pi}} e^{-w} \qquad (2.111)$$

由式（2.110）得

$$\frac{J_1(u_f)}{u_f J_0(u_f)} = -\lim_{w \to \infty} \frac{K_1(w)}{w K_0(w)} = -\lim_{w \to \infty} \frac{\sqrt{\frac{w}{2\pi}} e^{-w}}{w \sqrt{\frac{w}{2\pi}} e^{-w}} = 0 \qquad (2.112)$$

这样就有

$$J_1(u_f) = 0 \qquad (2.113)$$

由式（2.113）可求出 TE_{0n} 和 TM_{0n} 模式的 u_f：

$$u_f = \nu_{1n}, \quad n = 1, 2, 3, \cdots \qquad (2.114)$$

它们是 1 阶贝塞尔函数的第 n 个非零零点坐标。这样，TE_{0n} 和 TM_{0n} 模式的 u 的范围 ν_{0n} 到 ν_{1n} 之间。

（2）EH 和 HE 模式的 u_f

①EH 模的 u_f

让式（2.95）中的 w 趋于 ∞，则 u 趋于 $u_c = V_c$，有

$$\lim_{w \to 0} \frac{K_{m+1}(w)}{w K_m(w)} + \frac{J_{m+1}(u_c)}{u_c J_m(u_c)} = 0, \quad m > 0 \qquad (2.115)$$

再利用贝塞尔函数 $K_m(w)$ 在大宗量下的近似式（2.111），由式（2.115）得

$$-\frac{J_{m+1}(u_f)}{u_f J_m(u_f)} = \lim_{w \to \infty} \frac{K_{m+1}(w)}{w K_m(w)} = \lim_{w \to \infty} \frac{\sqrt{\frac{w}{2\pi}} e^{-w}}{w \sqrt{\frac{w}{2\pi}} e^{-w}} = 0 \qquad (2.116)$$

这样就有

$$J_{m+1}(u_f) = 0 \qquad (2.117)$$

由式（2.99）可求出 EH_{mn} 模式的 u_f：

$$u_f = \nu_{m+1, n}, \quad m = 1, 2, 3, \cdots; \quad n = 1, 2, 3, \cdots \qquad (2.118)$$

它们是 $m+1$ 阶贝塞尔函数的第 n 个非零零点坐标。EH_{mn} 模式的 u_f 在 ν_{mn} 与 $\nu_{m+1,n}$ 之间。

②HE 模的归一化截止频率 u_f

让式（2.96）中 w 趋于 ∞，则 u 趋于 u_f，有

$$\frac{J_{m-1}(u_f)}{u_f J_m(u_f)} = \lim_{w \to \infty} \frac{K_{m-1}(w)}{w K_m(w)} = \lim_{w \to \infty} \frac{1}{w} = 0, \quad m > 0$$

即

$$J_{m-1}(u_f) = 0 \qquad (2.119)$$

由式（2.119）可求出 HE_{mn} 模式的 u_f：

$$u_f = \nu_{m-1, n}, \quad m = 1, 2, 3, \cdots; \quad n = 1, 2, 3, \cdots \qquad (2.120)$$

它们是 $(m-1)$ 阶贝塞尔函数的第 n 个零点坐标。同样，HE_{mn} 模式的 u 的取值范围被完全确定。

现在再来讨论 TE_{0n}，TM_{0n}，EH_{mn} 和 HE_{mn} 模式中脚标中的 n 的意义。例如，TE_{02} 模式，其纤芯中的场分量

$$H_{z1} = \frac{B}{J_0(u)} J_0\left(\frac{u}{a}r\right) e^{j\beta z}$$

式中随 r 变化的因子为 $J_0\left(\dfrac{u}{a}r\right)$，若 $n=1$，则 u 的变化范围在 ν_{01} 到 ν_{11} 之间，当 r 从 0 变化到 a 时，零阶和 1 阶贝塞尔函数的宗量从 0 变到 u，此时零阶贝塞尔函数值变化相当于一个半驻波（电磁场的波峰和波谷）。因此模式中的脚标 n 表示场沿半径方向的半驻波数。

至此，求出了所有模式的 u 的变化范围，见表 2.1。

表 2.1　模式的 u 值变化范围

		TE_{0n}、TM_{0n}	EH_{mn}	HE_{1n}	HE_{mn} （$m>1$）
u 的变化范围	最小值 V_c	ν_{0n}	ν_{mn}	$\nu_{1,n-1}$	$\nu_{m-2,n}$
	最大值 u_∞	ν_{1n}	$N_{m+1,n}$	ν_{0n}	$\nu_{m-1,n}$

8. 传播常数 β 的数值求解

在讨论每一模式的传播常数 β 的数值求解之前，先了解 β 的值与哪些因素有关，再解决数值求解的基本流程。影响 β 数值的因素有三个。

一是模式，即不同的模式其 β 可能不同。β 是模式传播的特征，通常可以通过 β 来区分不同模式。如果几个模式的 β 相同，就无法用 β 简单区分模式，此时，这些模式处于简并状态，或称它们是简并模式。还有一种所谓的极化简并，如前面的场分量表达式中，场随 θ 变化可以有两组取法，相当于两个极化模式，β 相同称为极化简并。

二是光纤，包括光纤的结构尺寸和折射率分布等参数。两个不同的光纤，同一模式的 β 就可能不同。

三是工作波长。在确定的光纤中，工作波长变化都能使模式截止变成传输，所以 β 与波长有关。

现在再来讨论数值求解 β 的流程。

第一步先确定模式。当模式确定后，两件事就确定。一是要解的特征方程确定；二是特征方程中的 u 的变化范围确定。例如，对 TE_{01} 模，特征方程为式（2.76），特征方程中 u 的变化范围在 ν_{01} 到 ν_{11} 之间。

第二步确定归一化频率 V，也就是确定光纤参数和工作波长。目的是把特征方程中的 w 用 u 来代替，即

$$w = \sqrt{V^2 - u^2}$$

第三在 u 的变化范围内数值解满足特征方程的 u。

第四步利用 u 的定义确定 β。

第五步改变 V，重复第二至第四步。

第六步改变模式，重复第一至第五步。

图 2.12 为数值解出的部分模式的传播常数 β 随归一化频率变化的曲线。

9. 导模的场型图

通过解特征方程，在确定传播常数的同时也确定了 u 和 w，从而各模式的场结构也确定了。通过场型图，可以形象化地了解模式的场结构特点。图 2.13 画出了几个低次模式纤芯中的场型图。

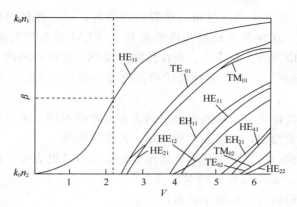

图 2.12 传播常数 β 随归一化频率的变化

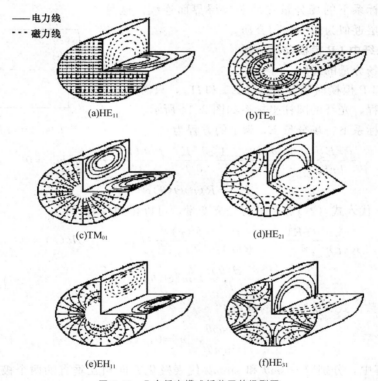

图 2.13 几个低次模式纤芯区的场型图

2.3.3 阶跃光纤标量近似解法

阶跃光纤的矢量解法求出的场的模式类型包括 TE_{0n}，TM_{0n}，EH_{mn} 和 HE_{mn}，在弱波导情况下对应的特征方程有 4 个，求解较为繁杂。而且，求出的模式中有很多模式的传播常数、归一化截止频率都相同，即模式的传输特征相同，模式的传输条件也相同。若用标量近似解法，解出的模式只有一类，并且将许多简并的矢量模式归为一个标量模式。

弱波导光纤适用标量近似解法。标量解法解出的模式，称为线性极化模，简称 LP 模式。弱波导光纤的纤芯和包层折射率相差很小。从射线角度看，纤芯和包层界面发生全反射的临界角接近 90°，即导模的入射角几乎和轴线平行，纤芯和包层折射率相差很小，可以近似看成没有界面，这样在电磁场角度看近似于 TEM 波在均匀介质中沿光纤轴向传播。若在光纤始端的横向场方向不变，则在传输过程中，其横向场的方向也不变。近似的 TEM 波的纵向场分量很小，因此这种模式的极化方向保持不变，是线性极化，对应模式是线性极化模。

根据线性极化模的特点，求解其电磁场的方法也略微不同。主要表现在如下几方面。

①因为横向场是主要的，所以先求横向场，再求纵向场。

②因为线性极化模，所以电磁场横向场用直角坐标分量更方便，而且若选横向电场方向在 y 轴方向，则横向磁场只有 x 分量。

③横向电场与横向磁场之比等于波阻抗。

④各场分量的位置坐标仍然选择柱坐标系的位置坐标，以方便表示纤芯和包层的边界。

⑤直角坐标系下的场分量在纤芯包层界面连续。这是因为纤芯和包层近似为同一均匀介质。

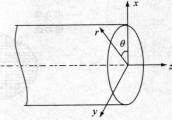

图 2.14　光纤中的圆柱坐标系

1. 阶跃光纤中 LP 模横向场分量

（1）横向场分量的通解

光纤中的 LP 模横向场分量选择 E_y 和 H_x，只需解 E_y 满足的波动方程。光纤的圆柱坐标系如图 2.14 所示。

在圆柱坐标系下，场分量 E_y 满足的方程为

$$\frac{\partial^2 E_y}{\partial r^2} + \frac{1}{r}\frac{\partial E_y}{\partial r} + \frac{1}{r^2}\frac{\partial^2 E_y}{\partial \theta^2} + \frac{\partial^2 E_y}{\partial z^2} + k_0^2 n^2 E_y = 0 \tag{2.121}$$

令

$$E_y = R(r)\Theta(\theta)\mathrm{e}^{\mathrm{j}\beta z} \tag{2.122}$$

将式（2.122）代入式（2.121）进行分离变量，可以得到

$$\frac{r^2}{R(r)}\frac{\partial^2 R(r)}{\partial r^2} + \frac{r}{R(r)}\frac{\partial R(r)}{\partial r} + (k_0^2 n^2 - \beta^2)R(r) = 0 \tag{2.123}$$

$$\frac{\partial^2 \Theta(\theta)}{\partial \theta^2} + m^2\Theta(\theta) = 0 \tag{2.124}$$

其中，m 为整数。式（2.124）的解为

$$\Theta(\theta) = \begin{cases} \cos m\theta \\ \sin m\theta \end{cases}, \quad m = 0,\ 1,\ 2,\ \cdots \tag{2.125}$$

在 $\Theta(\theta)$ 的解中，分别取 $\cos m\theta$ 和 $\sin m\theta$ 代表极化方向相互垂直的两个极化模式，在此将二者并列。若确定所求模式的极化方向与其中之一一致，则选择与之对应的一套解。若不一致，则可利用这两个极化方向的解线性叠加，或者重新选择坐标轴使其与其中之一的极化方向相同。

式（2.123）为贝塞尔方程，其解为

$$R(r) = \begin{cases} A_1 \mathrm{J}_m\left(\sqrt{k_0^2 n^2 - \beta^2}\, r\right) + A_2 \mathrm{N}_m\left(\sqrt{k_0^2 n^2 - \beta^2}\, r\right), & k_0^2 n^2 - \beta^2 > 0 \\ A_3 \mathrm{K}_m\left(\left|\sqrt{k_0^2 n^2 - \beta^2}\,\right| r\right) + A_4 \mathrm{I}_m\left(\left|\sqrt{k_0^2 n^2 - \beta^2}\,\right| r\right), & k_0^2 n^2 - \beta^2 < 0 \end{cases} \tag{2.126}$$

其中 A_1，A_2，A_3 和 A_4 仍为待定常数。

（2）纤芯和包层中的横向场

在模式传输时

$$k_0^2 n_2 - \beta^2 < 0 \tag{2.127}$$

$$k_0^2 n_1 - \beta^2 > 0 \tag{2.128}$$

因此，在纤芯区，纤芯中的横向电场应为

$$E_{x1} = \left[A_1 J_m(\sqrt{k_0^2 n_1^2 - \beta^2}\, r) + A_2 J_m(\sqrt{k_0^2 n_1^2 - \beta^2}\, r) \right] \begin{Bmatrix} \cos m\theta \\ \sin m\theta \end{Bmatrix} e^{-j\beta z} \tag{2.129}$$

在包层区，横向电场的解应为

$$E_{x2} = \left[A_3 K_m(\sqrt{\beta^2 - k_0^2 n_2^2}\, r) + A_4 I_m(\sqrt{\beta^2 - k_0^2 n_2^2}\, r) \right] \begin{Bmatrix} \cos m\theta \\ \sin m\theta \end{Bmatrix} e^{-j\beta z} \tag{2.130}$$

在纤芯和包层区的横向电场和横向磁场的关系分别为

$$H_{x1} = -\frac{E_{y1}}{Z_1} \tag{2.131}$$

$$H_{x2} = -\frac{E_{y2}}{Z_2} \tag{2.132}$$

其中

$$Z_1 = \sqrt{\frac{\mu_0}{\varepsilon_1}} = \frac{1}{n_1}\sqrt{\frac{\mu_0}{\varepsilon_0}} \tag{2.133}$$

$$Z_2 = \sqrt{\frac{\mu_0}{\varepsilon_2}} = \frac{1}{n_2}\sqrt{\frac{\mu_0}{\varepsilon_0}} \tag{2.134}$$

Z_1 和 Z_2 分别为纤芯和包层中的 LP 模的波阻抗。将式（2.129）和式（2.130）代入式（2.131）和式（2.132）得到纤芯和包层中的横向磁场表达式

$$H_{x1} = -\frac{1}{Z_1}\left[A_1 J_m(\sqrt{k_0^2 n_1^2 - \beta^2}\, r) + A_2 N_m(\sqrt{k_0^2 n_1^2 - \beta^2}\, r) \right] \begin{Bmatrix} \cos m\theta \\ \sin m\theta \end{Bmatrix} e^{-j\beta z} \tag{2.135}$$

$$H_{x2} = -\frac{1}{Z_2}\left[A_3 K_m(\sqrt{\beta^2 - k_0^2 n_2^2}\, r) + A_4 I_m(\sqrt{\beta^2 - k_0^2 n_2^2}\, r) \right] \begin{Bmatrix} \cos m\theta \\ \sin m\theta \end{Bmatrix} e^{-j\beta z} \tag{2.136}$$

（3）自然边界条件的应用

应用自然边界条件，可以简化式（2.129）、式（2.130）和式（2.135）、式（2.136）。参量 u 和 w 与前述相同：

$$u = \sqrt{k_0^2 n_1^2 - \beta^2}\, a \tag{2.137}$$

$$w = \sqrt{\beta^2 - k_0^2 n_2^2}\, a \tag{2.138}$$

在纤芯中，根据场有限可得纤芯区自然边界条件：

$$E_{y1}\big|_{r=0} = 0 \tag{2.139}$$

$$H_{x1}\big|_{r=0} = 0 \tag{2.140}$$

在 $r=0$ 时，第一类贝塞尔函数 J_m 有限，第二类贝塞尔函数 N_m 趋于无限，因此，式（2.129）和式（2.135）中的系数

$$A_2 = 0$$

所以应用自然边界条件后的纤芯横向场分量可表示为

$$E_{y1} = A_1 J_m\left(\frac{u}{a} r\right) \begin{Bmatrix} \cos m\theta \\ \sin m\theta \end{Bmatrix} e^{-j\beta z} \tag{2.141}$$

$$H_{x1} = -\frac{A_1}{Z_1} J_m\left(\frac{u}{a}r\right)\begin{Bmatrix}\sin m\theta\\\cos m\theta\end{Bmatrix}e^{-j\beta z} \tag{2.142}$$

在包层区，导模沿远离纤芯包层界面，其场幅度指数衰减，假定包层的厚度趋于无穷大，不会影响分析结果。这样，可以得到包层区的自然边界条件：

$$E_{y2}\big|_{r\to\infty} \to 0 \tag{2.143}$$

$$H_{x2}\big|_{r\to\infty} \to 0 \tag{2.144}$$

在 $r\to\infty$ 时，第二类修正的贝塞尔函数 K_m 趋于零，第二类修正的贝塞尔函数 I_m 不趋于零，因此，式（2.143）和式（2.144）应用到式（2.130）和式（2.136）时，必有

$$A_4 = 0$$

因此，应用自然边界条件后的包层中的横向场分量可表示为

$$E_{y2} = A_3 K_m\left(\frac{w}{a}r\right)\begin{Bmatrix}\cos m\theta\\\sin m\theta\end{Bmatrix}e^{-j\beta z} \tag{2.145}$$

$$H_{x2} = -\frac{A_3}{Z_1} K_m\left(\frac{w}{a}r\right)\begin{Bmatrix}\sin m\theta\\\cos m\theta\end{Bmatrix}e^{-j\beta z} \tag{2.146}$$

（4）横向场在纤芯和包层界面上的边界条件

弱波导近似条件下，纤芯折射率和包层折射率相差很小，可以看成均匀介质，因此有

$$E_{y1}\big|_{r=a} = E_{y2}\big|_{r=a} \tag{2.147}$$

利用式（2.147）可得

$$A_1 J_m(u) = A_3 K_m(w) = A$$

则

$$A_1 = \frac{A}{J_m(u)}$$

$$A_3 = \frac{A}{K_m(w)}$$

因此，纤芯中的横向场分量和包层中的横向场分量分别表示为

$$E_{y1} = \frac{A}{J_m(u)} J_m\left(\frac{u}{a}r\right)\begin{Bmatrix}\cos m\theta\\\sin m\theta\end{Bmatrix}e^{-j\beta z} \tag{2.148}$$

$$H_{x1} = -\frac{A}{Z_1 J_m(u)} J_m\left(\frac{u}{a}r\right)\begin{Bmatrix}\sin m\theta\\\cos m\theta\end{Bmatrix}e^{-j\beta z} \tag{2.149}$$

$$E_{y2} = \frac{A}{K_m(w)} K_m\left(\frac{w}{a}r\right)\begin{Bmatrix}\cos m\theta\\\sin m\theta\end{Bmatrix}e^{-j\beta z} \tag{2.150}$$

$$H_{x2} = -\frac{A}{Z_2 K_m(w)} K_m\left(\frac{w}{a}r\right)\begin{Bmatrix}\sin m\theta\\\cos m\theta\end{Bmatrix}e^{-j\beta z} \tag{2.151}$$

2. 阶跃光纤 LP 模的纵向场分量

由麦克斯韦方程组

$$\nabla\times\boldsymbol{H} = j\omega\varepsilon\boldsymbol{E}$$

$$\nabla\times\boldsymbol{E} = j\omega\mu\boldsymbol{H}$$

可得电磁场的纵向场分量

$$E_z = \frac{1}{j\omega\varepsilon}\left(\frac{\partial H_y}{\partial x}\ \frac{\partial H_x}{\partial y}\right) \tag{2.152}$$

$$H_z = \frac{1}{j\omega\mu}\left(\frac{\partial E_y}{\partial x}\frac{\partial E_x}{\partial y}\right) \tag{2.153}$$

当 $E_x = H_y = 0$ 时，并考虑

$$\frac{\partial r}{\partial x} = \cos\theta, \quad \frac{\partial \theta}{\partial x} = \frac{1}{r}\sin\theta, \quad \frac{\partial r}{\partial y} = \sin\theta, \quad \frac{\partial \theta}{\partial y} = \frac{1}{r}\cos\theta$$

有

$$E_z = \frac{1}{j\omega\varepsilon}\frac{\partial H_x}{\partial y} = \frac{1}{j\omega\varepsilon}\left(\frac{\partial H_x}{\partial r}\cdot\frac{\partial r}{\partial y} + \frac{\partial H_x}{\partial \theta}\cdot\frac{\partial \theta}{\partial y}\right) \tag{2.154}$$

$$= \frac{1}{j\omega\varepsilon}\left(\frac{\partial H_x}{\partial r}\cdot\sin\theta + \frac{\partial H_x}{\partial \theta}\cdot\frac{1}{r}\cos\theta\right)$$

$$H_z = -\frac{1}{j\omega\mu}\frac{\partial E_y}{\partial x} = -\frac{1}{j\omega\mu}\left(\frac{\partial E_y}{\partial r}\cdot\frac{\partial r}{\partial x} + \frac{\partial E_y}{\partial \theta}\cdot\frac{\partial \theta}{\partial x}\right) \tag{2.155}$$

$$= -\frac{1}{j\omega\mu}\left(\frac{\partial E_y}{\partial r}\cdot\cos\theta - \frac{\partial E_y}{\partial \theta}\cdot\frac{1}{r}\sin\theta\right)$$

（1）阶跃光纤中纵向场分量

把式（2.149）和式（2.148）分别代入式（2.154）和式（2.155），可得纤芯中的纵向场分量

$$E_{z1} = -\frac{A e^{-j\beta z}}{j\omega\varepsilon Z_1 J_m(u)}\left[\sin\theta\frac{u}{a}J_m'\left(\frac{u}{a}r\right)\left\{\begin{matrix}\sin m\theta\\\cos m\theta\end{matrix}\right\} \pm \frac{m}{r}\cos\theta J_m\left(\frac{u}{a}r\right)\left\{\begin{matrix}\cos m\theta\\\sin m\theta\end{matrix}\right\}\right] \tag{2.156}$$

$$H_{z1} = \frac{A e^{-j\beta z}}{j\omega\mu J_m(u)}\left[-\cos\theta\frac{u}{a}J_m'\left(\frac{u}{a}r\right)\left\{\begin{matrix}\sin m\theta\\\cos m\theta\end{matrix}\right\} \pm \frac{m}{r}\sin\theta J_m\left(\frac{u}{a}r\right)\left\{\begin{matrix}\cos m\theta\\\sin m\theta\end{matrix}\right\}\right] \tag{2.157}$$

再利用式（2.93）递推公式有

$$J_m'\left(\frac{u}{a}r\right) = \frac{1}{2}\left[J_{m-1}\left(\frac{u}{a}r\right) - J_{m+1}\left(\frac{u}{a}r\right)\right] \tag{2.158}$$

$$J_m\left(\frac{u}{a}r\right) = \frac{ur}{2ma}\left[J_{m-1}\left(\frac{u}{a}r\right) + J_{m+1}\left(\frac{u}{a}r\right)\right] \tag{2.159}$$

并代入式（2.156）和式（2.157），则纤芯中的纵向场分量表达式成为

$$E_{z1} = -\frac{A e^{-j\beta z}}{j\omega\varepsilon Z_1 J_m(u)}\left[\sin\theta\frac{u}{a}\frac{1}{2}\left[J_{m-1}\left(\frac{u}{a}r\right) - J_{m+1}\left(\frac{u}{a}r\right)\right]\right.$$

$$\left. \cdot\left\{\begin{matrix}\sin m\theta\\\cos m\theta\end{matrix}\right\} \pm \frac{m}{r}\cos\theta\frac{ur}{2ma}\left[J_{m-1}\left(\frac{u}{a}r\right) + J_{m+1}\left(\frac{u}{a}r\right)\right]\left\{\begin{matrix}\cos m\theta\\\sin m\theta\end{matrix}\right\}\right] \tag{2.160}$$

$$= -\frac{A u e^{-j\beta z}}{2j\omega\varepsilon Z_1 a J_m(u)}\left[\pm J_{m-1}\left(\frac{u}{a}r\right)\left\{\begin{matrix}\cos(m-1)\theta\\\sin(m-1)\theta\end{matrix}\right\} \pm J_{m+1}\left(\frac{u}{a}r\right)\left\{\begin{matrix}\cos(m+1)\theta\\\sin(m+1)\theta\end{matrix}\right\}\right]$$

$$H_{z1} = \frac{A e^{-j\beta z}}{j\omega\varepsilon J_m(u)}\left[-\cos\theta\frac{u}{a}\frac{1}{2}\left[J_{m-1}\left(\frac{u}{a}r\right) - J_{m+1}\left(\frac{u}{a}r\right)\right]\right.$$

$$\left. \cdot\left\{\begin{matrix}\sin m\theta\\\cos m\theta\end{matrix}\right\} \pm \frac{m}{r}\sin\theta\frac{ur}{2ma}\left[J_{m-1}\left(\frac{u}{a}r\right) + J_{m+1}\left(\frac{u}{a}r\right)\right]\left\{\begin{matrix}\cos m\theta\\\sin m\theta\end{matrix}\right\}\right] \tag{2.161}$$

$$= -\frac{A u e^{-j\beta z}}{2j\omega\mu a J_m(u)}\left[J_{m-1}\left(\frac{u}{a}r\right)\left\{\begin{matrix}\sin(m-1)\theta\\\cos(m-1)\theta\end{matrix}\right\} - J_{m+1}\left(\frac{u}{a}r\right)\left\{\begin{matrix}\sin(m+1)\theta\\\cos(m+1)\theta\end{matrix}\right\}\right]$$

把式（2.150）和式（2.151）分别代入式（2.154）和式（2.155），可得包层中的纵向场分量

$$E_{z2} = -\frac{A\mathrm{e}^{-\mathrm{j}\beta z}}{\mathrm{j}\omega\varepsilon Z_1 \mathrm{K}_m(w)}\left[\sin\theta\,\frac{w}{a}\mathrm{K}'_m\left(\frac{w}{a}r\right)\begin{Bmatrix}\sin m\theta\\\cos m\theta\end{Bmatrix}\pm\frac{m}{r}\cos\theta\,\mathrm{K}_m\left(\frac{w}{a}r\right)\begin{Bmatrix}\cos m\theta\\\sin m\theta\end{Bmatrix}\right] \tag{2.162}$$

$$H_{z2} = \frac{A\mathrm{e}^{-\mathrm{j}\beta z}}{\mathrm{j}\omega\mu\,\mathrm{K}_m(u)}\left[-\cos\theta\,\frac{w}{a}\mathrm{K}'_m\left(\frac{w}{a}r\right)\begin{Bmatrix}\sin m\theta\\\cos m\theta\end{Bmatrix}\pm\frac{m}{r}\sin\theta\,\mathrm{K}_m\left(\frac{w}{a}r\right)\begin{Bmatrix}\cos m\theta\\\sin m\theta\end{Bmatrix}\right] \tag{2.163}$$

再利用式（2.93）递推公式

$$\mathrm{K}'_m\left(\frac{w}{a}r\right) = \frac{1}{2}\left[\mathrm{K}_{m-1}\left(\frac{w}{a}r\right)-\mathrm{K}_{m+1}\left(\frac{w}{a}r\right)\right] \tag{2.164}$$

$$\mathrm{K}_m\left(\frac{w}{a}r\right) = \frac{wr}{2ma}\left[\mathrm{K}_{m-1}\left(\frac{w}{a}r\right)+\mathrm{K}_{m+1}\left(\frac{w}{a}r\right)\right] \tag{2.165}$$

代入式（2.162）和式（2.163），则包层中的纵向场分量表达式成为

$$E_{z2} = -\frac{Aw\mathrm{e}^{-\mathrm{j}\beta z}}{2\mathrm{j}\omega\varepsilon Z_2 a\mathrm{K}_m(u)}\left[\pm\mathrm{K}_{m-1}\left(\frac{w}{a}r\right)\begin{Bmatrix}\cos(m-1)\theta\\\sin(m-1)\theta\end{Bmatrix}\pm\mathrm{K}_{m+1}\left(\frac{w}{a}r\right)\begin{Bmatrix}\cos(m+1)\theta\\\sin(m+1)\theta\end{Bmatrix}\right] \tag{2.166}$$

$$H_{z2} = -\frac{Aw\mathrm{e}^{-\mathrm{j}\beta z}}{2\mathrm{j}\omega\mu a\mathrm{K}_m(u)}\left[\mathrm{K}_{m-1}\left(\frac{w}{a}r\right)\begin{Bmatrix}\sin(m-1)\theta\\\cos(m-1)\theta\end{Bmatrix}-\mathrm{K}_{m+1}\left(\frac{w}{a}r\right)\begin{Bmatrix}\sin(m+1)\theta\\\cos(m+1)\theta\end{Bmatrix}\right] \tag{2.167}$$

（2）纵向场分量在纤芯和包层边界上的边界条件

纵向场分量中的 E_z 和 H_z 在纤芯和包层的分界面上是切向分量，因此有

$$E_{\theta 1}\big|_{r=a} = E_{\theta 2}\big|_{r=a} \tag{2.168}$$

$$H_{\theta 1}\big|_{r=a} = H_{\theta 2}\big|_{r=a} \tag{2.169}$$

将式（2.160）和式（2.166）代入式（2.168）得到

$$\frac{u\mathrm{e}^{-\mathrm{j}\beta z}}{Z_1\mathrm{J}_m(u)}\left[\pm\mathrm{J}_{m-1}(u)\begin{Bmatrix}\cos(m-1)\theta\\\sin(m-1)\theta\end{Bmatrix}\pm\mathrm{J}_{m+1}(u)\begin{Bmatrix}\cos(m+1)\theta\\\sin(m+1)\theta\end{Bmatrix}\right]$$
$$= \frac{w\mathrm{e}^{-\mathrm{j}\beta z}}{Z_2\mathrm{K}_m(w)}\left[\pm\mathrm{K}_{m-1}(w)\begin{Bmatrix}\cos(m-1)\theta\\\sin(m-1)\theta\end{Bmatrix}\pm\mathrm{K}_{m+1}(w)\begin{Bmatrix}\cos(m+1)\theta\\\sin(m+1)\theta\end{Bmatrix}\right] \tag{2.170}$$

从而有

$$\frac{u}{Z_1\mathrm{J}_m(u)}\mathrm{J}_{m-1}(u) = \frac{w}{Z_2\mathrm{K}_m(w)}\mathrm{K}_{m-1}(w) \tag{2.171}$$

$$\frac{u}{Z_1\mathrm{J}_m(u)}\mathrm{J}_{m+1}(u) = \frac{w}{Z_2\mathrm{K}_m(w)}\mathrm{K}_{m+1}(w) \tag{2.172}$$

在弱波导条件下，式（2.171）和式（2.172）可简化为

$$\frac{u}{\mathrm{J}_m(u)}\mathrm{J}_{m-1}(u) = \frac{w}{\mathrm{K}_m(w)}\mathrm{K}_{m-1}(w) \tag{2.173}$$

$$\frac{u}{\mathrm{J}_m(u)}\mathrm{J}_{m+1}(u) = \frac{w}{\mathrm{K}_m(w)}\mathrm{K}_{m+1}(w) \tag{2.174}$$

利用递推公式可知，式（2.173）和式（2.174）是等价的。

同理，将式（2.161）和式（2.167）代入式（2.169）得到

$$\frac{u}{\mathrm{J}_m(u)}\left[\mathrm{J}_{m-1}(u)\begin{Bmatrix}\sin(m-1)\theta\\\cos(m-1)\theta\end{Bmatrix}-\mathrm{J}_{m+1}(u)\begin{Bmatrix}\sin(m+1)\theta\\\cos(m+1)\theta\end{Bmatrix}\right]$$
$$= \frac{w}{\mathrm{K}_m(w)}\left[\mathrm{K}_{m-1}(w)\begin{Bmatrix}\sin(m-1)\theta\\\cos(m-1)\theta\end{Bmatrix}-\mathrm{K}_{m+1}(w)\begin{Bmatrix}\sin(m+1)\theta\\\cos(m+1)\theta\end{Bmatrix}\right] \tag{2.175}$$

从而有

$$\frac{u}{J_m(u)}J_{m-1}(u) = \frac{w}{K_m(w)}K_{m-1}(w) \qquad (2.176)$$

$$\frac{u}{J_m(u)}J_{m+1}(u) = \frac{w}{K_m(w)}K_{m+1}(w) \qquad (2.177)$$

式 (2.176) 和式 (2.177) 分别与式 (2.173) 和式 (2.174) 相同。

3. 特征方程

利用边界条件得到式 (2.176) 和式 (2.177) 的两个等价的方程, 其中隐含传播常数 β, 它们就是 LP 模式的特征方程。利用特征方程可以确定各 LP 模式的归一化截止频率 V_c 和远离截止时的 u_f。

(1) LP 模式的归一化截止频率

临界截止时, $w=0$, $V_c=u_c$, 所以, LP 模式的归一化截止频率可通过其特征方程得到。让式 (2.177) 中的 w 趋于零, 则 u 趋于 $u_c=V_c$,

$$\lim_{w\to 0}\frac{wK_{m+1}(w)}{K_m(w)} + \frac{u_cJ_{m+1}(u_c)}{J_m(u_c)} = 0 \qquad (2.178)$$

利用贝塞尔函数 $K_m(w)$ 在小宗量下的近似式

$$K_0(w) \approx \ln\frac{2}{w}, \quad m=0 \qquad (2.88)$$

$$K_m(w) \approx \frac{1}{2}(m-1)!\left(\frac{2}{w}\right)^m, \quad m \neq 0 \qquad (2.89)$$

式 (2.178) 变为

$$u_c\frac{J_{m+1}(u_c)}{J_m(u_c)} = -\lim_{w\to 0}\frac{wK_{m+1}(w)}{K_m(w)} = 0 \qquad (2.179)$$

这样就有

$$J_{m+1}(u_c) = 0 \qquad (2.180)$$

由式 (2.180) 可求出 LP$_{mn}$ 模式的归一化截止频率 V_c:

$$V_c = u_c = \begin{cases} \nu_{1,\,n-1}, & m=0 \\ \nu_{m+1,\,n}, & m\neq 0 \end{cases}, \quad n=0,1,2,3,\cdots \qquad (2.181)$$

它们是零阶贝塞尔函数的第 n 个零点坐标。值得注意的是, 当 $m=0$ 时, LP$_{0n}$ 模式的 V_c 为包含零的 1 阶贝塞尔函数的零点; 当 $m\neq 0$ 时, LP$_{mn}$ 模式的 V_c 为包含零的 1 阶贝塞尔函数的零点。

(2) LP 模式的远离截止时 u_f

远离截止时, $w\to\infty$, 让式 (2.176) 中的 w 趋于无穷大, 则 u 趋于 u_f,

$$\lim_{w\to\infty}\frac{wK_{m-1}(w)}{K_m(w)} + \frac{u_fJ_{m-1}(u_f)}{J_m(u_f)} = 0 \qquad (2.182)$$

利用贝塞尔函数 $K_m(w)$ 在大宗量下的近似式

$$K_m(w) \sqrt{\frac{w}{2\pi}}e^w \qquad (2.101)$$

由式 (2.182) 得

$$\frac{u_fJ_{m-1}(u_f)}{J_m(u_f)} = -\lim_{w\to\infty}\frac{wK_{m-1}(w)}{K_m(w)} = -\lim_{w\to\infty}\frac{w\sqrt{\frac{w}{2\pi}}e^{-w}}{\sqrt{\frac{w}{2\pi}}e^{-w}} = -\infty \qquad (2.183)$$

这样就有

$$J_m(u_f)=0 \tag{2.184}$$

由式（2.184）可求出 LP$_{mn}$ 模式的 u_f：

$$u_f=\nu_{mn}, \quad n=1, 2, 3, \cdots \tag{2.185}$$

它们是 m 阶贝塞尔函数的第 n 个非零零点坐标。对于每一 LP 模式，通过特征方程确定了其 V_c 和 u_f，即确定了其传输条件和传输时 u 的范围，见表2.2。

表 2.2 阶跃光纤 LP 模的 u 的变化范围

标量模		LP$_{mn}$	HE$_{mn}$ （$m>0$）
u 的变化范围	最小值 V_c	$\nu_{1,n-1}$	$\nu_{m-1,n}$
	最大值 u_f	ν_{0n}	ν_{mn}

4. 单模传输条件和 LP 模式与矢量模的对应关系

把所有 LP 模式的归一化截止频率从小到大排列起来，归一化截止频率越大的模式模次越高。阶跃光纤中的 LP$_{01}$ 模式的归一化截止频率为零，它是光纤中的基模。次高阶模为 LP$_{11}$ 模，其归一化截止频率为 2.40483，所以，阶跃光纤的单模工作条件可仍为

$$V < 2.40483 \tag{2.186}$$

可见，用标量近似解法得到的单模传输条件和矢量解法得到的相同。在矢量模中，次高阶模包括 TE$_{01}$，TM$_{01}$ 和 HE$_{21}$，也就是说，这几个矢量模和 LP$_{11}$ 模相对应。

从归一化截止频率来看，LP 模式把若干个归一化截止频率相同的矢量模归为一个 LP 模式。所以，可以看作若干个简并矢量模构成一个 LP 模式。但并不是所有的简并矢量模都构成同一个 LP 模，也就是说，也有简并的 LP 模式，即不同的 LP 模有相同的归一化截止频率。

从光场分布来看，形成 LP 模式的可能的矢量模有多个，见表2.3。这一点也可从矢量模式的参数 u 的取值范围与 LP 模式的参数 u 的取值范围的对应关系来确定。从表 4.1 和表 4.2 可以看出：TE$_{0n}$，TM$_{0n}$ 和 HE$_{2n}$ 模式对应 LP$_{1n}$ 模式；HE$_{1n}$ 模式对应 LP$_{0n}$ 模式；HE$_{m+1,n}$ 模式和 HE$_{m-1,n}$ 模式对应 LP$_{mn}$ 模式（$m>1$）。

表 2.3 标量模对应的电场分布和光场分布

LP 命名	矢量模命名	电场分布	光强分布
LP$_{31}$	HE$_{11}$		
LP$_{11}$	TE$_{01}$ TM$_{01}$ HE$_{21}$		
LP$_{21}$	EH$_{11}$ HE$_{31}$		

　　LP 模式为线偏振模，除了 LP_{0n} 模式外，一个矢量模并不能形成一个线偏振模，如图 2.15 所示。从矢量模的场分布可以看出，两个矢量模可以形成一线性偏振模。例如，TE_{01} 和 HE_{21} 模式可以形成 LP_{11} 模式；TM_{01} 和 HE_{21} 模式也可以形成 LP_{11} 模式，只是它们形成的偏振模的偏振方向互相垂直。而且它们形成的偏振模再叠加可形成任意方向的线偏振模。

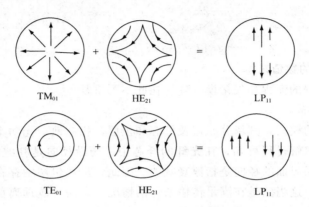

图 2.15　LP_{11} 模的两种构成方式

5. 单模光纤

　　单模光纤是指在确定的工作波长范围内，光纤处于单模工作状态。显然，超出了确定的工作波长范围，所谓的单模光纤也不是单模传输状态。所以，要使单模光纤处于单模工作状态，就必须确定单模光纤的工作波长范围。

　　由模式的传输条件

$$V > V_c$$

有

$$V = \frac{2\pi}{\lambda} a \sqrt{n_1^2 - n_2^2} > V_c = \frac{2\pi}{\lambda_c} a \sqrt{n_1^2 - n_2^2} \tag{2.187}$$

即

$$\lambda < \lambda_c \tag{2.188}$$

其中，λ_c 为对应模式的截止波长。显然，当工作波长小于模式的截止波长时，该模式处于传输状态，相反，则处于截至状态。由式（2.187）可得各模式的截止波长 λ_c：

$$\lambda_c = \frac{2\pi}{V_c} a \sqrt{n_1^2 - n_2^2} \tag{2.189}$$

　　对于 LP_{01} 模，因为其 $V_c = 0$，所以其 λ_c 为无穷大；对于 LP_{11} 模，其 $V_c = 2.4048$，所以其截止波长为

$$\lambda_c = \frac{2\pi}{2.4048} a \sqrt{n_1^2 - n_2^2} \tag{2.190}$$

　　对于单模光纤，其处于单模工作状态时只有 LP_{01} 模式处于传输状态，LP_{11} 模及其他高次模均处于截止状态。因此，单模光纤的处于单模工作波长状态的波长范围为

$$\lambda_c(LP_{11}) < \lambda < \lambda_c(LP_{01}) = \infty \tag{2.191}$$

通常把 LP_{11} 模截止波长称为单模光纤的截止波长，即次高阶模处于截至状态的波长。

【例 2.9】 某单模光纤的纤芯半径 $a = 2.5 \mu m$，纤芯和包层折射率分别为 1.49 和 1.48，试求该单模光纤的截止波长。

解： 单模光纤的截止波长根据单模传输条件

$$\lambda_c = \frac{2\pi}{2.4048} a \sqrt{n_1^2 - n_2^2}$$

$$= \frac{2\pi}{2.4048} \times 2.5 \times \sqrt{1.49^2 - 1.48^2}$$

$$= 1.125 (\mu m)$$

6. 传播常数 β 的数值求解

数值解特征方程的流程和矢量模一样，在此不再重复。

7. LP 模功率分布

在光纤中传输的模式，其场分布遍及纤芯和包层，相应地，光功率也分布在纤芯和包层中。通过前面的求解过程可知，在光纤的纤芯中，场沿径向是驻波分布的；在包层中，场沿离开纤芯和包层界面的径向是指数衰减的。因此，虽然包层中存在光功率分布，但相比纤芯中是很小的，这当然是在满足传输条件的情况下，而且越远离截止，包层中的功率分布应当越小。相反，如果不满足传输条件，包层中的功率就不会很小，甚至功率主要集中在包层中。下面定量看包层和纤芯中的功率分布。

将式（2.148）和式（2.149）代入计算纤芯中功率的下式：

$$P_{co} = -\frac{1}{2} \int_0^a \int_0^{2\pi} E_{y1} H_{x1}^* r \, dr \, d\theta \tag{2.192}$$

可得到纤芯中传输的功率

$$P_{co} = \frac{A^2}{2Z_1 J_m^2(u)} \int_0^a J_m^2\left(\frac{u}{a}r\right) r \, dr \int_0^{2\pi} \cos^2 m\theta \, d\theta \tag{2.193}$$

$$= \frac{A^2}{4Z_1 J_m^2(u)} \left[1 - \frac{J_{m-1}(u) J_{m+1}(u)}{J_m^2(u)}\right] \begin{cases} 2\pi, & m = 0 \\ \pi, & m > 0 \end{cases}$$

将式（2.150）和式（2.151）代入计算包层中功率的下式：

$$P_{cl} = -\frac{1}{2} \int_a^{\infty} \int_0^{2\pi} E_{y2} H_{x2}^* r \, dr \, d\theta \tag{2.194}$$

可得到包层中传输的功率

$$P_{cl} = \frac{A^2}{2Z_2 J_m^2(u)} \int_a^{\infty} J_m^2\left(\frac{u}{a}r\right) r \, dr \int_0^{2\pi} \cos^2 m\theta \, d\theta \tag{2.195}$$

$$= -\frac{A^2}{4Z_2 J_m^2(u)} \left[1 + \frac{u^2}{w^2} \frac{J_{m-1}(u) J_{m+1}(u)}{J_m^2(u)}\right] \begin{cases} 2\pi, & m = 0 \\ \pi, & m > 0 \end{cases}$$

利用弱导条件，有 $Z_1 = Z_2$，则光纤中总功率

$$P_T = P_{co} + P_{cl}$$

$$= \frac{A^2}{4Z_2 J_m^2(u)} \left[1 + \frac{u^2}{w^2}\right] \frac{J_{m-1}(u) J_{m+1}(u)}{J_m^2(u)} \begin{cases} 2\pi, & m = 0 \\ \pi, & m > 0 \end{cases} \tag{2.196}$$

$$= \frac{A^2}{4Z_2 J_m^2(u)} \frac{V^2}{w^2} \frac{J_{m-1}(u) J_{m+1}(u)}{J_m^2(u)} \begin{cases} 2\pi, & m = 0 \\ \pi, & m > 0 \end{cases}$$

则有

$$\frac{P_{co}}{P_T} = \frac{w^2}{V^2}\left[1 - \frac{J_m^2(u)}{J_{m-1}(u)J_{m+1}(u)}\right] \tag{2.197}$$

再利用式（2.173）得到

$$\frac{P_{co}}{P_T} = \frac{w^2}{V^2}\left[1 + \frac{u^2}{w^2}\frac{K_m^2(w)}{K_{m-1}(w)K_{m+1}(w)}\right] \tag{2.198}$$

利用式（2.198）对纤芯和包层中的功率进行讨论。

①当模式远离截止时，即 $V \to \infty$，$w \to \infty$，$u \to u_f$，由式（2.198）可得

$$\frac{P_{co}}{P_T} = 1 \tag{2.199}$$

意味着光功率完全集中在纤芯中。当归一化频率减小时，包层中的功率将会增加，纤芯中功率随之减小。

②当模式临界截止时，即 $V \to V_c$，$w \to 0$，$u \to u_c$，由式（2.198）可得

$$\frac{P_{co}}{P_T} = \begin{cases} 0, & m = 0 \\ 0, & m = 1 \\ 1\frac{1}{m}, & m > 1 \end{cases} \tag{2.200}$$

即当 $m = 0$，1 时，在临界截止时，光功率完全集中在包层中；但对于 $m > 1$，模式在截止时，在纤芯中仍然有较大的功率。

从射线分析可知，纤芯主要作用是传输光，包层主要作用是限制光。但从波动理论更进一步的讨论可以看出，包层部分也有部分光功率分布，因此，包层对模式的作用不仅体现在限制光上，对模式的功率分布、传输常数都会产生影响。

2.4 渐变光纤波动理论分析

2.4.1 概述

在 2.3 节中用波动理论对阶跃光纤进行了分析，无论是矢量解法，还是标量近似解法，最后都得到了场方程的解析解。尽管确定传播常数的方程是要用数值解，但求模式归一化截止频率和远离截止条件还是得到了确切解，这样，判断模式是传输还是截止就很简单。但对于渐变光纤，因为纤芯折射率随光纤径向变化，因此求解场方程就会变得很困难。从射线分析已经知道，渐变光纤的折射率分布可以减小不同模式的时延差，或者说，它就是为减小模式时延差而诞生的，特别是近似于双曲正割分布的平方律型折射率分布，具有自聚焦能力，可实现模式间时延差消除。对于这类光纤，很难严格矢量求解，大多采用近似解法或数值解法。数值解法的方法很多，本书专列一章在第 5 章中介绍。尽管如此，如果光纤为弱波导光纤，仍可利用标量近似解法对平方律折射分布光纤进行近似求解，可以得到光纤中的光强度分布。

2.4.2 平方律折射率分布光纤标量近似解法

按照一般求解方法，在纤芯和包层分别求解波动方程，然后利用边界条件确定待定常数（包括传播常数）。为了简单，可以假定包层中的折射率和纤芯中一样连续按平方律分

布变化，这样就免去了求两个区域的波动方程的麻烦，还省去了两区域边界条件。事实上，比光纤直径大得多的梯度透镜就是这种以平方律折射率分布制造的。自聚焦光纤和它一样，具有自聚焦功能。因此，这种假设还是合理的。

1. 平方律折射率分布光纤

渐变光纤中的指数型折射率分布用下式表示：

$$n(r) = \begin{cases} n(0)\left[1 - 2\Delta\left(\dfrac{r}{a}\right)^\alpha\right]^{1/2}, & r < a \\ n(0), & r > a \end{cases} \tag{2.201}$$

其中，α 为大于零的数，不同的 α 可以近似不同的折射率分布；Δ 为渐变光纤的相对折射差可表示为

$$n(r) = \frac{n^2(0) - n^2(a)}{2n^2(0)} \tag{2.202}$$

当式（2.201）中的 $\alpha = 2$ 时，光纤变为平方律折射率分布光纤，即

$$n(r) = \begin{cases} n(0)\left[1 - 2\Delta\left(\dfrac{r}{a}\right)^2\right]^{1/2}, & r < a \\ n(0), & r > a \end{cases} \tag{2.203}$$

在进行标量近似解法时，式（2.203）近似为

$$n(r) = n(0)\left[1 - 2\Delta\left(\frac{r}{a}\right)^2\right]^{1/2} \tag{2.204}$$

这样，在求解波动方程时，因为不需要代边界条件，所以求解的场分量用直角坐标下的场分量，且用直角坐标系下的位置坐标。

2. 标量波动方程及其解

直角坐标系下，各场分量均满足标量波动方程

$$\nabla^2 \psi + k_0^2 n^2 \psi = 0 \tag{2.205}$$

其中，ψ 表示直角坐标系下任一场分量，n 是光纤中的折射率，它不再是常数，而是位置的函数，在直角坐标系下，折射率 n 可表示为

$$n(x, y) = n(0)\left[1 - 2\Delta\left(\frac{1}{a}\right)^2 (x^2 + y^2)\right]^{1/2} \tag{2.206}$$

将式（2.206）代入式（2.205），并利用直角坐标系下的拉普拉斯算符展开式，可得到

$$\frac{\partial^2 \psi}{\partial x^2} + \frac{\partial^2 \psi}{\partial y^2} + \frac{\partial^2 \psi}{\partial z^2} + k_0^2 n(0)^2\left[1 - 2\Delta\left(\frac{1}{a}\right)^2 (x^2 + y^2)\right]\psi = 0 \tag{2.207}$$

利用分离变量法，令

$$\psi = X(x)Y(y)\mathrm{e}^{-\mathrm{j}\beta z} \tag{2.208}$$

其中，β 为传播常数。将式（2.208）代入式（2.207）后变为

$$Y\frac{\partial^2 X}{\partial x^2} + X\frac{\partial^2 Y}{\partial y^2} + \left\{k_0^2 n(0)^2\left[1 - 2\Delta\left(\frac{1}{a}\right)^2 (x^2 + y^2)\right] - \beta^2\right\}XY = 0 \tag{2.209}$$

对式（2.209）两边同除以 XY 后得到

$$\frac{1}{X}\frac{\partial^2 X}{\partial x^2} - 2k_0^2 n(0)^2 \Delta\left(\frac{1}{a}\right)^2 x^2 + \frac{1}{Y}\frac{\partial^2 Y}{\partial y^2} - 2k_0^2 n(0)^2 \Delta\left(\frac{1}{a}\right)^2 y^2 \tag{2.210}$$
$$= \beta^2 - k_0^2 n(0)^2$$

式（2.210）左边前两项为 x 的函数，后两项为 y 的函数，右边为常数。要使式（2.210）

对任意 x，y 皆成立，左边前两项和后两项必为常数。令

$$\frac{1}{X}\frac{\partial^2 X}{\partial x^2} - 2k_0^2 n(0)^2 \Delta \left(\frac{1}{a}\right)^2 x^2 = -\zeta^2 \tag{2.211}$$

$$\frac{1}{Y}\frac{\partial^2 Y}{\partial y^2} - 2k_0^2 n(0)^2 \Delta \left(\frac{1}{a}\right)^2 y^2 = -\eta^2 \tag{2.212}$$

则有

$$-(\zeta^2 + \eta^2) = \beta^2 - k_0^2 n(0)^2 \tag{2.213}$$

式（2.211）和式（2.212）分别是关于 x 和 y 的方程，且形式相同，因此求其一即可。如以式（2.211）为例进行求解，整理得

$$\frac{d^2 X}{dx^2} + \left[\zeta^2 - 2k_0^2 n(0)^2 \Delta \left(\frac{1}{a}\right)^2 x^2\right] X = 0 \tag{2.214}$$

进行变量代换，令

$$x = st \tag{2.215}$$

其中

$$s = \left[2k_0^2 n(0)^2 \Delta \left(\frac{1}{a}\right)^2\right]^{-\frac{1}{4}} \tag{2.216}$$

则式（2.216）变成

$$\frac{d^2 X}{dt^2} + (\zeta^2 s^2 - t^2) X = 0 \tag{2.217}$$

若

$$\zeta^2 s^2 = 2m + 1, \quad m = 0, 1, 2, \cdots \tag{2.218}$$

则式（2.217）为韦伯方程

$$\frac{d^2 X}{dt^2} + (2m + 1 - t^2) X = 0 \tag{2.219}$$

其解为赫米特-高斯函数，即

$$X(t) = A_m e^{-\frac{t^2}{2}} H_m(t) \tag{2.220}$$

其中，A_m 为常数，$H_m(t)$ 为赫米特多项式，其形式为

$$H_m(t) = (-1)^m e^{t^2} \frac{d^m e^{-t^2}}{dt^m} \tag{2.221}$$

对不同的 m，$H_m(t)$ 为不同的多项式，如

$$H_0(t) = 1$$
$$H_1(t) = -2t$$
$$H_2(t) = 4t^2 - 2$$
$$H_3(t) = 8t^3 - 12t$$
$$\cdots\cdots$$

类似地，对式（2.212）有

$$Y(t) = B_n e^{-\frac{t^2}{2}} H_n(t) \tag{2.222}$$

其中，B_n 为常数，$H_n(t)$ 也为赫米特多项式，其中的 n 有类似表达式

$$\eta^2 s^2 = 2n + 1, \quad n = 0, 1, 2, \cdots \tag{2.223}$$

所以，可以写出场分量的解

$$\psi = A_m B_n \mathrm{e}^{-\frac{x^2+y^2}{2s^2}} H_m\left(\frac{x}{s}\right) H_n\left(\frac{x}{s}\right) \mathrm{e}^{-\mathrm{j}\beta z} \tag{2.224}$$

对不同的 m，n，其场解不同，对应不同模式，即 LP_{mn} 模式。如 LP_{00} 模式的场为

$$\begin{aligned}\psi &= A_0 B_0 \mathrm{e}^{-\frac{x^2+y^2}{2s^2}} H_0\left(\frac{x}{s}\right) H_0\left(\frac{y}{s}\right) \mathrm{e}^{-\mathrm{j}\beta z} \\ &= A_0 B_0 \mathrm{e}^{-\frac{r^2}{2s^2}} \mathrm{e}^{-\mathrm{j}\beta z}\end{aligned} \tag{2.225}$$

其场沿径向指数衰减，如图 2.16 所示。

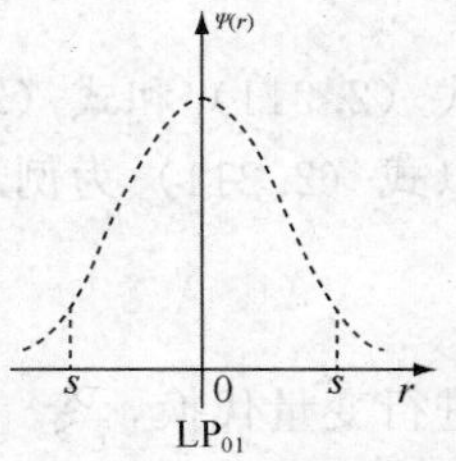

图 2.16 LP_{01} 模式幅值分布

当 $r=0$ 时，中心场最强

$$\psi = A_0 B_0 \mathrm{e}^{-\mathrm{j}\beta z} \tag{2.226}$$

当 $r=s$ 时，场下降到

$$\psi = A_0 B_0 \mathrm{e}^{-\frac{1}{2}} \mathrm{e}^{-\mathrm{j}\beta z} \tag{2.227}$$

对应的光强是中心光强的 1/e，把此时的半径 r 称为模斑半径。显然，LP_{00} 模式的模斑半径为 s。从 s 的表达式可以看出，波长和纤芯半径越大，模斑半径越大。

【例 2.10】 某平方律折射率分布光纤的纤芯半径 $a=50\mu\mathrm{m}$，纤芯中心折射率为 1.52，相对折射率差 Δ 为 0.2%，试确定工作波长为 1.2μm 时，LP_{01} 模式的模斑半径。

解： 由式（2.216）有

$$\begin{aligned} r = s &= \left[2k_0^2 n(0)^2 \Delta(\frac{1}{a})^2\right]^{-\frac{1}{4}} \\ &= \left[2(\frac{2\pi}{1.5})^2 \cdot 1.52^2 \cdot 0.002 \cdot (\frac{1}{50})^2\right]^{-\frac{1}{4}} \\ &\approx 11.146(\mu\mathrm{m})\end{aligned}$$

3. LP_{mn} 模式的传输常数 β

由式（2.213）可得到 LP 模式的传输常数的表示式

$$\beta^2 = k_0^2 n(0)^2 - (\zeta^2 + \eta^2) \tag{2.228}$$

把式（2.218）和式（2.219）代入式（2.228）得

$$\begin{aligned}\beta^2 &= k_0^2 n(0)^2 - \left(\frac{2m+1}{s^2} + \frac{2n+1}{s^2}\right) \\ &= k_0^2 n(0)^2 - 2\left(\frac{m+n+1}{s^2}\right)\end{aligned} \tag{2.229}$$

显然，在确定的光纤和工作波长下，$m+n$ 越大，对应模式的传播常数越小。

平方律折射率分布光纤，在弱波导条件下，可以用标量近似法解出各标量模的场分布和传播常数。但对其他的渐变光纤，类似这样的求解是很难的，这样做的目的一方面是为了延续电磁求解的方式，进一步加深对电磁解法的理解，另一方面也提示在一些近似条件下，某些近似解法可以求出近似的解，并通过其了解模式间的差别。更一般的数值解法在第 5 章中集中介绍。

【例 2.11】 某平方律折射率分布光纤的纤芯半径 $a=25\mu\mathrm{m}$，纤芯中心折射率为 1.50，相对折射率差 Δ 为 0.1%，试确定工作波长为 1.3μm 时，LP_{01} 和 LP_{11} 模式传播常数的平方差。

解： 由式（2.219）有

$$\beta^2 = k_0^2 n(0)^2 - 2\left(\frac{m+n+1}{s^2}\right)$$

$$= \begin{cases} k_0^2 n(0)^2 - \dfrac{4}{s^2}, & m=0, \ n=1 \\[2mm] k_0^2 n(0)^2 - \dfrac{6}{s^2}, & m=1, \ n=1 \end{cases}$$

所以，两模式传播常数的平方差为

$$\beta_{01}^2 - \beta_{11}^2 = -\frac{4}{s^2} + \frac{6}{s^2} = \frac{2}{s^2}$$

$$= 2\left[2k_0^2 n(0)^2 \Delta (\frac{1}{a})^2\right]\frac{1}{2}$$

$$= 2\left[2(\frac{2\pi}{1.3})^2 \cdot 1.5^2 \cdot 0.001 \cdot (\frac{1}{25})^2\right]\frac{1}{2}$$

$$\approx 0.013 (\text{rad}^2/\mu\text{m}^2)$$

2.5 多包层光纤

2.5.1 概述

在阶跃光纤的分析中可以看出，一个模式的场分布包括纤芯中的场，也包括包层中的场，它们是不可分割的一个整体。如果包层中的场发生变化，必然要求纤芯中的场也随之改变，改变的程度既取决于光纤的结构参数，也取决于包层中的场的变化程度。

对于确定的光纤，同一个模式在不同波长下的场分布是不同的，其中的传播常数也一样。包层和纤芯中的场同时变化以满足边界条件。显然，不同模式的变化程度是有差异的，如当波长变大时，有些模式从传输变为截止，而有些模式却始终处于传输状态，这意味着不同模式变化的程度有天壤之别。

因此，如果光纤的包层结构发生改变，边界条件就发生变化，导致纤芯和包层的场分布和传播常数产生变化。所以为了光纤的性能参数改善，出现了多包层光纤，W 型光纤就是这种光纤中的典型之一。

2.5.2 多包层光纤的结构和类型

顾名思义，多包层光纤就是光纤的包层是由多层折射率不同的介质构成。包层的层数大于等于 2，在分析时仍然假定最外的包层厚度延伸到无穷远以便于分析，这样边界数和包层层数相等。分析方法和前面阶跃光纤一样，为简单起见，假定为弱波导光纤，采用标量近似解法。在纤芯和包层分别求解横向场场满足的波动方程，再求解出横向场，最后利用边界条件确定待定常数（包括传播常数）。

1. 多包层光纤的结构和类型

多包层光纤可以按照层数进行分类，也可以按照折射率分布进行分类。包层层数越多，求解场的区域就越多，也越复杂。

下面以双包层为例，给出两种典型的折射率分布。如图 2.17 所示，纤芯半径为 a，

外包层的内半径为 b，各层折射率分布为

$$n(r) = \begin{cases} n_1, \ 0 < r < a \\ n_2, \ a < r < b \\ n_3, \ r > b \end{cases} \tag{2.230}$$

图 2.17（a）中内包层的折射率低于外包层的折射率；图 2.17（b）中内包层的折射率高于外包层的折射率。

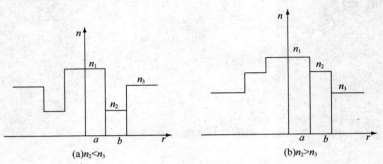

(a)$n_2 < n_3$ (b)$n_2 > n_3$

图 2.17 多包层光纤折射率分布

2. 标量波动方程求解

（1）横向场分量

在标量近似解法中，假设横向电场分量只有 E_y，则横向磁场分量只有 H_x 分量，满足的波动方程为

$$\nabla^2 \psi + k_0^2 n^2 \psi = 0 \tag{2.231}$$

其中，ψ 表示直角坐标系下的横向电场或横向磁场分量，n 是光纤中的折射率，在纤芯和双包层中分别对应各自的折射率。由于横向电场和横向磁场之间由波阻抗联系，所以求出横向电场就很容易得到横向磁场。

在圆柱坐标系下 E_y 满足的方程为

$$\frac{\partial^2 E_y}{\partial r^2} + \frac{1}{r}\frac{\partial E_y}{\partial r} + \frac{1}{r^2}\frac{\partial^2 E_y}{\partial \theta^2} + \frac{\partial^2 E_y}{\partial z^2} + k_0^2 n^2 E_y = 0 \tag{2.232}$$

它就是式（2.121），所以解法相同。

令

$$E_y = R(r)\Theta(\theta)\mathrm{e}^{-\mathrm{j}\beta z} \tag{2.233}$$

进行分离变量，可以得到两个独立变量的方程

$$\frac{r^2}{R(r)}\frac{\partial^2 R(r)}{\partial r^2} + \frac{r}{R(r)}\frac{\partial R(r)}{\partial r} + (k_0^2 n^2 - \beta^2)R(r) = 0 \tag{2.234}$$

$$\frac{\partial^2 \Theta(\theta)}{\partial \theta^2} + m^2 \Theta(\theta) = 0 \tag{2.235}$$

其中，m 为整数。式（2.235）的解为

$$\Theta(\theta) = \begin{cases} \cos m\theta \\ \sin m\theta \end{cases}, \ m = 0, \ 1, \ 2, \ \cdots \tag{2.236}$$

在 $\Theta(\theta)$ 的解中，分别取 $\cos m\theta$ 和 $\sin m\theta$ 代表极化方向相互垂直的两个极化模式，为方便，取其中之一。

式（2.224）为贝塞尔方程，其解为

$$R(r) = \begin{cases} A_1 J_m(\sqrt{k_0^2 n^2 - \beta^2}\, r) + A_2 N_m(\sqrt{k_0^2 n^2 - \beta^2}\, r) & k_0^2 n^2 - \beta^2 > 0 \\ A_3 K_m(\left|\sqrt{k_0^2 n^2 - \beta^2}\right| r) + A_4 I_m(\left|\sqrt{k_0^2 n^2 - \beta^2}\right| r) & k_0^2 n^2 - \beta^2 < 0 \end{cases} \tag{2.237}$$

其中 A_1，A_2，A_3 和 A_4 也为待定常数。

① 在纤芯中。

在纤芯中，有

$$k_0^2 n_1^2 - \beta^2 > 0$$

并应用自然边界条件，可得

$$R(r) = A_1 J_m(\sqrt{k_0^2 n_1^2 - \beta^2}\, r) \tag{2.238}$$

② 在内包层中。

在内包层中，有两种情况：

$$k_0^2 n_2^2 - \beta^2 > 0$$

或

$$k_0^2 n_2^2 - \beta^2 > 0$$

事实上，前一种情况相当于双纤芯，即内包层也起纤芯的作用；后一种情况对应于双包层。

因此

$$R(r) = \begin{cases} B_1 J_m(\sqrt{k_0^2 n_2^2 - \beta^2}\, r) + B_2 N_m(\sqrt{k_0^2 n_2^2 - \beta^2}\, r) & k_0^2 n_2^2 - \beta^2 > 0 \\ B_3 K_m(\left|\sqrt{k_0^2 n_2^2 - \beta^2}\right| r) + B_4 I_m(\left|\sqrt{k_0^2 n_2^2 - \beta^2}\right| r) & k_0^2 n_2^2 - \beta^2 < 0 \end{cases} \tag{2.239}$$

③ 在外包层中的横向场分量。

在外包层中，

$$k_0^2 n_3^2 - \beta^2 < 0 \tag{2.240}$$

利用无穷远处场趋于零的自然边界条件后，可知

$$R(r) = C_3 K_m(\left|\sqrt{k_0^2 n_3^2 - \beta^2}\right| r) \tag{2.241}$$

（2）纵向场分量的求解

利用横向场和纵向场的关系，可以求出纵向场分量。在此就不再重复。

（3）边界条件与特征方程

在各场分量中，要么含有 $R(r)$，要么含有 $R'(r)$，所以在各分界面的边界上必有：$R(r)$ 和 $R'(r)$ 连续。

为方便起见，只讨论 W 型光纤，并定义

$$\begin{aligned} u &= \sqrt{k_0^2 n_1^2 - \beta^2}\, a \\ w &= \left|\sqrt{k_0^2 n_2^2 - \beta^2}\right| a \\ p &= \left|\sqrt{k_0^2 n_3^2 - \beta^2}\right| a \end{aligned} \tag{2.242}$$

这样，在 $r = a$ 的界面上，有

$$A_1 J_m(u) = B_3 K_m(w) + B_4 I_m(w) \tag{2.243}$$

$$A_1 u J_m'(u) = B_3 w K_m'(w) + B_4 w I_m'(w) \tag{2.244}$$

在 $r = b$ 的界面上，有

$$C_3 K_m\left(\frac{pb}{a}\right) = B_3 K_m\left(\frac{wb}{a}\right) + B_4 I_m\left(\frac{wb}{a}\right) \tag{2.245}$$

$$C_3 p K'_m\left(\frac{pb}{a}\right) = B_3 w K'_m\left(\frac{wb}{a}\right) + B_4 w I'_m\left(\frac{wb}{a}\right) \tag{2.246}$$

要使 A_1，B_3，B_4 和 C_3 有非零解，必使式（2.243）～式（2.246）的系数行列式为零，即

$$\begin{vmatrix} -J_m(u) & K_m(w) & I_m(w) & 0 \\ -u J'_m(u) & w K'_m(w) & w I'_m(w) & 0 \\ 0 & K_m\left(\frac{wb}{a}\right) & I_m\left(\frac{wb}{a}\right) & -K_m\left(\frac{pb}{a}\right) \\ 0 & w K'_m\left(\frac{wb}{a}\right) & w I'_m\left(\frac{wb}{a}\right) & -p K'_m\left(\frac{pb}{a}\right) \end{vmatrix} = 0 \tag{2.247}$$

式（2.247）就是 W 型光纤的特征方程，其中 u，w 和 p 中都含有 β。从式（2.247）中可以看出，与波导结构参数（包括包层的结构尺寸和折射率）相关。因此，改变波导结构参数可以改变模式特性。随着光纤包层数的增加，边界条件越来越多，特征方程也越来越复杂，影响模式特性的因素也在增加。但影响光纤的哪些特性和影响的程度如何，还需数值求解特征方程，从而得到定量的结果。

对于其他类型的多包层光纤，只要满足弱波导条件，都可以用上述标量解法类似求解。当然，求解矢量模就要用矢量解法，求解的步骤和方法可参照前面的内容进行，只不过更为复杂烦琐而已。

2.6　小结

本章对光纤进行了射线分析和电磁理论求解。利用光射线的传输轨迹来阐述光纤的导光原理，阶跃光纤的子午光线具有平面折线轨迹，渐变光纤的子午光线呈现平面曲线轨迹。它们的斜射线则分别是空间折线和空间曲线。形成导模必须需同时满足全反射条件和相位一致条件，由此可知，导模的入射角对应于一些大于临界角且离散的角。另外，导模的入射角随材料、波导结构及波长发生变化。通过射线分析对光纤传光条件和传光方式等有初步而清晰的了解，有助于对电磁分析的理解。矢量解法和标量近似解法是本章所用的两种电磁方法。二者既有区别，又有联系。应用这两种方法对光纤进行分析，都可以求出光纤中的场。但熟悉这两种方法的应用条件和求解方法也是本章的目的之一。在电磁求解过程中，通过对特征方程的分析应用，可以得出各模式的传输条件和各模式的传播常数的变化范围。最后，可以通过数值求解特征方程确定给定条件下的传播常数。模式的传播常数是模式纵向传播的特征参数，模式、波导结构、材料、波长等因素都可以改变传播常数。多包层光纤中，光纤的包层的多少、包层尺寸和材料折射率等因素也都会对传播常数产生影响。

习　题

1. 什么是光纤？它由哪几部分构成？每一部分所起的作用是什么？

2. 什么是子午光线？什么是斜射光线？

3. 简述阶跃光纤的导光原理。

4. 什么是非均匀光纤？能够实现自聚焦的光纤是哪种折射率分布？

5. 什么是全反射条件？什么是相位一致条件？

6. 试用相位一致条件证明：当 $\lambda < \lambda_c$ 时，模式传输；当 $\lambda > \lambda_c$ 时，模式截止。

7. 某阶跃光纤纤芯半径为 $4.5\mu m$，纤芯折射率 $n_1 = 1.51$，试求光波长分别为 $1.55\mu m$ 和 $1.3\mu m$ 时，两相邻导模入射角的余弦差。

8. 某阶跃光纤纤芯半径为 $5\mu m$，工作波长为 $1.5\mu m$，试求纤芯折射率分别为 $n_1 = 1.51$ 和 $n_1 = 1.52$ 时，两相邻导模入射角的余弦差。

9. 阶跃光纤纤芯半径均为 $5\mu m$，纤芯折射率分别为 $n_1 = 1.5$，$\theta_c = 89°$，忽略全反射相位突变值。试求 $N = 20$ 和 $N = 30$ 时对应模次的截止波长。

10. 某阶跃光纤纤芯折射率为 1.52，包层折射率为 1.50，试求该光纤的相对折射率差、数值孔径和子午光线的最大时延差。

11. 试证明式（2.173）和式（2.174）是等价的。

12. 试写出 TE_{02} 和 TM_{02} 模式的各场分量。

13. 某阶跃光纤纤芯半径为 $5\mu m$，$n_1 = 1.51$，试求（1）该光纤的 TE_{01} 模式的截止波长；（2）确定工作波长在什么范围时该光纤处于单模工作状态时；（3）数值计算 $V = 2.5$ 时，HE_{11} 模式的传播常数。

14. 什么是弱导光纤？并解释 LP 模式的物理意义。

15. 什么是简并模？试找出归一化截止频率均为 2.4048 的矢量模。

16. 试判断归一化截止频率相同的模式在其他条件相同时，是否具有相同的传播常数？为什么？

17. 什么是归一化截止频率？确定各模式的归一化截止频率有何意义？

18. 试设计一均匀光纤，其中 $n_1 = 1.51$ 和 $n_1 = 1.52$，若将其设计为单模光纤，截止波长 $(1.3 \pm 0.5)\ \mu m$，则其纤芯半径为应为多少？

19. 试通过特征方程说明多包层光纤中多包层的作用。

第 **3** 章　光纤特性

　　光纤的特性包括几何尺寸特性、光学特性、传输特性、机械特性和温度特性等。几何尺寸特性参数包括光纤的包层直径、芯径、偏心度和椭圆度等；光学特性参数主要包括折射率分布、数值孔径、模场直径和截止波长；光纤的传输特性主要用光纤的损耗和色散来表征。光纤中信号的传输质量主要取决于其传输特性。

　　因此，本章围绕光纤的传输特性，重点分析光纤的损耗特性和色散特性的产生原因、分类及其对通信质量的影响，并且以基带特性模型分析了色散对脉冲展宽的影响。

3.1　概述

　　光纤的损耗与色散二者共同影响传输特性并且相互关联。如果加上非线性，则一个光波导实际上的传输特性包括损耗、色散（包括延迟）和非线性三个方面。损耗是在传输过程中光能量的损失，通常是被材料所吸收或者散射，这意味着光功率的降低，我们通常用损耗系数 α 代表其损耗特性。我们可以从麦克斯韦方程的沿光的传播方向的解中看出，传播常数 β 代表其相频特性，相频特性 β 会导致不同成分的信号其传输时间不同，产生一定的时延差，从而产生色散。色散的作用是使光信号的波形发生畸变，如果信号是一个脉冲信号，那么色散的作用往往是使脉冲展宽且幅度下降，但总功率没有损失。光纤的非线性可能不会引起波形变化，但是会使光载频展宽，从而使光信号的总频带展宽，非线性的产生原因较为复杂，本章中不做讨论。虽然损耗和色散的影响是相关联的，但由于光纤损耗较小，我们可将二者分开独立讨论。即在讨论损耗时，不考虑色散的影响，同样在讨论色散时假定损耗为零。

3.2　光纤损耗特性

3.2.1　光纤损耗的概念及其表示

　　光是被限制在纤芯中传输的，光经过一段光纤传输后光功率会有一定损失，这种功率损失称为损耗。一根光纤，其长度越长，光功率的损失就越大，这意味着光功率是随光纤长度增加而减小的。光功率随光纤长度减小的快慢程度用损耗系数 α 来表征：

$$\frac{\mathrm{d}P(z)}{\mathrm{d}z} = -\alpha P(z) \tag{3.1}$$

其中，$P(z)$ 为 z 处的光功率。由式（3.1）可以得到

$$P(z) = P(0)\mathrm{e}^{-\alpha z} \tag{3.2}$$

其中，$P(0)$ 为 $z=0$ 处的光功率。由此可以看出，光纤中的光功率是随传输距离指数减小

的。损耗系数 α 表征了光功率损失的快慢程度，其值越大，光功率损失越快。损耗系数 α 的单位为 1/km。

实际中常用 α_{3dB} 表示光纤的损耗系数，它是指单位长度光纤所引起的光功率减小的分贝数，其数学表达式表示为

$$\alpha_{3dB} = -\frac{10}{L}\lg\frac{P(L)}{P(0)}\,dB/km \qquad (3.3)$$

式中，L 表示光纤长度，单位为 km；$P(L)$ 和 $P(0)$ 分别为输入光纤的和由光纤输出光功率，以 mW 为单位。α_{3dB} 的单位为 dB/km，它和 α 都表示光纤的损耗特性，从它们的定义式不难得出

$$\alpha_{3dB} = \frac{10}{z}\lg\frac{P(0)}{P(z)} = 10\alpha\lg e = 4.34\alpha \qquad (3.4)$$

【例 3.1】某光纤中 z 处的光功率 $P(z) = 10e^{-0.1(z+0.2)}\,mW$，试求该光纤的损耗系数 α，α_{3dB} 及 5km 这样的光纤的总损耗（dB）。

解： 由 $P(z) = 10e^{-0.1(z+0.2)}\,mW$ 可以得到

$$P(z) = 10e^{-0.2}e^{-0.1z} = P(0)e^{-\alpha z}$$

所以 $\alpha = 0.1$（1/km）。

由 $\alpha_{3dB} = 4.34\alpha$ 得

$\alpha_{3dB} = 0.434$（dB/km）。

5km 这样的光纤的总损耗 $= \alpha_{3dB}L = 0.434 \times 5 = 2.17$（dB）

3.2.2 光纤损耗产生的原因分析

光纤的优点之一就是损耗小，但仍然对光信号有损耗。分析光纤损耗产生的原因对改进光纤的生产工艺，制造出低损耗的光纤具有实际意义。

光信号在光纤传输过程中的损耗主要来自以下几个方面：光纤材料的吸收损耗；光纤材料的散射损耗；光纤的弯曲损耗。

$$\text{光纤损耗}\begin{cases}\text{吸收损耗}\begin{cases}\text{本征吸收}\begin{cases}\text{紫外吸收}\\\text{红外吸收}\end{cases}\\\text{杂质吸收}\begin{cases}\text{OH}^-\text{离子吸收}\\\text{过渡金属离子吸收}\end{cases}\end{cases}\\\text{散射损耗}\begin{cases}\text{线性散射损耗}\begin{cases}\text{瑞利散射损耗}\\\text{波导散射损耗}\end{cases}\\\text{非线性散射损耗}\end{cases}\\\text{弯曲损耗}\begin{cases}\text{宏弯损耗}\\\text{微弯损耗}\end{cases}\end{cases}$$

1. 材料的吸收损耗

制造光纤的材料包括两个部分：一部分是本征材料，另一部分是杂质材料。这两类材料都会对光有吸收，这种吸收对于光传输而言是一种损耗，这种损耗称为吸收损耗。光纤材料吸收损耗包括本征材料和杂质材料吸收损耗。

本征材料吸收损耗是指构成光纤的材料自身的吸收损耗，如石英系光纤中的 SiO_2 等

材料，本身有一定的吸收谱，包括红外吸收和紫外吸收。在不同的波长上其吸收能力是不同的。在短波长区，主要是紫外吸收的影响；在长波长区，红外吸收起主导作用。紫外吸收损耗是由光纤中传输的光子流将光纤材料的电子从低能级激发到高能级时，光子流中的能量将被电子吸收，从而引起的损耗。这种吸收损耗对于波长小于 $0.4\mu m$ 的紫外区中的光波表现得特别强烈，形成紫外吸收。其吸收损耗曲线可延伸到光纤通信波段（即 $0.8\sim 1.7\mu m$ 波段）。在短波长范围内，引起的光纤损耗小于 $0.1dB/km$。红外吸收损耗是由于光纤中传播的光波与晶格相互作用时，一部分光波能量传递给晶格，使其振动加剧，从而引起的损耗。这种吸收损耗对于红外区中 $2\mu m$ 以上的光波表现得特别强烈，因此称为红外吸收。它对光纤通信波段影响不太大，对短波长不引起损耗。因此，石英系光纤的工作波长不能大于 $2\mu m$。光纤的本征吸收损耗是材料本身所固有的，只有改变材料成分才能有微小改变。因此，在光纤制造过程中可以通过合理地选择光纤的掺杂材料来减小本征吸收损耗。实验表明：当工作波长较长时，掺 GeO_2 杂质的光纤材料是最理想的。用 SiO_2-GeO_2 材料制成的单模光纤，在 $1.55\mu m$ 波长处测得的损耗仅为 $0.2\ dB/km$。

杂质吸收损耗是制造光纤过程中混入或残留的杂质材料自身的吸收造成的损耗。杂质离子主要是指过渡金属离子，如铁、钴、镍、铜、锰、铬等和 OH^- 离子。这些杂质离子主要是在光纤传输的电磁波的作用下产生振动，从而吸收一部分光能，引起损耗。它们的影响可以随杂质浓度的降低而减小，直到清除。降低材料中的过渡金属离子比较容易，目前已可以使它们的影响减小到最小程度。但是材料中的 OH^- 的振动吸收影响较大，尽管它的含量较其他过渡金属离子的含量低几个数量级。OH^- 振动的基波为 $2.73\mu m$，二次谐波为 $1.38\mu m$，三次谐波为 $0.95\mu m$，它的各次振动谐波和它的组合波，将在 $0.6\sim 2.73\mu m$ 的波长氛围内产生若干吸收峰。如图 3.1 所示，图中 3 个峰都是 OH^- 的吸收造成的，主要分布在 $1.39\mu m$、$1.24\mu m$、$0.95\mu m$ 波长上。由该图可以看出，OH^- 对长波长 $1.39\mu m$ 附近的振动特别强烈，这对长波长的通信是不利的。不过，随着科技的发展和工艺的不断提高，OH^- 的含量将不断降低。当降到 $0.8\sim1.0ppb$（10^{-9}）时，在整个 $0.7\sim 1.6\mu m$ 波谱范围内，其吸收峰基本消失，$1.31\mu m$ 波长窗口和 $1.55\mu m$ 波长窗口不再被 OH^- 吸收峰隔开，因此，可以得到一个很宽的低损耗波长窗口，有利于波分复用。

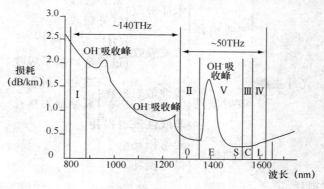

图 3.1　OH^- 的吸收损耗

光纤的吸收损耗在不同波长上是不同的，即吸收随波长有一定的分布，称为损耗谱。吸收损耗中的本征损耗是不可能被消除的，通过一定工艺改变杂质损耗分布可使光纤的损耗满足一定要求。

2. 光纤的散射损耗

光线通过均匀透明介质时，从侧面是难以看到光线的。如果介质不均匀，如空气中漂浮的大量灰尘，我们便可以从侧面清晰地看到光束的轨迹。这是由于介质中的不均匀性使光线朝四面八方散开的结果，这种现象称之为散射。散射损耗是以光能的形式把能量辐射出光纤之外的一种损耗。散射损耗可分为线性散射损耗和非线性散射损耗两大类。

（1）线性散射损耗

任何光纤波导都不可能是完美无缺的，无论是材料、尺寸、形状和折射率分布等，均可能有缺陷或不均匀，这将引起光纤传播模式散射性的损耗，由于这类损耗所引起的损耗功率与传播模式的功率成线性关系，所以称为线性散射损耗。

瑞利散射损耗：瑞利散射损耗是一种最基本的散射过程，属于固有散射。在光纤的制造过程中，热骚动使原子产生压缩性的不均匀或压缩性的起伏，这使物质的密度不均匀，使折射率不均匀，这种不均匀性或起伏在冷却过程中被固定下来。这些不均匀尺寸比光波长还小，当光纤中传播的光照射在这些不均匀微粒上时，就会向各个方向散射。人们把这种粒子的尺寸比波长小得多时产生的散射称为瑞利散射。在光纤中，这些散射光线有些受到波导影响，可以向前或向后传播，有些则由于偏离传播方向而变成辐射模，从而造成光纤中向前传播的光能减小，形成损耗。瑞利散射引起的损耗与 λ^{-4} 成正比，并且会随着波长的增加而急剧减小。另外，瑞利散射损耗也是一种本征损耗，它和本征吸收损耗一起构成光纤损耗的理论极限值。

波导散射损耗：在光纤制造过程中，由于工艺、技术问题及一些随机因素，可能造成光纤结构上的缺陷，如光纤的纤芯和包层的界面不完整、芯径变化、圆度不均匀、光纤中残留气泡和裂痕等。这些结构上不完善处的尺寸远大于光波波长，引起与波长无关的散射损耗。在这里散射只是一种直观的描述，实际上，它是由结构的不完善所引起的模式转换或模式耦合。当光纤的芯包界面不呈直线而凸凹不平时，使原来传播光线的入射角发生了变化，由于入射角的变化而使原来的模式变为另一个模式，这就是模式转换。当低阶模变为高阶模时，其传播路径增加，是损耗增大；当变化后的入射角不再满足全反射条件时，光就会辐射到包层损耗，整个光纤的损耗会增加。不过随着工艺的改进，一般来说结构缺陷引起的损耗可以降低到 $0.01 \sim 0.05 \text{dB/km}$ 的范围之内。

（2）非线性散射损耗

光纤中存在两种非线性散射，它们都与石英光纤的振动激发态有关，分别称为受激拉曼散射和受激布里渊散射。在高功率传输时，光纤中的受激拉曼散射和受激布里渊散射能导致相当大的损耗，一旦入射光功率超过阈值，散射光强将呈指数增长。在波分复用系统中一定要考虑这两种散射损耗的影响。

3. 光纤的弯曲损耗

宏弯损耗：比光纤直径大得多的弯曲称为宏弯，这种弯曲使光信号产生的损失是宏弯损耗。

微弯损耗：不比光纤直径大得多的弯曲称为微弯，这种弯曲使光信号产生的损失是微弯损耗。

在光缆的生产、接续和施工过程中不可避免地出现弯曲。光纤弯曲会使光信号功率损失是因为在弯曲处，会产生模式转换，如低阶模变成高阶模时，传输路径增加，从而损耗增大；若导模转换为辐射模，则造成辐射损耗。光纤在使用过程中不可避免会发生弯曲，所以弯曲损耗也总会存在，但只要弯曲程度在一定范围内，弯曲损耗还是可以忽略的。因此，为了减小弯曲损耗，应尽可能避免光纤发生弯曲，如果弯曲不可避免，应尽可能使光纤弯曲半径增大以降低弯曲损耗。微弯是由于光纤受到侧压力和套塑光纤遇到温度变化时，光纤的纤芯、包层和套塑的热膨胀系数不一致而引起的，其损耗机理和宏弯一致，也是由模式变换引起的。这种微弯损耗的减小依赖于对光纤结构的合理设计。如增大相对折射率差值等，可以提高光纤的抗微弯能力。

4. 光纤的损耗谱

光纤的损耗谱形象地描绘了损耗系数与波长的关系。从光纤损耗谱可以看出，损耗系数随波长的增大呈降低趋势；损耗的峰值主要与 OH⁻ 离子有关。另外，波长大于 1600nm 时损耗增大的原因是由于石英玻璃的吸收损耗和微（或宏）观弯曲损耗引起的。光纤的损耗在不同波长上是不同的，把损耗相对较小的波长称为低损耗窗口。典型的光纤损耗谱如图 3.2 所示。$0.85\mu m$、$1.31\mu m$ 和 $1.55\mu m$ 为 3 个低损耗窗口，光纤通信所用波长就是在这 3 个波段。随着光纤制造技术进步，光纤的损耗谱逐渐向全波段低损耗方向发展，从而为有效利用光纤的波长资源提供可能。

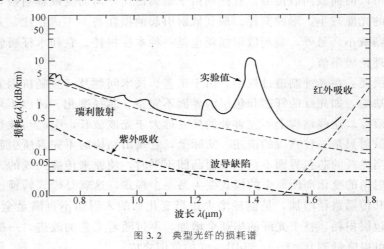

图 3.2 典型光纤的损耗谱

必须指出的是：上面所讨论的均为目前情况下实用的石英系光纤，它并非是损耗值最低的理想光纤。

3.2.3 光纤损耗对通信质量的影响

在数字光纤通信系统中，光纤线路总损耗越大，信息在传输过程中受到的损害就越大，接收到的光功率就越小，那么经过接收判决再生后，数字码流发生差错的概率就会提高，即系统的误码率越高，系统传输质量就越差。

在单信道光纤通信系统中，当光发送机发送的光功率和光接收机可接收的最小光功率（接收机灵敏度）确定时，光纤的总损耗就受到限制，光纤的损耗系数越大，长度就会减小。这就是说，光纤损耗的存在会限制光纤通信系统的光接收与光发送间的光纤长度。仅仅从光纤的角度考虑，低损耗系数光纤的使用可增加光发送与光接收的间距。根据发射光功率和接收机灵敏度、线路损耗可以计算出光发送机和光接收机之间的最大传输距离

$$L = \frac{P_0 - P_r - M - A}{\alpha} \tag{3.5}$$

其中，P_0 为光发送机平均发送光功率（dBm），P_r 为光接收机灵敏度（dBm），M 为系统富余量（dB），A 为光纤接头损耗（dB），α 为光缆线路每千米的损耗（dB/km）。

【例 3.2】某一光纤通信系统光端机的指标如下：平均光发送功率为 1mW，接收机灵敏度为 −30dBm。线路光纤损耗系数为 0.4dB/km，接头及连接器总损耗为 3dB，系统富余量为 8dB，估算光发送机和光接收机之间的最大传输距离。

解：发送光功率为 1mW，它所对应的以 dBm 的值为

$$P_i = 10 \lg \frac{p_i}{1} = 0 (\text{dBm})$$

光发送机和光接收机之间的最大传输距离

$$L = \frac{P_0 - P_r - M - A}{\alpha} = \frac{0 - (-30) - 8 - 3}{0.4} = 47.5 \text{ km}$$

在多信道（波长）光纤通信（波分复用 WDM）系统中，光纤损耗的存在同样会限制光纤通信系统的光接收与光发送间的光纤长度。如果光纤在不同信道（波长）上具有不同的损耗系数，则同样长度的光纤在不同信道上损耗不同，则传输不同信道（波长）的光信号对光接收与光发送间的光纤长度要求就会不同。如果在一根光纤中传输多个信道的光信号，则经过光纤后，不同信道的光信号的功率就会不同，如果各信道要求的最小光功率相同，则损耗很大的那些信道的光功率就可能会达不到，不符合要求。这样，多信道系统中信道数就会受到限制。

有两种方法来消除损耗对光纤通信系统的影响。一种方法是通过改善光纤制造工艺来降低光纤的损耗系数，并扩展低损耗波长范围；另一种方法是在光纤线路中加入中继器，使被损耗降低的光信号被放大，从而达到远距离传输的目的。

目前在单信道光纤通信系统中，商用化的全光放大器主要是掺铒光纤放大器（EDFA），它可使光信号在光域内直接进行放大。

在 WDM 系统中，由于不用波长信号的损耗不同而导致其信道的传输距离不同，所以首先要求各信道的光功率损耗均在限制的范围之内，即选择光纤损耗系数低且平坦的波段为多信道波长区域。光纤低损耗波长范围越大，一根光纤可以同时使用的信道就越多，光纤传输的容量就越大。目前，通过改善光纤的制造工艺可以消除光纤在 1385nm 附近的 OH^- 离子的吸收峰，使光纤在整个 1300～1600nm 波段都有很低的损耗。另外，WDM 系统中也要求在中继器中每个信道的输出光功率相等，这就要求放大器有较宽的增益平坦度。图 3.3 是掺铒光纤放大器的增益-波长曲线，从图中可以看出增益系数随着波长的不同而不同。由于 EDFA 存在增益偏差，经过多级放大之后，增益偏差累积，低电平信道信号的信噪比恶化，高电平信道信号也因光纤非线性效应而使信号特性恶化，最终造成整个系统不能正常工作。因此，要使各个信道的增益偏差处在允许范围内，放大器的增益必须平坦。EDFA 实现宽频带和增益平坦经历了三个阶段，见表 3.1。光纤在 $1.55\mu m$ 低损耗区具有 200nm 带宽，而目前使用的 EDFA 增益带宽仅为 35nm 左右。因此扩展光放大器的增益带宽及使其增益平坦是提高密集波分复用系统信道数和传输容量最有效的方法。目前，实现宽带且增益平坦的方法主要有增益均衡技术、改变光纤基质和不同特性放大器组合的方法。现在，WDM＋EDFA 已经成了高速光纤通信网发展的主流。

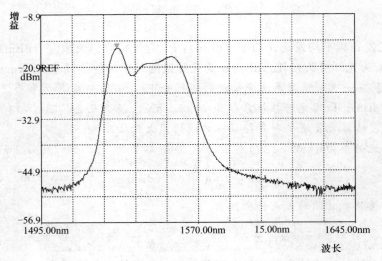

图 3.3　EDFA 的增益-波长曲线

表 3.1　EDFA 宽带、增益平坦化的进程

	增益平坦放大波段	关键技术
第一代 1.55μm 放大波段（一部分）	1540～1560nm	・掺铝（Al）、磷（P） ・使用改善频带特性的均衡器 ・构成混合型 EDFA
第二代 1.55μm 放大波段、全波段	1530～1560nm （1525～1564nm）	・提高光均衡器的性能 ・长周期光纤光栅 ・复用法布里-珀罗滤波器 ・氟化物 EDFA
第三代 1.55μm 放大波段、全波段 1.55μm 放大波段＋1.58μm 放大波段	1530～1600nm	・并联型放大器（1.55μm 波段＋ 1.58μm 波段增益平坦型 EDFA） ・碲化物 EDFA（＋均衡器）

3.3　光纤色散

　　在物理光学中，色散是指由于某种物理原因使具有不同波长的光经过透明介质后被散开的现象，例如，一束白光经三棱镜后分为不同颜色的光，这种现象叫作色散，如图 3.4 所示。这是由于玻璃对不同波长的光有不同的折射率，从而不同波长的光在玻璃中的传播速度也不同。物理上的色散一般为相速度色散，相速度色散可以引起群速度色散，但群速度色散不一定需要材料有相速度色散。

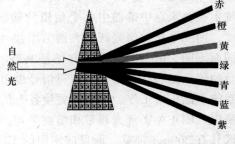

图 3.4　光的色散

　　光纤中的色散则是指不同成分的光携带信号经光纤传输后在时间上散开的现象。这里的不同成分可能是指光的不同频率成分，也可能是指不同的传输模式。在时间上散开是指不同成分光同时进入光纤传输，但到达终端所用时间不同，有先后次序。由于信号的各频率成分或各模式成分的传播速度不同，经过光纤传输一段距离后，不同成分之间出现时延差，从而引起信号畸变。在数字光纤通信系统中，色散会引起光脉冲展宽，严重时前后脉冲将相互重叠，形成码间干扰，增加误码率，限制了光纤的传输带宽，从而制约光纤通信系统的传输容量和中继距离。

信号成分不同，其传播常数 β 也不同。不同原因引起 β 值的不同，导致了不同的色散。影响 β 数值的因素有三个。一是模式，即不同的模式，其 β 可能不同。β 是模式传播的特征，通常可以通过 β 来区分不同模式。这样产生的色散为模式色散。还有一种场分量表达式中，场随 θ 变化可以有两组取法，相当于两个极化模式，β 不同导致的色散称为极化色散。二是光纤，包括光纤的结构尺寸和折射率分布等参数。两个不同的光纤，同一模式的 β 就可能不同。这样产生的色散为波导色散。三是工作波长，在确定的光纤中，工作波长变化都能使模式截止变成传输，所以波长发生变化 β 可能不同，这样产生的色散为材料色散。

3.3.1 群时延

光信号脉冲展宽由群时延差来描述。群时延 τ 定义为光脉冲行进单位轴向距离所需的时间。光脉冲沿轴向行进速度为群速度 V_g：

$$V_g = \frac{\mathrm{d}\omega}{\mathrm{d}\beta} \tag{3.6}$$

其中，ω 为光波频率，故群时延 τ 可表示为

$$\tau = \frac{1}{V_g} = \frac{\mathrm{d}\beta}{\mathrm{d}\omega} = \frac{\mathrm{d}\beta}{\mathrm{d}k_0} \cdot \frac{\mathrm{d}k_0}{\mathrm{d}\omega} = \frac{1}{c} \frac{\mathrm{d}\beta}{\mathrm{d}k_0} \tag{3.7}$$

$k = k_0 n_1$ 为材料中光波的波数，k_0 为光波在真空中的波数，n_1 为材料折射率。如果 $\frac{\mathrm{d}\beta}{\mathrm{d}\omega}$ 为常数，则色散为零，光脉冲无展宽。

在多模光纤中，脉冲展宽主要取决于多模群时延差，其产生原因来自各个不同导模的群速度不同。

在单模光纤中只允许基模传输，故不存在模式色散。这时，与频率 ω 有关的材料色散和波导色散依然存在。材料色散是由于 ω 变化引起折射率变化再导致 β 变化的结果。波导色散则是由于 ω 变化引起波导径向参量 u 和 w 变化再使 β 变化的结果。这里，频率的不同包括两个方面：光源谱宽不为零和光信号带宽不为零。不过，后者远小于前者，其影响可忽略不计。因此，材料色散和波导色散均只和光源谱宽 $\delta\lambda$ 有关。色散可由 $\frac{\mathrm{d}\tau}{\mathrm{d}\lambda}$ 描述，其单位常用 ps/（nm·km），即光源谱宽为 1nm 时，光脉冲信号传播 1km 所引起的脉冲展宽的 ps 数。当乘以 $\delta\lambda$ 即得由色散引起的脉冲展宽 $\Delta\tau$，其单位为 ps/km。

3.3.2 光纤色散类型及其表示

按照色散产生的原因，光纤的色散主要分为模式色散、材料色散、波导色散和极化色散。极化色散比较小，一般情况下会忽略不计。在多模光纤中，模式色散占主导地位，它最终限制了多模光纤的带宽；单模光纤只传输一个模式，没有模式色散，因此带宽可以很大。单模光纤中的色散主要包括材料色散和波导色散。

1. 模式色散

模式色散是指光以不同模式传输时所造成的时延不同，导致其携带的电信号传输所用的时延也不相同。造成模式色散的不同成分是指不同模式。用光的射线理论来说，不同模式指的就是不同轨迹。模式色散一般存在于多模光纤中，由于在多模光纤中同时存在多个模式，不同模式沿光纤轴向的传播速度不同，到达终端时就会有先有后，出现时延差，从而引起脉冲展宽。时延差越大，色散就越严重，所以常用时延差表示色散程度。模式色散的大小是用最大时延差来表征的，即 $\Delta\tau_{\max}$。

（1）阶跃光纤中的模式色散

在阶跃光纤中，传播最快的和最慢的两条光线分别是沿轴线方向传播的光线和以临界角 θ_c 入射的光线，如图 3.5 所示。因此，阶跃光纤中的最大色散是最快和最慢的两条光线到达终端的时延差，即模式色散 $\Delta\tau_{\max}$：

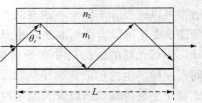

图 3.5　阶跃光纤的模式色散

$$\Delta\tau_{\max}=\frac{L}{v\sin\theta_c}-\frac{L}{v}=\frac{Ln_1}{c}\left(\frac{n_1-n_2}{n_2}\right)=\frac{Ln_1}{c}\Delta \tag{3.8}$$

其中，Δ 为阶跃光纤的相对折射率差。在弱导光纤（n_1 和 n_2 相差很小）中

$$\Delta=\frac{n_1^2-n_2^2}{2n_1^2}\approx\frac{n_1-n_2}{n_1}\approx\frac{n_1-n_2}{n_2} \tag{3.9}$$

> **【例 3.3】** $\Delta=1\%$ 的阶跃光纤的纤芯折射率为 1.46，则长度为 2km 的光纤的模式色散为多少？
>
> $$\Delta\tau_{\max}=\frac{Ln_1}{c}\Delta=\frac{2\times10^3\times1.45}{3\times10^8}\times0.01=97\text{ns}$$

（2）渐变型光纤中的模式色散

在渐变型光纤中由于光纤折射率分布的合理设计，使光纤中的光线在传播时速度得到补偿，从而使模式色散引起的脉冲展宽减小。在渐变光纤中，传播最快的和最慢的两条光线分别是沿轴线方向传播的光线（直线 OP）和以最大入射角 φ 入射的光线（曲线 $\overline{OMP}$），如图 3.6 所示。

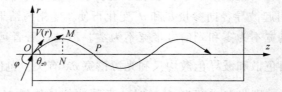

图 3.6　渐变型光纤的模式色散

渐变型光纤纤芯的折射率为

$$n(r)=n(0)\left[1-2\Delta\left(\frac{r}{a}\right)^2\right]^{1/2} \tag{3.10}$$

设入射到光纤端面的光线的入射角为 φ 时，进入光纤后的折射角为 θ_{z0}，在传播轨迹上的任意一点（z，r）处其射线角（光线与 z 轴方向的夹角）为 θ_z，M 点是顶点（即 r 值最大点），此处 $\theta_z=0$，则 $\overline{OMP}$ 的长度为

$$\overline{OMP} = 2\int_0^{r_M} \frac{1}{\tan\theta_z} dr = 2\int_0^{r_M} \frac{\cos\theta_{z0}}{\sqrt{\left[\frac{n(r)}{n(0)}\right]^2 - \cos^2\theta_{z0}}} dr = \frac{\pi a}{\sqrt{2\Delta}} \cos\theta_{z0} \tag{3.11}$$

其中利用了 $n(0)\cos\theta_{z0} = n(r)\cos\theta_z$ 。

在曲线 $\overline{OMP}$ 上任意一点 (z, r) 处的光速为 $v(r)$ ，沿 r 方向有 $\frac{\mathrm{d}r}{\mathrm{d}t} = v(r)\sin\theta_z$ ，则光线所经历的时间 T 为

$$T = 2\int_0^{r_M} \frac{1}{v(r)\sin\theta_z} dr = \frac{\pi a}{c\sqrt{2\Delta}} n(0) \times \frac{1 + \cos^2\theta_{z0}}{2} \tag{3.12}$$

所以，传播长度为 L 时，所用时间为

$$t = \frac{L}{\overline{OMP}} \cdot T = \frac{1}{2} \cdot \frac{Ln(0)}{c} \cdot \frac{1 + \cos^2\theta_{z0}}{\cos\theta_{z0}} \tag{3.13}$$

当 θ_{z0} 取最大时，满足 $1 \cdot \sin\varphi = n(0) \cdot \sin\theta_{z0}$ ，且 $\sin\varphi = NA = n(0)\sqrt{2\Delta}$ ，所以可得

$$\Delta = \frac{1}{2}\sin^2\theta_{z0} = \frac{1}{2}(1 - \cos^2\theta_{z0}) = \frac{1}{2}(1 - \cos\theta_{z0})(1 + \cos\theta_{z0}) \approx 1 - \cos\theta_{z0} \tag{3.14}$$

则传播长度为 L 所用最大时间为

$$t_{\max} = \frac{1}{2} \cdot \frac{Ln(0)}{c}\Delta^2 + \frac{Ln(0)}{c} \tag{3.15}$$

当光线沿轴线方向（直线 OP）传播时，$\theta_0 = 0$，所用传播时间最短：

$$t_{\min} = \frac{Ln(0)}{c} \tag{3.16}$$

此时渐变型光纤的最大模式色散为

$$\Delta\tau_{\max} = t_{\max} - t_{\min} = \frac{1}{2} \cdot \frac{Ln(0)}{c}\Delta^2 \tag{3.17}$$

从式（3.8）和式（3.17）可以看出：阶跃型光纤的模式色散与相对折射率差 Δ 成正比，而渐变型光纤的模式色散与 Δ^2 成正比；光纤的 Δ 值越大，模式色散就越大，相应的带宽就越窄。而光纤的数值孔径与 $\Delta^{1/2}$ 成正比，即 Δ 越大，光纤收集光的能力就越强，有利于增加光源与光纤的耦合，提高入纤光功率。由此可见，光纤的模式色散与数值孔径之间存在矛盾，在设计时必须综合考虑。

【例 3.4】 $\Delta = 1\%$ 的渐变型光纤的纤芯折射率为 1.46，则长度为 2km 的光纤的模式色散为多少？

解：$\Delta\tau_{\max} = \frac{1}{2} \cdot \frac{Ln(0)}{c}\Delta^2 = 0.483\mathrm{ns}$

从例 3.3 和例 3.4 对比可知，在光纤 Δ，$n(0)$ 和 L 相同的情况下，渐变型光纤的模式色散（0.483ns）要比阶跃型光纤（97ns）小得多。

2. 材料色散

材料色散是指材料对不同频率成分光的折射率不同，则其传输速度不同，在光纤中传输时延就会不同，其携带的信号的传输时延也会不同，从而造成由不同频率携带的信号随时间散开。这种色散是因为材料的原因造成的，因此称为材料色散。造成材料色散的不同成分为不同频率成分，因而材料色散属于频率色散，或者波长色散。

　　材料色散是材料色散特性决定的，因此，其大小可由两频率成分的光在色散材料中传输同样的长度对其所携带的信号产生的时间差值来表示。

　　一般情况下，色散是用色散系数来衡量的，色散系数定义为单位波长间隔内各频率成分通过单位长度光纤所产生的色散，用 $D(\lambda)$ 表示，单位是 ps/(nm·km)。

$$D(\lambda) = \frac{\mathrm{d}\tau}{\mathrm{d}\lambda} \tag{3.18}$$

将式（3.7）代入式（3.18），得

$$D(\lambda) = \frac{\mathrm{d}\tau}{\mathrm{d}\lambda} = \frac{\mathrm{d}\tau}{\mathrm{d}k_0} \cdot \frac{\mathrm{d}k_0}{\mathrm{d}\lambda} = \frac{1}{c} \frac{\mathrm{d}^2\beta}{\mathrm{d}k_0^2}\left(-\frac{2\pi}{\lambda^2}\right) \tag{3.19}$$

为此，要得到色散系数的值，首先要找出 β 的解析表达式。对于纤芯、包层折射率分别为 n_1、n_2，纤芯半径为 a 的阶跃光纤，其归一化频率为

$$V^2 = u^2 + w^2 = a^2 k_0^2 (n_1^2 - n_2^2) \tag{3.20}$$

归一化传播常数设为 b：

$$b = \frac{w^2}{V^2} = \frac{\beta^2 - k_0^2 n_2^2}{k_0^2 (n_1^2 - n_2^2)} \tag{3.21}$$

则

$$\begin{aligned}
\beta &= [k_0^2 n_2^2 + k_0^2 (n_1^2 - n_2^2) b]^{\frac{1}{2}} \\
&= k_0 n_2 (1 + 2b\Delta)^{\frac{1}{2}} \\
&= k_0 n_2 (1 + b\Delta) \\
&= k_0 [n_2 + (n_1 - n_2) b]
\end{aligned} \tag{3.22}$$

　　先对 β 求一阶导

$$\frac{\mathrm{d}\beta}{\mathrm{d}k_0} = \frac{\mathrm{d}(k_0 n_2)}{\mathrm{d}k_0} + \frac{\mathrm{d}(k_0 n_1 b)}{\mathrm{d}k_0} - \frac{\mathrm{d}(k_0 n_2 b)}{\mathrm{d}k_0} \tag{3.23}$$

令 $N_1 = \dfrac{\mathrm{d}(k_0 n_1)}{\mathrm{d}k_0}$，$N_2 = \dfrac{\mathrm{d}(k_0 n_2)}{\mathrm{d}k_0}$，在弱导光纤中，$n_1 \approx n_2$，则 $\dfrac{\mathrm{d}n_1}{\mathrm{d}\lambda} \approx \dfrac{\mathrm{d}n_2}{\mathrm{d}\lambda}$，$\dfrac{\mathrm{d}^2 n_1}{\mathrm{d}\lambda^2} \approx \dfrac{\mathrm{d}^2 n_2}{\mathrm{d}\lambda^2}$。

所以

$$\begin{aligned}
\frac{\mathrm{d}\beta}{\mathrm{d}k_0} &= \frac{\mathrm{d}(k_0 n_2)}{\mathrm{d}k_0} + \frac{\mathrm{d}(k_0 n_1 b)}{\mathrm{d}k_0} - \frac{\mathrm{d}(k_0 n_2 b)}{\mathrm{d}k_0} \\
&= N_2 + b(N_1 - N_2) + (n_1 - n_2) k_0 \frac{\mathrm{d}b}{\mathrm{d}k_0}
\end{aligned} \tag{3.24}$$

又因

$$N_1 - N_2 = \frac{\mathrm{d}(k_0 n_1)}{\mathrm{d}k_0} - \frac{\mathrm{d}(k_0 n_2)}{\mathrm{d}k_0} = n_1 - n_2 + k_0 \left(\frac{\mathrm{d}n_1}{\mathrm{d}k_0} - \frac{\mathrm{d}n_2}{\mathrm{d}k_0}\right) \approx n_1 - n_2$$

$$\frac{\mathrm{d}b}{\mathrm{d}k_0} = \frac{\mathrm{d}b}{\mathrm{d}V} \cdot \frac{\mathrm{d}V}{\mathrm{d}k_0} = \frac{V}{k_0} \cdot \frac{\mathrm{d}b}{\mathrm{d}V}$$

所以

$$\begin{aligned}
\frac{\mathrm{d}\beta}{\mathrm{d}k_0} &= N_2 + b(N_1 - N_2) + (N_1 - N_2) k_0 \frac{V}{k_0} \frac{\mathrm{d}b}{\mathrm{d}V} \\
&= N_2 + (N_1 - N_2) \frac{\mathrm{d}(Vb)}{\mathrm{d}V}
\end{aligned} \tag{3.25}$$

$$\frac{d^2\beta}{dk_0^2} = \frac{d}{dk_0}\left[N_2 + (N_1 - N_2)\frac{d(Vb)}{dV}\right]$$

$$= \frac{dN_2}{dk_0} + \frac{d(N_1 - N_2)}{dk_0}\frac{d(Vb)}{dV} + (N_1 - N_2)\frac{V}{k_0}\cdot\frac{d^2(Vb)}{dV^2} \tag{3.26}$$

$$= \frac{dN_2}{dk_0} + (N_1 - N_2)\frac{V}{k_0}\cdot\frac{d^2(Vb)}{dV^2}$$

另外，因为

$$N_2 = \frac{d(k_0 n_2)}{dk_0} = n_2 + k_0\frac{dn_2}{dk_0} = n_2 - \lambda\frac{dn_2}{d\lambda} \tag{3.27}$$

所以

$$\frac{dN_2}{dk_0} = \frac{dN_2}{d\lambda}\cdot\frac{d\lambda}{dk_0} = -\frac{\lambda^2}{2\pi}\frac{dN_2}{d\lambda} = -\frac{\lambda^2}{2\pi}\left(\frac{dn_2}{d\lambda} - \frac{dn_2}{d\lambda} - \lambda\frac{d^2 n_2}{d\lambda^2}\right) = \frac{\lambda^3}{2\pi}\frac{d^2 n_2}{d\lambda^2} \tag{3.28}$$

则

$$D(\lambda) = \frac{1}{c}\frac{d^2\beta}{dk_0^2}\left(-\frac{2\pi}{\lambda^2}\right) = -\frac{2\pi}{c\lambda^2}\frac{d^2\beta}{dk_0^2}$$

$$= -\frac{2\pi}{c\lambda^2}\left[\frac{\lambda^3}{2\pi}\frac{d^2 n_1}{d\lambda^2} + (N_1 - N_2)\frac{V}{k_0}\cdot\frac{d^2(Vb)}{dV^2}\right] \tag{3.29}$$

$$= -\frac{\lambda}{c}\frac{d^2 n_1}{d\lambda^2} - \frac{2\pi}{c\lambda^2}(n_1 - n_2)\frac{V}{k_0}\cdot\frac{d^2(Vb)}{dV^2}$$

$$= -\frac{\lambda}{c}\frac{d^2 n_1}{d\lambda^2} - \frac{n_1\Delta}{c\lambda}V\frac{d^2(Vb)}{dV^2}$$

从式（3.29）可以看出，$D(\lambda)$ 分为两个部分，第一部分是由于纤芯材料的折射率随波长的变化而变化，称为材料色散系数，用 $D_m(\lambda)$ 表示。

$$D_m(\lambda) = -\frac{\lambda}{c}\frac{d^2 n_1}{d\lambda^2} \tag{3.30}$$

从式（3.30）可以看出，材料色散系数与纤芯折射率相对于入射波长的二阶导数成正比，图 3.7 是 SiO_2 单模光纤色散波谱特性曲线，描述了波长色散系数和波长之间的关系。从图 3.7 可以看出，波长较小时材料色散系数为负，然后逐渐增大，过了零色散波长，在波长较长时，材料色散系数为正。

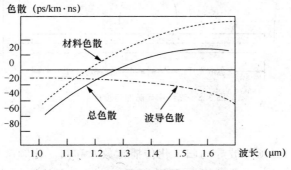

图 3.7 SiO_2 单模光纤色散波谱特性曲线

【例 3.5】某玻璃材料的折射率 $n = 1.458 + \dfrac{0.014651}{\lambda^2}$，其中 λ 的单位为 μm,，试求该材料在 $1.55\mu m$ 处的材料色散系数。

解:由色散系数表达式

$$D_m(\lambda) = -\frac{\lambda}{c}\frac{d^2 n_1}{d\lambda^2}$$

有

$$D_m(\lambda) = -\frac{6 \times 0.014651}{c\lambda^3}(\text{ps/km} \cdot \mu m)$$

所以

$$D_m(\lambda) = -\frac{6 \times 0.014651}{c\lambda^3} = \frac{6 \times 0.014651}{c \times 1.55^3} = -2.3606 \times 10^{-4}(\text{ps/km} \cdot \mu m)。$$

在已知材料色散系数的情况下，材料色散的值可以求出，我们用 τ_m 来表示材料色散的大小，则

$$\tau_m(\lambda) = D_m(\lambda) \cdot \Delta\lambda \cdot L \tag{3.31}$$

其中，$\Delta\lambda$ 是光源的谱宽，L 是光线在光纤中的传播长度。

【例 3.6】光源的谱宽为 2.5nm，该光信号在最大材料色散系数为 3ps/（nm·km）的光纤上传播 2km，产生的材料色散为多少？

$$\tau_m = 2.5 \times 3 \times 2 = 15\text{ps} = 0.015\text{ns}$$

在光纤中，如果材料色散系数为正，即群时延随波长的增大而增大，或者说波长较长的光信号的时延大于波长较短的信号的时延，也就是说长波长信号的光比短波长信号的光的传播速度慢，称为正色散。反之称之为负色散，此时长波长信号的光比短波长信号的光的传播速度快。两种情况下的光纤都会使光脉冲产生展宽，但是如果正常情况下光纤的色散为正色散，经过一段距离的传输后脉冲会展宽，如果接上一段具有负色散的光纤，就会使被展宽的脉冲变窄，总的色散得到补偿，如图 3.8 所示。我们经常使用的光纤其色散系数一般为正，那么色散为负的光纤就可以对其进行色散补偿，以修正正色散带来的脉冲展宽。

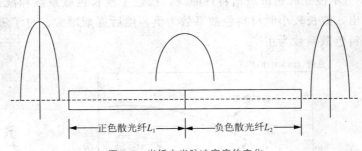

图 3.8 光纤中光脉冲宽度的变化

3. 波导色散

式（3.29）中的第二项与波导的归一化传播常数 b 和归一化频率 V 有关，而 b 和 V 都是和光纤折射率横截面结构参数有关，所以，式（3.29）中的第二项称为波导色散系数，用 $D_w(\lambda)$ 表示：

$$D_w(\lambda) = -\frac{n_1 \Delta}{c\lambda} V \frac{\mathrm{d}^2(Vb)}{\mathrm{d}V^2} \tag{3.32}$$

从式（3.32）可以看出，波导色散系数 $D_w(\lambda)$ 与归一化频率 V 和 $\dfrac{\mathrm{d}^2(Vb)}{\mathrm{d}V^2}$ 的乘积成正比，与入射光波长 λ 成反比。在感兴趣的波长区域内，波导色散均为负值，它的大小由光纤的纤芯半径 a 、相对折射率差 Δ 和横截面结构所决定。一般来说，纤芯越细，Δ 越大，波导色散就越小。如图 3.7 所示，在一定的波长范围内，材料色散和波导色散一个为正值，一个为负值，如果改变光纤的折射率分布和横截面结构参数即可改变波导色散的大小，从而可以在希望的波长上实现材料色散和波导色散的加和为零。

4. 极化色散

极化色散也称为偏振模色散，用 τ_p 表示。从本质上来说，它属于模式色散，我们仅给出简单的概念。

在光纤中，光场的分布形式（即模式）是线偏振模。在单模光纤中，只传输基模即 LP_{01} 模，LP_{01} 又按场强的偏振方向分为 LP_{01}^x 和 LP_{01}^y 两种，x 和 y 表示在垂直光纤轴线的平面内的两个相互垂直方向。

单模光纤中可能同时存在 LP_{01}^x 和 LP_{01}^y 两个模式，也可能只存在其中一种形式。在理想的圆柱形对称结构的单模光纤中，其横截面是圆形，其横截面尺寸及折射率分布处处均匀，LP_{01}^x 和 LP_{01}^y 具有相同的传播常数，因此它们在光纤中具有相等的群速度，所以它们的群时延没有时延差，且极化状态保持不变。但是实际当中，由于制造和实际使用过程中的一些因素，光纤总是会有一定的不完善，如光纤的椭圆度、折射率分布或者弯曲等。此时 LP_{01}^x 和 LP_{01}^y 的传播常数不再相同，它们在光纤中传播时会产生群时延差，这个时延差就是极化色散，如图 3.9 所示，极化色散也和其他色散一样，会引起脉冲展宽。

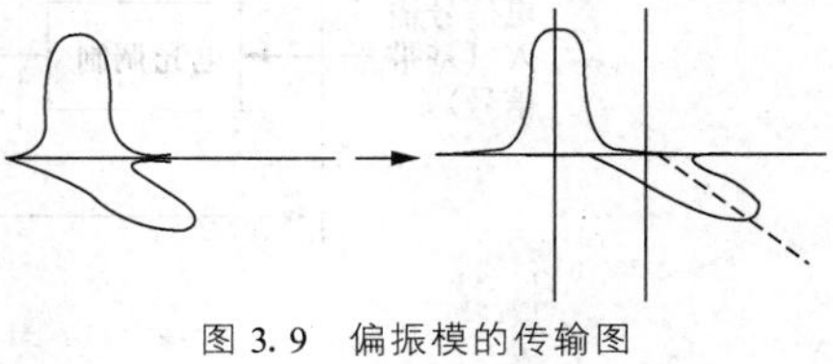

当光纤中存在双折射现象时，两个极化正交的 LP_{01}^x 和 LP_{01}^y 模传播常数 β_x 和 β_y 不相等。对于弱导光纤，β_x 和 β_y 之差可以近似地表示为

图 3.9　偏振模的传输图

$$\Delta\beta = \beta_y - \beta_x \approx \frac{\omega}{c}(n_y - n_x) \tag{3.33}$$

其中，n_x 和 n_y 分别表示极化方向分别为 x 和 y 时材料的折射率。

对于长度为 L 的光纤，两个正交的极化模 LP_{01}^x 和 LP_{01}^y 之间的群时延差为

$$\tau_p = L \frac{\mathrm{d}(\Delta\beta)}{\mathrm{d}\omega} = L\left[\frac{n_y - n_x}{c} + \frac{\omega}{c}\left(\frac{\mathrm{d}n_y}{\mathrm{d}\omega} - \frac{\mathrm{d}n_x}{\mathrm{d}\omega}\right)\right] \approx L \frac{n_y - n_x}{c} \tag{3.34}$$

由式（3.34）可以看出，极化色散是由双折射的程度决定的。

5. 总色散

光纤中存在着模式色散、材料色散和波导色散，这几种色散的大小关系为：模式色散＞材料色散＞波导色散。

在多模光纤中，主要有模式色散、材料色散和波导色散。多模光纤中的色散主要以模式色散为主，通常用最大时延差 $\Delta\tau_{\max}$ 来表征，其单位为 ns。

单模光纤中没有模式色散只有材料色散和波导色散。单模光纤色散特性用色散系数 $D(\lambda)$ 来表示，即单位长度光纤单位波长间隔的群时延差，单位为 ps/（nm·km）。它由

材料色散 $D_m(\lambda)$ 和波导色散 $D_w(\lambda)$ 共同组成，即 $D(\lambda)=D_m(\lambda)+D_w(\lambda)$。显然，光纤的色散除与光纤自身色散特性（色散系数）有关外，还与光源线宽和光纤长度有关，也即同一光纤，长度越长，光源线宽越大，光纤色散越大。

【例 3.7】 某单模光纤在 1550nm 波长处的色散系数为 3ps/km·nm，若光源的线宽为 2.5nm，试确定 2km 长的这种光纤的色散。

解： 单模光纤的色散 $=D(\lambda)\Delta\lambda L=3\times2.5\times2=15(\text{ps})$

3.3.3　色散导致的脉冲展宽

光波导的主要用途是传输光信号或者对光信号进行变换、处理。我们在光纤通信系统中使用最多的光波导是光导纤维，即光纤。其传输特性可以将光纤看作一个传输系统来处理，如图 3.10 所示。我们要研究的问题是：一、用什么方法来描述光波导的传输特性？二、光波导的参数如何影响其传输特性？

图 3.10　光纤传输系统

对于光波导的传输系统一般有两种模型。第一种是所谓"基带特性"模型，如图 3.11 所示，将电光调制和光电解调的因素考虑进去；第二种模型是只考虑一段光纤，不考虑电光调制和光电解调的因素。显而易见，第二种模型是第一种模型的基础，也是光纤真实的传输特性。但第一种是实际使用的光纤传输系统，我们主要通过基带特性模型分析光波导的色散特性。

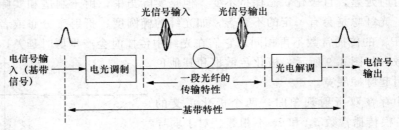

图 3.11　光纤传输系统模型

假定所讨论的光纤是线性、时不变的，因此，光纤的传输特性也是线性、时不变的，不受输入信号的影响。光信号是由光载波信号和加载在光载波上的含有信息的包络共同构成的。在第一种模型中，输入信号和输出信号都是电信号，在内调制时，输入激光器的信号电流与激光器的输出光功率 $P(t)$ 成正比。这个调制过程使得第一种模型不再是线性系统。这意味着，光纤的基带特性不能用线性系统的参数（如带宽）来描述。这样我们的模型也进一步细化为如图 3.12 所示的模型。

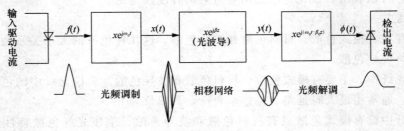

图 3.12　细化后的光纤传输系统模型

在这个模型中，$|f(t)|$ 是待传输的基带信号，它载有信息，调制后成为光脉冲的包络信号 $x(t)$。$y(t)$ 是经过光纤传输后的光信号，$\phi(t)$ 是输出的解调信号，而 $|\phi(t)|$ 是包络信号。所以研究光波导的传输特性，严格地说是研究输入光的调制信号 $f(t)$ 与输出光的解调信号 $\phi(t)$ 之间的关系。

在"基带特性"模型中，光纤中传输的光是一个个的模式，这些模式在同一时刻随着距离的变化将产生相移，那么光纤是一个相移系统，当损耗为零时没有能量的损失，只会引起包络波形的变化。

由于基带信号（如 $10\,\mathrm{GHz}$ 的电信号）相对于光频信号（$10^{14}\,\mathrm{Hz}$）而言，其带宽小得多，所以 β 可以随 ω 展成级数：

$$\beta(\omega) = \beta(\omega_0) + \frac{\mathrm{d}\beta}{\mathrm{d}\omega}\bigg|_{\omega=\omega_0}(\omega-\omega_0) + \frac{1}{2}\frac{\mathrm{d}^2\beta}{\mathrm{d}\omega^2}\bigg|_{\omega=\omega_0}(\omega-\omega_0)^2 +$$

$$\frac{1}{6}\frac{\mathrm{d}^3\beta}{\mathrm{d}\omega^3}\bigg|_{\omega=\omega_0}(\omega-\omega_0)^3 + \cdots \tag{3.35}$$

$$\overset{def}{=} \beta_0 + \beta_0'(\omega-\omega_0) + \frac{1}{2}\beta_0''(\omega-\omega_0)^2 + \frac{1}{6}\beta_0'''(\omega-\omega_0)^3 + \cdots$$

其中，ω_0 为载波频率。

图 3.12 中，要传输的基带信号为 $f(t)$（表示功率），$f(t)$ 的频谱为 $F(\Omega)$。经过频率为 ω_0 的光信号 $\mathrm{e}^{\mathrm{j}\omega_0 t}$ 的调制，则调制后的信号为

$$x(t) = f(t)\mathrm{e}^{\mathrm{j}\omega_0 t} \tag{3.36}$$

其傅立叶变换为

$$X(\omega) = F(\omega-\omega_0) \tag{3.37}$$

经过一段光纤的传输后得到

$$Y(\omega) = X(\omega)\mathrm{e}^{-\mathrm{j}\beta z} = F(\omega-\omega_0)\mathrm{e}^{-\mathrm{j}\beta z} \tag{3.38}$$

$X(\omega)\mathrm{e}^{\mathrm{j}\omega t}$ 的每个频率分量都会激发一个空间分布。一般来说，多个模式共同传输的时候，模式场的分布对传输特性也会有所影响，但是如果我们所用的光纤是单模光纤，模式场的分布对传输特性不会有影响。

对式（3.38）进行傅立叶反变换，有

$$y(t) = \frac{1}{2\pi}\int_{-\infty}^{+\infty} Y(\omega)\mathrm{e}^{\mathrm{j}\omega t}\,\mathrm{d}\omega$$

$$= \frac{1}{2\pi}\int_{-\infty}^{+\infty} F(\omega-\omega_0)\mathrm{e}^{\mathrm{j}(\omega t-\beta z)}\,\mathrm{d}\omega \tag{3.39}$$

式（3.39）表明了单个模式的传输特性与模场的分布没有直接关系。由于光载波频率 $\mathrm{e}^{\mathrm{j}\omega_0 t}$ 也会产生相移，到终端为 $\mathrm{e}^{\mathrm{j}(\omega_0 t-\beta_0 z)}$，经过解调输出信号为

$$\phi(t) = \frac{y(t)}{\mathrm{e}^{\mathrm{j}(\omega_0 t-\beta_0 z)}}$$

$$= \frac{1}{2\pi}\int_{-\infty}^{+\infty} F(\omega-\omega_0)\mathrm{e}^{\mathrm{j}\,[\,((\omega-\omega_0)t-\beta-\beta_0)z\,]}\,\mathrm{d}\omega \tag{3.40}$$

$$= \frac{1}{2\pi}\int_{-\infty}^{+\infty} F(\Omega)\mathrm{e}^{\mathrm{j}\,[\,\Omega t-(\beta-\beta_0)z\,]}\,\mathrm{d}\Omega$$

其中，$\Omega = \omega - \omega_0$。根据上式可得出以下结论。

①输出信号与输入信号呈线性关系，满足叠加定理。

②输出的包络信号与模式场的空间分布不直接相关，而模式场的变化要通过影响 β 而起作用。

③计算解调信号 $\phi(t)$ 时，其结果会含有虚变量，即 $\phi(t)=|\phi(t)|\,e^{j\theta}$ ，其中 θ 为光载频的附加相移。

当输入信号 $f(t)$ 为实数时，它与输入基带信号（包络）$|f(t)|$ 是相同的；当它为复数时，有幅度有相位，此时幅度代表基带信号，而相位是光载频的相位；如果相位也随时间变化，它就是有啁啾的输入信号。

1. $\beta(\omega)$ 取一阶近似的情况

对式（3.35）中的 $\beta(\omega)$ 取一阶近似，得

$$\beta(\omega)\approx\beta_0+\beta_0'(\omega-\omega_0)=\beta_0+\beta_0'\Omega$$

则式（3.40）可表示为

$$\phi(t)=\frac{1}{2\pi}\int_{-\infty}^{+\infty}F(\Omega)e^{j(t-\beta_0 z)\Omega}\,d\Omega$$

从而

$$\phi(t)=f(t-\beta_0' z) \tag{3.41}$$

或者

$$|\phi(t)|=|f(t-\beta_0' z)| \tag{3.42}$$

式（3.42）表明，在一阶近似条件下，输出光的包络信号时，输入光的包络信号一致，只是在时间上有一定的延迟。单位长度上的延迟为 β_0'，故 β_0' 称为单位长度上的群时延，用 τ 表示。光纤具有时延特性，可以用来作光延迟器。

当输入信号为冲击信号 $f(t)=\delta(t)$ 时，有 $\phi(t)=\delta(t-\beta_0' z)$，其包络信号的演化如图 3.13 所示。

当输入信号为高斯脉冲 $f(t)=\exp\left(-\dfrac{t^2}{\sigma^2}\right)$ 时，有输出包络为（如图 3.14 所示）

$$\phi(t)=\exp\left(-\frac{1}{\sigma^2}(t-\beta_0' z)^2\right) \tag{3.43}$$

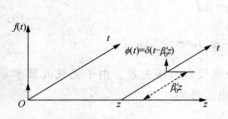

图 3.13　冲击信号包络信号的演化

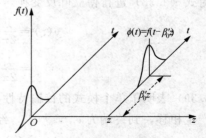

图 3.14　高斯脉冲包络信号的演化

由此可见，包络信号的传输速度 v_g 为

$$v_g=\frac{1}{\tau}=\frac{1}{\beta_0'} \tag{3.44}$$

这个速度就称为群速度。

在无限大均匀介质中，折射率 n 定义为真空中的光速 c 与相速度 v_ϕ 之比，即 $n = c/v_\phi$。同样，定义无限大均匀介质中的群折射率为 $N = c/v_g = c\beta_0'$。

由于在无限大均匀介质中，传输常数 $\beta_0 = nk_0 = \dfrac{2\pi}{\lambda}n = \dfrac{\omega}{c}$，其中，$k_0$ 是真空中的波数。于是有

$$N = c\frac{\mathrm{d}\beta_0}{\mathrm{d}\omega} = c\frac{\mathrm{d}\beta_0}{\mathrm{d}k_0} \cdot \frac{\mathrm{d}k_0}{\mathrm{d}\omega} = \frac{\mathrm{d}\beta_0}{\mathrm{d}k_0} = \frac{\mathrm{d}(nk_0)}{\mathrm{d}k_0} \tag{3.45}$$

或者

$$N = n + k_0\frac{\mathrm{d}n}{\mathrm{d}k_0} = n + k_0\frac{\mathrm{d}n}{\mathrm{d}\lambda} \cdot \frac{\mathrm{d}\lambda}{\mathrm{d}k_0} = n - \lambda\frac{\mathrm{d}n}{\mathrm{d}\lambda} \tag{3.46}$$

在光纤中 $\beta_0 = k_0 n_{\mathrm{eff}}$，$n_{\mathrm{eff}}$ 为光纤的有效折射率，有

$$\frac{\mathrm{d}\beta_0}{\mathrm{d}k_0} = \frac{\mathrm{d}\beta_0}{\mathrm{d}\omega} \cdot \frac{\mathrm{d}\omega}{\mathrm{d}k_0} = c\frac{\mathrm{d}\beta_0}{\mathrm{d}\omega} \tag{3.47}$$

所以

$$N = \frac{\mathrm{d}\beta_0}{\mathrm{d}k_0} = c\frac{\mathrm{d}\beta_0}{\mathrm{d}\omega} \tag{3.48}$$

当 β_0'' 或者 β 的其他高阶导数不为零时，就意味着光信号的不同频率成分的群速度或者群延迟不同。这种群速度随光频分量的变化而变化的现象称为群速度色散，简称色散。

与其他高阶导数相比，通常 β_0'' 对色散的贡献最大，但如果 $\beta_0'' \approx 0$，或者 $(\omega - \omega_0)/\omega_0$ 不是足够小，β_0''' 的影响不可以忽略。

2. $\beta(\omega)$ 取二阶近似的情况

取 $\beta(\omega)$ 的二阶近似：

$$\beta(\omega) \approx \beta_0 + \beta_0'(\omega - \omega_0) + \frac{1}{2}\beta_0''(\omega - \omega_0)^2 = \beta_0 + \beta_0'\Omega + \frac{1}{2}\beta_0''\Omega^2$$

代入式（3.40）可得

$$\phi(t) = \frac{1}{2\pi}\int_{-\infty}^{+\infty} F(\omega)\mathrm{e}^{\mathrm{j}\left[\omega t - (\beta_0'\omega + \frac{1}{2}\beta_0''\omega^2)z\right]}\,\mathrm{d}\omega \tag{3.49}$$

由式（3.49）可知，色散会使脉冲波形发生变化，包括形状的变化、幅度的变化和光载波频率相位的变化。这种变化不仅取决于光波导的性质 β_0''，还取决于输入脉冲的类型。因此，不能笼统地说经过一根光纤的传输其脉冲的展宽是多少，只能说某种形状的输入脉冲经过一根光纤的传输其脉冲展宽了多少。

（1）输入光脉冲无啁啾的情况

下面以高斯脉冲为例说明脉冲的展宽。高斯脉冲是光纤中传输的常用码型，设输入信号的包络为高斯脉冲

$$f(t) = \exp\left(-\frac{t^2}{2T_0^2}\right) \tag{3.50}$$

其中，T_0 为输入脉冲的半宽度（半高全宽为 $2T_0$），频谱为

$$F(\omega) = \sqrt{\pi}\,T_0\exp\left(-\frac{\omega^2}{2}T_0^2\right) \tag{3.51}$$

把式（3.51）代入式（3.49）可得

$$\phi(t) = \frac{1}{\sqrt[4]{1 + \left(\frac{z}{L_D}\right)^2}} \exp\left\{-\frac{t_1^2}{2T_0^2\left[1 + \left(\frac{z}{L_D}\right)^2\right]}\right\} \exp\left\{-j\left(\frac{t_1^2 \beta_0'' z}{2T_0^4 + 2(\beta_0'' z)^2} - \frac{\theta}{2} - \frac{\pi}{2}\right)\right\} \quad (3.52)$$

其中，$t_1 = t - \beta_0' z$ 是经过时延后的新的时间变量；$L_D = T_0^2/|\beta_0''|$ 称为色散长度；$\tan\theta = -\frac{z}{L_D}$。式（3.52）可改写为

$$\phi(t) = \frac{1}{\sqrt[4]{1 + \left(\frac{z}{L_D}\right)^2}} \exp\left\{-\frac{t_1^2}{2T_0^2\left[1 + \left(\frac{z}{L_D}\right)^2\right]}\right\}$$

$$\exp\left\{-j\left(\frac{t_1^2}{2T_0^2} \cdot \mathrm{sgn}(\beta_0'') \frac{z/L_D}{1 + (z/L_D)^2} - \frac{\theta}{2} - \frac{\pi}{2}\right)\right\} \quad (3.53)$$

其中，$\mathrm{sgn}(\beta_0'')$ 是符号函数，表示 β_0'' 的符号。于是

$$|\phi(t)| = \frac{1}{\sqrt[4]{1 + \left(\frac{z}{L_D}\right)^2}} \exp\left\{-\frac{t_1^2}{2T_0^2\left[1 + \left(\frac{z}{L_D}\right)^2\right]}\right\} \quad (3.54)$$

由式（3.53）和式（3.54）可以得到如下结论。

①输出光信号的包络仍然是高斯脉冲，其脉冲宽度随距离的增加而增大，增大的程度可用 z/L_D 来衡量。由于 $L_D = T_0^2/|\beta_0''|$，初始脉冲宽度 T_0 越窄，脉冲展宽就越多；若 $|\beta_0''|$ 越小，脉冲展宽就越小。重要的是，脉冲展宽与 β_0'' 的符号无关，无论是正色散还是负色散，其展宽是相同的。

②输出光信号包络的幅度随距离的增加而下降，其下降程度也由 z/L_D 决定。

③输出光产生了相位调制 $\varphi(z, t_1) = \frac{t_1^2}{2T_0^2} \cdot \mathrm{sgn}(\beta_0'') \frac{\frac{z}{L_D}}{1 + \left(\frac{z}{L_D}\right)^2} - \frac{1}{2}\tan^{-1}\left(\frac{z}{L_D}\right) + \frac{\pi}{2}$，

这种相位调制引起瞬时频率的频移，即啁啾，可表示为

$$\delta\omega = -\frac{\partial\varphi}{\partial t_1} = \frac{\mathrm{sgn}(\beta_0'')\left(\frac{z}{L_D}\right)}{1 + \left(\frac{z}{L_D}\right)^2} \frac{t_1}{T_0^2} \quad (3.55)$$

式（3.55）表明，这种频移相对于 t_1 是线性的，称为线性啁啾。啁啾 $\delta\omega$ 取决于 β'' 的符号。

关于 $|\phi(t)|$ 还有另一种形式，即

$$|\phi(t)|^2 = \left(1 + \left(\frac{\sigma}{T_0}\right)^2\right)^{-\frac{1}{2}} \exp\left\{-\frac{t_1^2}{2(T_0^2 + \sigma^2)}\right\} \quad (3.56)$$

其中，$\sigma = \frac{|\beta_0''| z}{T_0}$，称为脉冲展宽。若以 T_1 表示输出高斯脉冲的宽度，则

$$T_1^2 = T_0^2 + \sigma^2 \quad (3.57)$$

式（3.57）表明，随着距离的增加，光脉冲按平方规律展宽，其展宽部分 σ 不仅与 β_0'' 有关，而且还与输入脉冲宽度有关，同时输出脉冲的幅度下降，如图 3.15 所示。

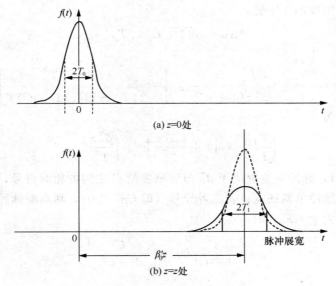

(a) $z=0$ 处

(b) $z=z$ 处

图 3.15　高斯脉冲的展宽

但是脉冲展宽不满足叠加定理，如图 3.16 所示。图中 σ_1 和 σ_2 分别是从光纤初始端面 $z=0$ 发出的无啁啾高斯脉冲到达 z_1 点和 z_2 点的脉冲展宽，σ_2' 是在 z_1 点出发的一个展宽为 σ_1 的无啁啾高斯脉冲到达 z_2 点的脉冲展宽，则有 $\sigma_1 = |\beta_0''| z_1/T_0$，$\sigma_2 = |\beta_0''| z_2/T_0$，$\sigma_2' = |\beta_0''|(z_1-z_2)/\sqrt{T_0^2+\sigma_1^2} = |\beta_0''|(z_1-z_2)\left[T_0^2+\left(\dfrac{\beta_0'' z}{T_0}\right)^2\right]^{-\frac{1}{2}}$，$\sigma_2' \neq \sigma_2 - \sigma_1$。这是由于 σ_2' 是有啁啾的脉冲的继续传播引起的，而 σ_1 和 σ_2 是无啁啾脉冲的传播引起的，所以二者不同。

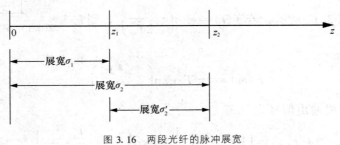

图 3.16　两段光纤的脉冲展宽

上述推导都是在输入光脉冲无啁啾的条件下得出的，其脉冲展宽和 β_0'' 的符号无关。当输入光脉冲有啁啾时，这一结果就会发生变化。

（2）输入光脉冲有啁啾的情况

当输入信号有啁啾时，

$$f(t) = \exp\left[-\frac{(1+\mathrm{j}C)}{2}\frac{t^2}{T_0^2}\right] \tag{3.58}$$

它的频谱为

$$F(\omega) = \left(\frac{2\pi T_0^2}{1+\mathrm{j}C}\right)^{\frac{1}{2}}\exp\left[-\frac{\omega^2 T_0^2}{2(1+\mathrm{j}C)}\right] \tag{3.59}$$

它的频谱半宽度（幅度的 $1/e$ 处）

$$\Delta\omega = \sqrt{(1+C^2)}/T_0 \tag{3.60}$$

在输出端

$$\phi(t) = \frac{T_0^2}{T_0^2 - \mathrm{j}\beta_0'' z(1+\mathrm{j}C)} \exp\left[-\frac{(1+\mathrm{j}C)T_0^2}{2\left[T_0^2 - \mathrm{j}\beta_0'' z(1+\mathrm{j}C)\right]}\right] \tag{3.61}$$

这时相对脉冲展宽为

$$\left(\frac{T_1}{T_0}\right)^2 = \left(1 + \frac{C\beta_0'' z}{T_0^2}\right)^2 + \left(\frac{\beta_0'' z}{T_0^2}\right)^2 \tag{3.62}$$

根据式（3.62），脉冲展宽取决于 β_0'' 与啁啾参量 C 之间的相对符号，若二者同号（即 $C\beta_0'' > 0$），则高斯脉冲单调展宽；若二者异号（即 $C\beta_0'' < 0$），则高斯脉冲先变窄再展宽。

当光纤的长度为 $z = z_{\min}$ 时，

$$z_{\min} = \frac{C}{1+C^2} L_D = -\frac{C}{1+C^2} \frac{T_0^2}{\beta_0''} \tag{3.63}$$

脉冲宽度最小

$$T_1 = T_{1\min} = \frac{T_0}{\sqrt{1+C^2}} \tag{3.64}$$

根据式（3.60）和式（3.64）可知，此时（即 $z = z_{\min}$ 时）$\Delta\omega T_{1\min} = 1$，脉冲宽度达到傅立叶变换极限。

3.3.4 色散对于传输带宽的影响

对于基带信号，常使用传输带宽的概念，传输带宽指的是系统函数 $H(\omega) = 1/2$ 时对应的 ω 值，此处指的是包络之间的传输带宽，如图 3.17 所示。若 $f(t) = \exp\left(-\dfrac{t^2}{2T_0^2}\right)$，则它的频谱为

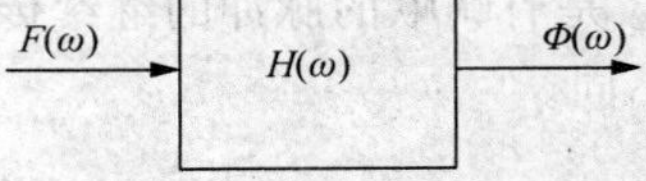

图 3.17 高斯脉冲的传输带宽

$$F(\omega) = \sqrt{\pi}\, T_0 \exp\left(-\frac{\omega^2 T_0^2}{2}\right)$$

根据式（3.56）可得输出信号为

$$|\phi(t)|^2 = \left(1 + \left(\frac{\sigma}{T_0}\right)^2\right)^{-\frac{1}{2}} \exp\left\{-\frac{t_1^2}{2(T_0^2 + \sigma^2)}\right\}$$

其频谱为

$$\Phi(\omega) = \sqrt{\pi}\, T_0 \exp\left(-\frac{\omega^2(T_0^2 + \sigma^2)}{2}\right) \tag{3.65}$$

从而

$$H(\omega) = \frac{\Phi(\omega)}{F(\omega)} = \exp\left(-\frac{\omega^2 \sigma^2}{2}\right) \tag{3.66}$$

当 $H(\omega) = 1/2$ 时，$\omega = \sqrt{2\ln 2}/\sigma$。所以，对于高斯脉冲而言，其传输带宽 f_c 与脉冲展宽 σ 之间的关系为

$$f_c = \frac{\omega}{2\pi} = \frac{0.187}{\sigma} = \frac{0.187T_0}{|\beta''|_0 z} \tag{3.67}$$

从式（3.67）可以看出，传输带宽 f_c 与输入脉冲宽度成正比，输入脉冲越窄，光纤传输带宽越小。可见，光纤传输带宽不仅受调制方式的影响，而且受输入信号波形的影响。

3.3.5　光纤色散对通信质量的影响

由于光纤的损耗已降到很低，并且有希望在长波波段得到进一步降低，这就使得光纤信号的脉冲畸变成为传输距离的主要限制因素。

光纤色散使不同成分的光携带的信号产生了时延差，也就是说，在进入光纤时，不同成分的光所携带的信号同时进入光纤，经过光纤传输后，不同成分光所携带的信号之间有了时延差，这意味着这些信号再组合在一起时，与原信号是有差异的，即信号产生了失真。对模拟信号而言，色散使信号发生畸变；对数字信号而言，色散使脉冲发生展宽。从频域角度看，信号发生失真是因为光纤带宽有限。光纤带宽有限是由色散造成的，色散越大，光纤的带宽越小。

在数字光纤通信系统中，脉冲展宽到一定程度时就会产生码间干扰，从而产生误码。色散越大，脉冲展宽越大，码间干扰越严重，如图 3.18 所示。为了保证通信质量，就应限制码间干扰的程度，即把色散引起的脉冲展宽限制在一定范围之内。假定信号的传输速率（码速率）为 B，那么每个比特信号所占的时间长度为 $1/B$，当脉冲因色散引起的脉冲宽度大于每个比特信号所占的时间长度的 1/4 时，接收机的判决电路就不能正常地判定收到的数据是"0"还是"1"。因此，因色散引起的脉冲展宽必须限制在每个比特信号所占的时间长度的 1/4 内。根据这个判据可以判定一个色散系统的最高速率。因此，色散的存在使信号传输距离和传输速率受到限制。

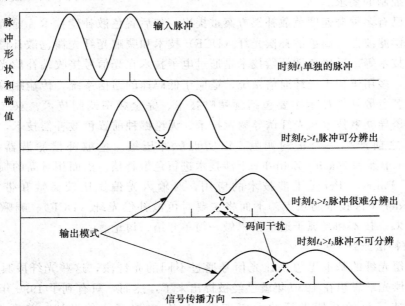

图 3.18　光纤色散导致光脉冲展宽图

当光纤通信系统的码速大于140Mbit/s时，中继距离主要由色散决定。当仅考虑色散影响时，中继距离的计算公式为

$$L_D = \frac{\varepsilon \times 10^6}{B \times \Delta\lambda \times D} \tag{3.68}$$

其中，L_D为传输距离（km），B为码速率（Mbit/s），D为色散系数（ps/（nm·km）），ε为与色散代价有关的系数。ε由系统中所选用的光源类型来决定，若采用多纵模激光器，取ε为0.115；若采用单纵模激光器和半导体发光二极管，则取ε为0.306。

【例3.8】 已知一个565Mbit/s单模光纤传输系统，光纤的色散系数为2ps/（nm·km），光源光谱宽度为1.8nm。求最大中继距离为多少？

解：由公式得

$$L_D = \frac{\varepsilon \times 10^6}{B \times \Delta\lambda \times D} = \frac{0.306 \times 10^6}{565 \times 1.8 \times 2} = 150\text{km}$$

3.3.6 色散补偿

光纤的色散特性对光信号传输产生很大的影响，在数字式传输中会产生误码，从而限制了传输比特率，在模拟式传输中限制信号传输频带宽度。为了降低色散对光传输的限制，传统上采用两种重要方法。一种方法是采用窄谱线光源，另一种方法是降低光纤传输窗口的色散值。这两种传统的降低色散的方法对光纤传输能力的提高毕竟是有限的。随着人们对非线性光学现象认识的不断深入和密集波分复用技术的发展，人们认识到在一些多信道传输技术中，色散的降低将导致非线性光学现象的增强，因此在密集波分复用系统中需要保留一定的光纤色散值。这就需要发展新的技术来克服色散的影响。从光信号的检测角度来看，只需要在接收点处得到好的信号波形，并不需要在整个光纤上都保持好的波形。色散补偿技术就是消除色散的技术，它追求的是整体色散的优化，可以满足各种通信技术对色散控制的要求。

目前，已有多种群速度色散补偿方案被提出，如后置色散补偿技术、前置色散补偿技术、色散补偿滤波器、高色散补偿光纤（DCF）技术和啁啾光纤光栅色散补偿技术，以及光孤子通信技术等。后置色散补偿技术是通过电子技术在光信号接收端补偿光纤色散引起的脉冲展宽，多用于相干光纤通信系统，适应于低码速的通信系统，传输距离仅有几个色散长度。前置色散补偿技术主要包括预啁啾技术、完全频率调制技术、双二进制编码技术、放大器诱导啁啾技术和光纤诱导啁啾技术。无论哪种前置色散补偿技术，都要在光脉冲进入光纤之前产生一个正的啁啾，以实现脉冲压缩。色散补偿滤波器技术是采用Fabry-Perot干涉和Mach-Zehnder干涉技术进行色散补偿。然而相对高的损耗和较窄的带宽限制了Fabry-Perot干涉技术的应用，对输入光偏振比较灵敏和带宽比较窄是Mach-Zehnder干涉技术的缺点。下面将主要对色散补偿光纤（DCF）、啁啾光纤光栅色散补偿（DCG）技术和光孤子通信技术做一简单介绍、讨论。

1. 色散补偿光纤

色散补偿光纤的基本思想是让光信号通过不同的光纤段，这些光纤段具有不同的色散。色散补偿光纤思想在1980年就已经被提出来了，然而，只有到了1990年光纤放大器的出现才加速了色散补偿光纤的发展步伐。DCF主要有两种设计：单模DCF和多模DCF。在单模DCF中，光纤的归一化截止频率V很小（$V \approx 1$），大部分光纤模式都在折

射率比较小的包层中传输，将产生 $D \approx -100\text{ps}/$（nm·km）的色散，最近，色散超过 -200 ps/（nm·km）的色散补偿光纤亦已研制成功。但是，单模色散补偿光纤的损耗很高（$\alpha \approx 0.5\text{dB/km}$），且由于其芯径比较小，相对地增加了入射光的功率，导致非线性失真严重。为了避免以上缺点，提出了一种新型双模色散补偿光纤，其归一化截止频率 $V \approx 2.5$。虽然这种双模 DCF 与单模 DCF 的损耗几乎相同，但可以增加几个量级的负色散参数（约为 -770ps/km·nm），同时增加了补偿距离和补偿带宽。然而，此种双模 DCF 还需要一个将基模转换为高阶模的模式转换器，结构复杂，增加了一部分损耗。

2. 啁啾光纤光栅色散补偿

所谓光纤光敏性就是在紫外激光作用下，纤芯折射率发生永久性的变化。利用光纤光敏性和特定曝光方法，能够形成纤芯折射率变化的周期性结构—光纤光栅。光纤光栅是在线式反射器件。

光纤光栅具有插入损耗低、对偏振不敏感、与普通光纤接续简便、光谱响应特性（光谱形状、带宽、反射率、边模抑制比）的动态可控等特点。光纤光栅在色散补偿中的应用，如图 3.19 所示。

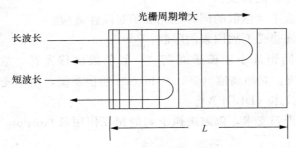

图 3.19　啁啾光纤光栅色散补偿原理

目前流行的光纤光栅制作技术主要有两种，即全息写入技术和相位掩模写入技术。全息写入技术就是利用干涉仪形成的干涉条纹写入光纤光栅。干涉条纹的间距就是光纤光栅的周期 Λ，而光纤光栅反射波长 $\lambda = 2n_{\text{eff}}\Lambda$，其中 n_{eff} 为有效折射率。可以通过改变两光束夹角来控制光纤光栅反射波长。为了得到良好的干涉仪条纹，所用紫外激光需要保证有一定的相干长度，同时在曝光过程中精确保证整个干涉仪稳定。因此，必须仔细设计整套的干涉仪写入系统。否则，尽管这种方法使用灵活，但缺乏良好的稳定性，也终将导致其难以适合批里生产。

另一种常用的方法是相位掩模写入方法。相位掩模本身就是一个在石英衬底上刻蚀的光栅，通过控制刻蚀深度使衍射光的 0 级受到抑制，绝大部分的衍射光对称分配在 ±1 级。±1 级衍射光相互干涉产生的干涉条纹在纤芯形成光纤光栅。在实际制作中，光纤直接放置于掩模下，与掩模接近接触。光纤光栅周期为相位掩模板周期的二分之一。利用计算机辅助集成制造系统能够克服紫外光源有限宽度的限制，并且能够灵活控制写入光栅的长度和切趾函数等参数。相位掩模写入方法对紫外激光相干长度无特殊要求，写入速度快，写入过程受外部环境的影响小，因此是最受欢迎的光纤光栅制作方法。

色散补偿啁啾光纤光栅的优点是结构小巧，很容易接入光纤通信系统，然而也存在一些急需克服的缺陷，如带宽过窄、群时延非线性、额外的介入损耗及需要解决制作过程的实用化，如制作过程的可重复性、封装、温度补偿等。

3. 光孤子通信

光孤子是指经过长距离传输而保持形状不变的光脉冲。一束光脉冲包含许多不同的频率成分，频率不同，在介质中的传输速度也不同，因此，光脉冲在光纤中将发生色散，使得脉冲展宽。但当具有高强度的极窄单色光脉冲入射到光纤中时，将产生克尔效应，即介质的折射率随光强而变化，由此导致在光脉冲中产生自相位调制，使脉冲前沿产生的相位变化因其频率降低，脉冲后沿产生的相位变化引起频率升高，于是脉冲前沿比其后沿传播得慢，从而使脉冲变窄。当脉冲具有适当的幅度时，以上两种作用可以正好抵消，则脉冲可以保持波形稳定不变地在光纤中传输，即形成了光孤子。光孤子通信系统具有以下非常诱人的优点。

①容量大，普通光纤通信系统单信道的传输速率为几个 Gbit/s，光孤子通信系统可达 20Gbit/s，甚至超过 100Gbit/s。

②复用简单、造价低廉。

③全光通信，适用于下一代的超高速、大容量的通信系统。

④误码率低，抗干扰能力强。

⑤利用非线性效应平衡色散的同时也克服了非线性效应。

然而光孤子的发展仍受下列因素的限制。

①要求放大器的间距远小于孤子周期（一般色散位移光纤，放大器间距为 25～35km），限制了传输距离。对超高速（＞100Gbit/s）通信系统，由于光孤子的周期较小，需利用分布式光纤放大技术（DEDFA）。

②借采用孤子控告归支术，以解决孤子间的相互作用及 Gordon - Haus 效应，结构较复杂。

③光孤子的产生和传输都需要与目前常规光纤通信系统截然不同的装置和光纤，使得光孤子通信系统的性能价格比较低。

光孤子的控制方案可采用色散补偿技术，即用色散补偿光纤或光纤光栅，使传输系统的色散减小至适合于光孤子传输。现在看来，最终的色散补偿方案将是光孤子通信，其发展前景将是美好的。

另外，为了减小光纤中的偏振模色散，可以采用偏振保持光纤或大有效面积光纤等办法。然而单模光纤由于芯径很小，其有效面积毕竟有限，而偏振保持光纤的制造很困难，造价很高，同时传输损耗增大。如何提高光纤的生产工艺以降低偏振模色散是一亟待解决的问题，目前关于这方面的研究还比较少。

3.4 小结

本章主要讨论了光纤的两大传输特性——损耗和色散特性。

光纤的损耗是用损耗系数来表征的，光纤损耗产生的原因包括吸收、散射和弯曲等。其中有些因素造成的损耗与波长有关，所以光纤有损耗谱。通常把光纤损耗较低的波长称为低损耗窗口，光纤有 3 个低损耗窗口，它们分别是 $0.85\mu m$、$1.31\mu m$ 和 $1.55\mu m$。损耗对单信道光纤通信系统的主要影响是其传播距离受到限制，对多信道光纤通信系统的影响除了传播距离的限制外还有信道数的限制。可以通过降低光纤损耗或者加入中继器的方法来消除损耗对光纤通信系统的影响。

　　光纤的色散主要包括模式色散、材料色散和波导色散。模式色散通常用最大时延差来表示。材料色散和波导色散与波长有关，所以又称为波长色散，通常用色散系数来表示。光脉冲在光纤中传输时，会因为色散的存在而展宽，所以在数字光纤通信系统中会造成码间干扰，从而使系统误码率上升。为了满足误码率的要求，要么降低码速率，要么通过减短中继距离来降低脉冲的展宽程度。当然，最根本的办法是降低或者消除色散。光纤中的色散造成的影响可以通过色散补偿技术来降低或消除。

习　题

　　1. 简述石英系光纤损耗产生的原因，光纤损耗的理论极限值是由什么决定的？

　　2. 当光在一段长为 5km 光纤中传输时，输出端的光功率减小至输入端光功率的一半，求光纤的损耗系数 α。

　　3. 光纤中有哪几种色散？简述它们产生的原因。

　　4. 光纤色散对数字光纤通信系统有何危险？

　　5. 为什么单模光纤中可以出现零色散？

　　6. 已知光纤通信系统光纤损耗为 1dB/km，有 5 个接头，平均每个接头损耗为 0.2dB，光源入纤光功率为 -2dBm，接收机灵敏度为 -50dBm，求最大中继距离为多少？

第4章 平面光波导

平面光波导不仅是几何结构最为简单，其波导模式和辐射模都可以用简单的初等函数来描述，同时也是组成其他复杂结构光波导的基本元件。因此，研究平面光波导的光学特性具有很重要的意义。研究光波导的特性的方法有两种，一种是利用射线光学理论对平面光波导进行分析，其过程简单直观，对某些物理概念能给出直接的物理意义，容易理解和接受，但对于一些结构复杂的光波导，用射线理论描述就比较困难，且给出的光波导特性粗糙近似不完整；另一种方法是利用电磁场理论对光波导进行分析，其求解过程和所得结果复杂，但导模的场分布和模的结构完善。

本章从两个方面出发研究平面光波导的特性。一、以射线理论为基础，研究光在平面波导中的传导模型，引出导模、截止厚度、截止频率等波导理论的基本概念和术语，给出模式传输的独立性和特征方程。二、以波动理论为基础，研究光在平面波导中的场模存在的条件、形式、分类及场模横向的分布形式。

4.1 平面介质波导的光线模型

本节先介绍平面波导的结构，然后利用射线理论给出平面波导模式的几何模型，给出导模在波导中的一些基本概念和理论，最后结合光的相干理论推导出模式的特征方程，并给出求解的结果。

4.1.1 平面介质波导的结构

平面介质波导结构如图 4.1 所示：常规的平面介质波导一般由三种材料组成，从左到右依次为衬底层、薄膜层和包层，其折射率分别为 n_1，n_2，n_3。薄膜层也成为导模层，其厚度通常为微米量级，可与光波长相当；其两侧的衬底层和包层的厚度远大于导波层，故可以看作是无穷大介质。为了实现对光的限值和约束，要求折射率满足 $n_2 > n_1 > n_3$，实际的光波导，包层一般为空气，此时薄膜层和衬底层的折射率的差值一般为 $10^{-1} \sim 10^{-3}$ 范围。如果 $n_1 = n_3$，则该波导为对称平板波导，若 $n_1 \neq n_3$，则

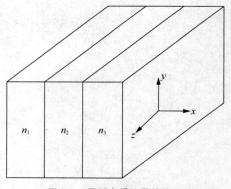

图 4.1 平板介质波导结构图

波导为非对称平板波导。由于光波在薄膜的上下两界面上发生全反射，就使得光波被限值在薄膜层内沿锯齿形路径传播。由图 4.1 可知，光波沿着 z 轴方向传输，y 方向波导的厚度可以看作是无穷大，因此，该波导可以看作只是在 x 方向受约束。由于对称平面波导是

非对称平面介质的特例，下面主要介绍非对称平板波导的光学特性。

4.1.2 平板介质波导模式的几何模型

考虑如图 4.2 所示的非对称平板介质波导结构，薄膜层折射率为 n_2，衬底层折射率为 n_1，包层折射率为 n_3，且 $n_2 > n_1 > n_3$。设薄膜层和衬底层的全反射临界角为 $\theta_s = \arcsin(n_1/n_2)$，薄膜层和包层的全反射临界角为 $\theta_c = \arcsin(n_3/n_2)$，由于 $n_1 > n_3$，根据反三角函数的单调性可知，$\theta_s > \theta_c$。当薄膜中光线与分界面法线 N 的夹角 θ 从 0 增大到 $\pi/2$ 时，将有三种情况出现。

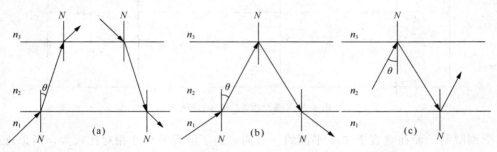

图 4.2 平板介质波导模式的几何模型

①当 $\theta_s > \theta_c > \theta > 0$ 时，从衬底一侧入射的光线按折射定律射入薄膜层后，又通过薄膜层和包层界面折射到包层中，从包层中逸出波导；或者由包层一侧入射的光线折射入薄膜层后，又通过薄膜层和衬底层分界面折射入衬底层，穿过衬底层后逸出波导，如图 4.2（a）所示。光波基本上没有受到什么限制，与其对应的电磁波称为"波导辐射模"或者"辐射模"。

②当 $\theta_s > \theta > \theta_c > 0$ 时，自衬底层入射的光线在衬底和薄膜层的分界面上折射入薄膜层，而在薄膜层和包层的分界面上，由于入射角大于全反射临界角，从而发生全反射，最后通过薄膜层和衬底层的介质分界面折射入衬底层，由衬底层逸出波导，如图 4.2（b）所示。光波在这种情况下，也未受到什么限制，与其对应的电磁波称为"衬底辐射模"，简称"衬底波"。这种膜在薄模层和衬底层中形成驻波，在包层中形成场振幅沿 x 方向呈指数衰减的消逝波。

③当 $\theta > \theta_s > \theta_c > 0$ 时，射入薄膜层的光波在薄膜层与衬底层、薄膜层与包层的分界面均发生全反射，并沿锯齿形路径在薄膜层内传输，如图 4.2（c）所示。光波能量基本限制在薄膜层内沿 z 方向传输，与其对应的电磁波称为"导模"。导模在薄膜层内形成沿 x 方向的驻波，在包层和衬底层形成沿 x 正反方向的振幅呈指数衰减的衰逝波。图 4.3 给出利用电磁场理论得到的辐射模、衬底辐射模、导模这三种模式的电场分量 E_y 在波导中的分布图，使读者对波导中三种模式的场分布有一个直观的印象。图 4.3 中（a）、（b）、（c）分别对应辐射模、衬底辐射模和导模。

4.1.3 平面介质波导导模的特征方程

1. 平面介质波导导模形成条件

图 4.4 是平面介质波导的侧视图和坐标系。假设光波沿着 z 轴方向传播，而在横向 x

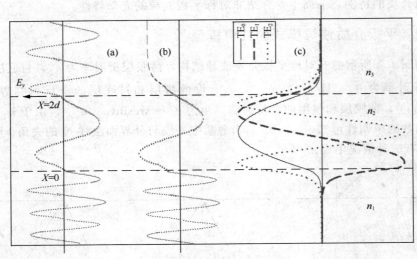

图 4.3　平板介质波导模式的场分布

方向受到限制，而在垂直于 xoz 平面的 y 方向，由于波导的尺寸相对比较大，所以理论上认为平板介质波导的几何结构和折射率分布沿 y 方向是不变的，则可进一步认为光场沿 y 方向也是均匀一致的。假设波导传输的光波为单色平面光，光的角频率为 ω，自由空间的波长为 λ，则图 4.4 中的光线方向为单色光的波法线方向。在薄膜中传导的光线是锯齿型轨迹。

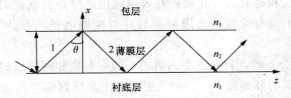

图 4.4　平板介质波导的侧视图

单色平面波在自由空间的波数为

$$k_0 = \frac{\omega}{c} = \frac{2\pi}{\lambda} \tag{4.1}$$

其中，c 为真空中的光速。在薄膜层的平面光波的波矢量值为

$$|k| = n_2 k_0 \tag{4.2}$$

$$\kappa = k_0 n_2 \cos\theta \tag{4.3}$$

$$\beta = k_0 n_2 \sin\theta \tag{4.4}$$

其中，κ 和 β 分别为波矢 k 沿 x 方向和 z 方向的分量。

导模要在波导中传输，则在薄膜-衬底分界面和薄膜-包层分界面必须满足全反射条件：

$$\sin\theta > \sin\theta_s > \frac{n_1}{n_2} \tag{4.5}$$

式（4.5）两边同乘 $k_0 n_2$，有

$$k_0 n_2 \sin > k_0 n_1 \tag{4.6}$$

由于 $\sin\theta \leqslant 1$，式（4.6）可写成

$$k_0 n_2 > k_0 n_2 \sin\theta > k_0 n_1$$

即

$$k_0 n_2 > \beta > k_0 n_1 \tag{4.7}$$

令

$$N = \beta / k_0 = n_2 \sin\theta \tag{4.8}$$

N 为导模在薄膜层的有效折射率，则式（4.8）可表示为

$$n_2 > N > n_1 \tag{4.9}$$

式（4.9）即为用有效折射率表示的导模传输的全反射条件。显然，对导模来说，其有效折射率必须介于薄膜层折射率和衬底层折射率之间。

若光波满足式（4.9）的全反射条件，是否就一定能形成导模呢？答案是否定的。全反射条件是形成导模的必要条件，但并不是充分条件，因为导模可以看作两个平面波的叠加，当这两个平面波到达同一等相位面时，相位必须满足相干加强条件，才能使两波叠加后，使光波维持在波导中传播，形成导模。否则会因为相位条件不同产生相干相消现象，使得光波不能沿波导传播。

2. 平面介质波导导模传播的相位一致条件

如图 4.5 所示，薄膜层厚度为 d。在波导中传输的光不是一条孤立的光线，而是一束平行光线。这一平行光线在上下界面处发生两次全反射的过程，与另一条光线在这期间的光程不同。令光线 1 在上下分界面的 A，B 两点处发生全反射，通过 A，B 两点的等相位面为 AE 和 BD，光线 1 和光线 2 在 A，E 点处等相位面重合，在 B 点处光线 1 经下分界面的全

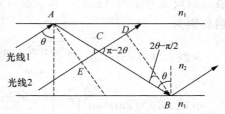

图 4.5　平板介质波导光路图

反射的光线的等相位面和光线 2 在 D 点处的等相位面重合，则两个重合的等相位面之间的几何光程差为

$$
\begin{aligned}
\Delta &= AB - DE = AB - AC\sin\left(2\theta - \frac{\pi}{2}\right) - CB\sin\left(2\theta - \frac{\pi}{2}\right) \\
&= AB - AB\sin\left(2\theta - \frac{\pi}{2}\right) = AB\left[1 - \sin\left(2\theta - \frac{\pi}{2}\right)\right] \\
&= AB\left[1 + \cos(2\theta)\right] \\
&= 2AB\cos^2\theta
\end{aligned}
$$

由图 4.5 中的几何关系可知，$AB = \dfrac{d}{\cos\theta}$，代入光程差 Δ 中可得两束光的几何光程差为

$$\Delta = 2\frac{d}{\cos\theta}\cos^2\theta = 2d\cos\theta$$

相应的相位差为 $\dfrac{2\pi}{\lambda} \cdot 2d\cos\theta$。光线 1 经过薄膜层和上包层介质分界面在 A 点处发生一次全反射，经过薄膜层和下衬底层的介质分界面又发生一次全反射，每次全反射都引入一个相位差，两次全反射引入的相位差分别为 $2\phi_c$ 和 $2\phi_s$，则光线 1 和 2 在等相位面到达 BD

时总的相位差为

$$\Delta\varphi = 2k_0 dn_2\cos\theta - 2\phi_s - 2\phi_c \tag{4.10}$$

根据两束光的相干加强条件，可得光波在波导的薄膜中传播的相位条件

$$2k_0 dn_2\cos\theta - 2\phi_s - 2\phi_c = 2m\pi \tag{4.11}$$

其中，m 为非负整数。由式（4.11）可知，光波要在波导中形成导模，其在薄膜层上、下分界面之间往返一周的相位差必须是 2π 的整数倍，因此式（4.11）也叫导模的特征方程（或相位一致性条件）。由式（4.11）可知以下结论。

①由于 m 取分立的整数，相移 ϕ_s 和 ϕ_c 是角度 θ 的函数，所以锯齿形光线与界面法线的夹角 θ 只能取有限个能导致"导模"图像分立的值。

②对于某一波导而言，因为 $\theta_s < \theta < 90°$，所以平面介质波导所能传输的导模数量是有限的，故 m 取从零开始的有限个正整数。

③平面波导特征方程中的 k_0 与入射光波的波长有关，也就是与入射光波的频率有关，故式（4.11）也可称为平面介质波导的色散方程。

在式（4.11）中，ϕ_s 和 ϕ_c 不仅是角度 θ 的函数，同时也与入射光波的偏振状态有关，由全反射理论可知，若波是从折射率为 n_1 的介质入射到折射率为 n_2($n_1 > n_2$) 的介质，s 波（对应波导中的 TE 波）和 p 波（对应于波动中的 TM 波）由全反射引入的附加相位延迟分别为

$$\text{s 波：} 2\phi = 2\arctan\left(\frac{\sqrt{n_1^2\sin^2\theta - n_2^2}}{n_1\cos\theta}\right)$$

$$\text{p 波：} 2\phi = 2\arctan\left(\left(\frac{n_2}{n_1}\right)^2\frac{\sqrt{n_1^2\sin^2\theta - n_2^2}}{n_1\cos\theta}\right)$$

对于非对称平面介质波导，由于全反射所带来的相位延迟分别为

$$\text{TE 波：} 2\phi_s + 2\phi_c = 2\arctan\left(\frac{\sqrt{n_2^2\sin^2\theta - n_1^2}}{n_2\cos\theta}\right) + 2\arctan\left(\frac{\sqrt{n_2^2\sin\theta - n_3^2}}{n_1\cos\theta}\right)$$

$$\text{TM 波：} 2\phi_s + 2\phi_c = 2\arctan\left(\left(\frac{n_1}{n_2}\right)^2\frac{\sqrt{n_2^2\sin^2\theta - n_1^2}}{n_2\cos\theta}\right) + 2\arctan\left(\left(\frac{n_3}{n_2}\right)^2\frac{\sqrt{n_2^2\sin^2\theta - n_3^2}}{n_2\cos\theta}\right)$$

因此，对 TE 和 TM 模式，式（4.11）变为

$$\text{TE 波：}\quad 2m\pi = 2k_0 dn_2\cos\theta - 2\arctan\left(\frac{\sqrt{n_2^2\sin^2\theta - n_1^2}}{n_2\cos\theta}\right)$$
$$- 2\arctan\left(\frac{\sqrt{n_2^2\sin\theta - n_3^2}}{n_2\cos\theta}\right) \tag{4.12a}$$

$$\text{TM 波：}\quad 2m\pi = 2k_0 dn_f\cos\theta - 2\arctan\left(\left(\frac{n_1}{n_2}\right)^2\frac{\sqrt{n_2^2\sin^2\theta - n_1^2}}{n_2\cos\theta}\right)$$
$$- 2\arctan\left(\left(\frac{n_3}{n_2}\right)^2\frac{\sqrt{n_2^2\sin^2\theta - n_3^2}}{n_2\cos\theta}\right) \tag{4.12b}$$

把有效折射率 $N = n_2\sin\theta$ 代入式（4.12）得

TE 波：$(n_2^2 - N^2)k_0 d = m\pi + \arctan\left(\sqrt{\dfrac{N^2 - n_1^2}{n_2^2 - N^2}}\right) + \arctan\left(\sqrt{\dfrac{N^2 - n_3^2}{n_2^2 - N^2}}\right)$ (4.13a)

TM 波：$\quad (n_2^2 - N^2)k_0 d = m\pi + \arctan\left(\left(\dfrac{n_1}{n_2}\right)^2 \sqrt{\dfrac{N^2 - n_1^2}{n_2^2 - N^2}}\right)$

$$+ \arctan\left(\left(\dfrac{n_3}{n_2}\right)^2 \sqrt{\dfrac{N^2 - n_3^2}{n_2^2 - N^2}}\right)$$

(4.13b)

式（4.11）、式（4.12）和式（4.13）均是传播常数或者有效折射率的超越方程，故求不出解析解，只能利用图解法或者数值法求解。

4.1.4 平面介质波导导模的传输特性和截止条件

为了研究光在波导中的传播特性，就要知道导模的传播常数，则必须根据解本征方程求解不同模式的传播常数，而特征方程是传播常数的超越方程，故分别介绍本征方程的图解方法和数值分析方法。

1. 模式特征方程的图解法

对于平面介质波导，其特征方程由式（4.11）变成为

$$k_0 d n_2 \cos\theta = m\pi + \phi_s + \phi_c \tag{4.14}$$

（1）对称平面介质波导的导模图解

若平面介质波导是对称的，则 $\phi_s = \phi_c$，导模的特征方程变为

$$k_0 d n_2 \cos\theta = m\pi + 2\phi_c \tag{4.15}$$

对 TE 模式，图解式（4.15），先做出式（4.15）左边 $k_0 d n_2 \cos\theta$ 随 θ 的变化曲线，再分别做出式（4.15）右边 $m\pi + 2\phi_c$，两曲线的交点处对应的 θ 即为导模的入射角，进而可以确定导模的传播常数。图 4.6 为图解式（4.15）的各个曲线。其中标注 $\dfrac{2\pi n_2 d}{\lambda}$ 的曲线为式（4.15）左边 $k_0 d n_2 \cos\theta$ 随 θ 的变化曲线，标注 ϕ_c 的曲线是相位延迟 ϕ_c 与入射角 θ 的关系，标注 $m=0$，$m=1$，$m=2$ 的曲线分别为式（4.15）右边各阶模 $2\phi_c$，$\pi + 2\phi_c$，$2\pi + 2\phi_c$ 与入射角 θ 的关系。

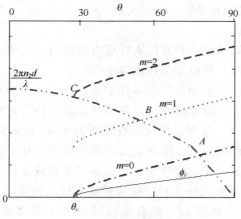

图 4.6　平板介质波导模式的场分布

从图 4.6 中可得以下结论。

①在对称平面介质波导中，只有当曲线 $k_0 d n_2 \cos\theta$ 与曲线 $m=0$，$m=1$，$m=2$ 有交点时，各阶导模才能在平面介质波导中传输。

②交点 A，B，C 所对应的横坐标 θ 分别是对称平面介质波导中基模、一阶模、二阶模的入射角 θ 值。对应不同阶的导模，其入射角度不同，且随着导模阶数 m 的增大，θ 值逐渐减小。对于某一阶导模而言，其特征方程左边的值与对称平面介质波导薄膜层的厚度 d、入射光波的波长 λ、波导薄膜层的介质折射率 n_2 相关。

③当其他条件不变的情况下，将薄膜层厚度 d 变小。曲线 $k_0 d n_2 \cos\theta$ 随薄膜厚度变小而下降，当曲线 $k_0 d n_2 \cos\theta$ 与曲线 $m=2$ 由相交变为不相交时，二阶导模由传输变为截止，此时波导厚度为该波导中二阶导模的截止厚度。

④若其他条件不变，而只使入射光波长 λ 变大。曲线 $k_0 d n_2 \cos\theta$ 随波长的增加而下降，当曲线 $k_0 d n_2 \cos\theta$ 与曲线 $m=2$ 由相交变为不相交时，二阶导模由传输变为截止，此时的波长称为二阶导模的截止波长（或截止频率）。

⑤当薄膜层厚度持续减小或者入射光波长不断增加，曲线 $k_0 d n_2 \cos\theta$ 继续下降，从而导致曲线 $k_0 d n_2 \cos\theta$ 与 $m=1$ 曲线无交点，也就是说，在该导模中一阶导模也将不能传输，此时的波导厚度或者入射光波长即为一阶模的截止厚度和截止波长。各阶导模的截止厚度和截止波长均不相同。

⑥对于基模而言，随着曲线 $k_0 d n_2 \cos\theta$ 进一步下降，其与 $m=0$ 曲线的交点就向左移动，即入射角度变小。然而无论曲线 $k_0 d n_2 \cos\theta$ 如何下降，两条曲线始终都有一个交点，即在对称平面介质波导中，基模不存在截止的情况，基模不存在截止厚度和截止波长。

⑦对于某一平面介质波导，若其薄膜层厚度 d 越大或者光波长越短，模序数 m 的取值就越多，则波导可以承载的导模也就越多。

对 TM 模，图解式（4.15）的方法与 TE 模的方法相同，在此不再赘述。

（2）非对称平面介质波导的导模图解

非对称平板波导特征方程的图解方法与对称平板波导特征方程的图解方法类似。图解结果如图 4.7 所示。其中标注 $\dfrac{2\pi n_2 d}{\lambda}$ 的曲线为式（4.14）左边 $k_0 d n_2 \cos\theta$ 随 θ 的变化曲线，标注 ϕ_c 和 ϕ_s 的曲线是相位延迟 ϕ_c 和 ϕ_s 与入射角 θ 的关系，标注 $m=0$，$m=1$，$m=2$ 的曲线分别为式（4.14）右边各阶模 $2\phi_c$，$\pi+2\phi_c+2\phi_s$，$2\pi+2\phi_c+2\phi_s$ 与入射角 θ 的关系。

从图 4.7 可知以下结论。

①在非对称平面介质波导中，只有代表特征方程左边的曲线与代表特征方程右边的曲线有交点，特征方程才有解，导模才能在波导中传输。

②曲线的交点所对应的横坐标就是非对称平面介质波导各阶导模的入射角 θ 的值。在非对称平面介质波导中的某一阶导模而言，其特征方程的值与对称平面介质波导薄膜层的厚度 d、入射光波的波长 λ、波导薄膜层的介质折射率 n_2 相关。

③曲线 $k_0 d n_2 \cos\theta$ 与曲线 $m=2$ 没有交点，即在该非对称平面介质波导中，二阶导模不存在或者说二阶导模截止了，二阶导模也有截止厚度和截止频率。曲线 $k_0 d n_2 \cos\theta$ 与曲线 $m=0$，$m=1$ 有交点，则此波导支持一阶导模和基模的传播。

④若不改变波导材料折射率 n_2，随着薄膜层厚度 d 的增加或者入射光波长的增大，代表特征方程左边的曲线随着入射角 θ 的关系始终是整体下降，在此过程中，会出现一阶

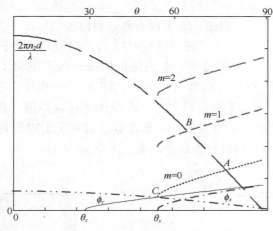

图 4.7 平板介质波导模式的场分布

导模截止的情况，随着曲线的进一步下降，降到如图 4.7 所示的双点划线的情况时，会发现，此式（4.14）两边曲线有交点为 C，再进一步减小薄膜厚度或增大入射光波长，则对于基模而言，代表式（4.14）两边的曲线不再有交点，基模截止，则 C 点为基模能否在波导中传输的临界点，此时所对应的波导厚度或者入射波长为基模在波导中截止的截止厚度或截止波长。

⑤对应各阶导模特征方程右边的曲线均是从入射角为 θ_s 开始才有值，这说明，各阶导模要能在波导中传输，不仅满足特征方程所限定的条件，同时还要满足入射角大于薄膜层和衬底层介质分界面的全反射临界角。

比较图 4.6 和 4.7 可知以下结论。

①无论是对称平面介质波导还是非对称平面介质波，导模要能在波导中传输，则必须满足各自的特征方程。

②无论是对称平面介质波导还是非对称平面介质波，当 $m \geqslant 1$ 时，每阶导模对应的入射角不同，且每阶导模对应着不同的截止厚度和截止频率。

③在对称平面介质波导中，基模无论任何情况都不会截止，即对称平面截止波导永远支持导模传输。而在非对称平面介质波导中，基模可以截止，有着自己的截止厚度和截止波长（或频率），即在非对称平面介质波导中，并不是永远都支持导模的传输。

④无论是对称平面介质波导还是非对称平面介质波，当波导其他条件不变时，增大波导薄膜层厚度或减小入射光波长时，$k_0 d n_2 \cos\theta$ 的值变大，则波导中能传输的导模数就越多。

⑤无论是对称平面介质波导还是非对称平面介质波，各阶导模要能在波导中传输，则必须满足各自的全反射条件。

2. 模式特征方程的数值解法

平面介质波导的模式本征方程除了平面介质波导用图解法求解外，还可以用数值方法求解。根据数值解绘制出平面介质波导色散特性曲线，可以用来讨论平面介质波导中的传播特性，也可以供波导设计和测量使用。图 4.8 是根据数值解画出的有效折射率 N 和对称平面介质波导中的薄膜层厚度 d 的关系曲线。平面介质波导的色散特性曲线（$\beta - \omega$ 关系曲线）如图 4.9 所示。图 4.8 只画出了基模、一阶、二阶共三阶模的有效折射率与波导薄膜层厚度之间的关系曲线，由图 4.8 可以看到，当薄膜层厚度 d 等于截止厚度时，波导中的各阶导模的有效折射率 N 等于衬底层折射率 n_1。当波导的薄膜层厚度 d 增加时，导模的有效折射率单调增大，但都趋于一个上限值即波导薄膜层 n_2，显然，随着有效折射率数的增加，波导所能支撑的导模数也增加了。图 4.9 中画出了三个最低阶模式（$m=0,1,2$）的色散曲线，标出了截止频率处。由图 4.9 可以知道，在截止频率处，传播常数取下限值 $k_0 n_1$，当光频率 ω 增大时，传播常数 β 趋向于上限值 $k_0 n_2$。同样，随着频率 ω 的增大，波导能承载的导模数目也越来越多。图中 ω_{c0}，ω_{c1}，ω_{c2} 分别为 $m=0,1,2$ 三个导模的截止频率。

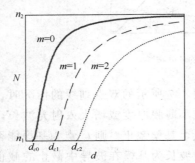

图 4.8 平面波导中导模有效折射率与
薄膜层厚度的关系

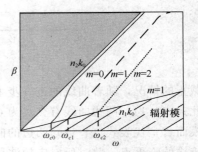

图 4.9 平板波导导模的传播常数与
光波频率的关系

【例 4.1】 假设一平板介质波导由一玻璃基板上沉淀 $1.5\mu m$ 厚的 ZnS 薄膜构成。若入射光波为波长是 $1064\mu m$ 时，此时平板介质波导的结构参数分别为 $n_1=1.5040$，$n_2=2.2899$，$n_3=1.000$，求此时波导所能支持传输的各阶 TE 模的传播常数 β，有效折射率 N 和入射角 θ。

解： 方法一：数值求解法

（1）确定特征方程

由于衬底折射率不等于包层折射率 $n_1 \neq n_3$，所以波导是非对称平面介质波导。TE 模特征方程为

$$(n_2^2 - N^2)k_0 d = m\pi + \arctan\left(\sqrt{\frac{N^2 - n_1^2}{n_2^2 - N^2}}\right) + \arctan\left(\sqrt{\frac{N^2 - n_3^2}{n_2^2 - N^2}}\right)$$

（2）确定数值求解导模的有效折射率

采用 MATLAB 中的 fzero（）命令求解特征方程。

（3）确定导模的传播常数和入射角

由有效折射率和传播常数、入射角的关系

$$N = \beta/k_0 = n_2 \sin\theta$$

根据第（2）步的结果，可求出每个模式的传播常数和入射角。

（4）程序代码如下：

```
clear all   close all   n1=1.5040；n2=2.2899；n3=1；ls=1.06e-6；k=2*pi/ls
N=linspace(n1,n2,100)；d=1.5e-6；
```

F＝@(N)(d＊(sqrt(n2^2－N.^2).＊k)－0＊pi－atan(sqrt((N.^2－n1^2)./(n2^2－N.^2)))－atan(sqrt((N.^2－n3^2)./(n2^2－N.^2))))

x(1)＝fzero(F,2.2)

F＝@(N)(d＊(sqrt(n2^2－N.^2).＊k)－1＊pi－atan(sqrt((N.^2－n1^2)./(n2^2－N.^2)))－atan(sqrt((N.^2－n3^2)./(n2^2－N.^2))))

x(2)＝fzero(F,2.2)

F＝@(N)(d＊(sqrt(n2^2－N.^2).＊k)－2＊pi－atan(sqrt((N.^2－n1^2)./(n2^2－N.^2)))－atan(sqrt((N.^2－n3^2)./(n2^2－N.^2))))

x(3)＝fzero(F,2.2)

F＝@(N)(d＊(sqrt(n2^2－N.^2).＊k)－3＊pi－atan(sqrt((N.^2－n1^2)./(n2^2－N.^2)))－atan(sqrt((N.^2－n3^2)./(n2^2－N.^2))))

x(4)＝fzero(F,2.1)

F＝@(N)(d＊(sqrt(n2^2－N.^2).＊k)－4＊pi－atan(sqrt((N.^2－n1^2)./(n2^2－N.^2)))－atan(sqrt((N.^2－n3^2)./(n2^2－N.^2))))

x(5)＝fzero(F,1.9)

beta＝x.＊ktheta＝asin(x./n2)＊180/pi

（5）数值求解结果

数值求解结果见表 4.1，表中列出了波导中可以传输的 5 个 TE 传输参数。

表 4.1　图解法求解波导 TE 导模所得到的数据

导模的序数	N	$\beta(\times 10^7)$	$\theta(°)$
0	2.2683	1.3395	82.1324
1	2.2018	1.3008	74.1447
2	2.0904	1.2344	65.9056
3	1.9263	1.1375	57.2690
4	1.7055	1.0071	48.1410

方法二：图解法

按照题中所给参数，得到图解结果如图 4.10 所示。从图 4.10 可得以下结论。

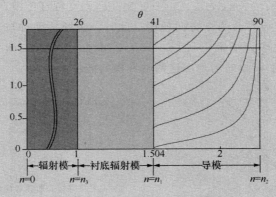

图 4.10　平板波导导模的色散特性曲线

① 当薄膜厚度为 $d＝1.5\mu m$ 时，沿着这个厚度做水平线，此时的水平线与模式曲线有

5 个交点，分别对应着 $m=0$，1，2，3，4 五阶导模。每个交点所对应的横坐标表明了该阶导模传输时的有效折射率 N 和入射角 θ。从图中可以看出，基模的有效折射率和入射角是最大的，随着导模阶数的增大，导模的有效折射率和入射角逐渐减小。

②随着薄膜层厚度的增加，水平曲线向上移动，可以与之相交导模曲线变多，则说明随着薄膜厚度的增加，波导能支持传输的导模数目增加。

③所有的模式曲线左边都起于 $N=n_1$，右边终于 $N=n_2$，所以模式曲线左边所对应的薄膜厚度是该模式能在波导中传输时的最小厚度，即截止厚度。

④在 $N=n_1$ 处，入射角 $\theta=\arcsin(n_1/n_2)=\theta_s$，这是薄膜层和衬底层分界面的全反射临界角，当入射角小于此角度时，全反射不再发生，则波导对光波模式的限制传输作用不复存在，所有的导模均截止。

用图解法求得的结果与数值解法求解结果一致。

4.2 平面介质波导的电磁理论——波动方程

4.2.1 平面介质波导中导模的电磁场的结构

平面介质波导的理论处理可以采用简单直观的光线光学模型，但是这种光线理论并不完善。首先，它无法给出导模的模场分布，波导所携带的功率等概念；其次，为解释波导中光波的传播特性，还必须引入相位和相干等波动光学的概念。而模场分布等知识对于光波导和光波导器件等方面的研究又是必备知识，所以下面就将从光的电磁理论出发，结合介质的边界条件，求解平面介质波导各类模式的场分布、特征方程等问题。平面介质波导的坐标系如图 4.11 所示：设波导轴与 z 轴重合。光波导只在 x 方向对光进行限制，则光场在 y 方向是均匀的，即 $\dfrac{\partial}{\partial y}=0$，求解此情况下的麦克斯韦方程组，即可得到波导的导模形式。对于最基本的三层平面介质波导，其所能承载的基本导模形式有两种，一种称为 TE 模，另一种称为 TM 模。两种模式用电场和磁场的偏振方式定义比较直观。选择电场只沿平行于波导界面的 y 方向偏振，此时，电场垂直与光的传播方向 z，是横向的，因而把这种模式称为横电模（Transverse Electric Mode），又称 TE 模，如图 4.12 （a）所示。选择磁场只沿平行于波导界面的 y 方向偏振，此时，磁场是垂直与光的传播方向 z，是横向的，因而把这种模式称为横磁模（Transverse Magnetic Mode），又称为 TM 模，如图 4.12 （b）所示。波导中实际的场是由这两种导模的线性叠加。

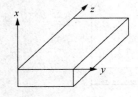

图 4.11　平板介质波导坐标图

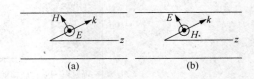

图 4.12　平板介质波导横电模和横磁模的模式示意图

由于波导是不导电的，波导内没有自由电荷，每个介质层的都是均匀的各向同性非铁磁性

介质，所以麦克斯韦方程组可写为

$$\nabla \times \boldsymbol{E} = -\frac{\partial \boldsymbol{B}}{\partial t}$$

$$\nabla \times \boldsymbol{H} = \frac{\partial \boldsymbol{D}}{\partial t} \tag{4.16}$$

$$\nabla \cdot \boldsymbol{D} = 0$$

$$\nabla \cdot \boldsymbol{B} = 0$$

物质方程可写为

$$\boldsymbol{D} = \varepsilon \boldsymbol{E} \tag{4.17}$$

$$\boldsymbol{B} = \mu_0 \boldsymbol{H}$$

入射到波导中光波为简谐波，随时间的变化因子 $e^{j\omega t}$，因此

$$\boldsymbol{E}(x, y, z, t) = \boldsymbol{E}(x, y, z)e^{j\omega t}$$

$$\boldsymbol{H}(x, y, z, t) = \boldsymbol{H}(x, y, z)e^{j\omega t}$$

并代入式 (4.16) 中，得

$$\nabla \times \boldsymbol{E} = -j\omega \mu_0 H \tag{4.18}$$

$$\nabla \times \boldsymbol{H} = j\omega \varepsilon E$$

由式 (4.18) 的第一式可得

$$\begin{vmatrix} \boldsymbol{i}_x & \boldsymbol{i}_y & \boldsymbol{i}_z \\ \dfrac{\partial}{\partial x} & \dfrac{\partial}{\partial y} & \dfrac{\partial}{\partial z} \\ E_x & E_y & E_z \end{vmatrix} = -j\omega \mu_0 (H_x \boldsymbol{i}_x + H_y \boldsymbol{i}_y + H_z \boldsymbol{i}_z)$$

即

$$\left(\frac{\partial E_z}{\partial y} - \frac{\partial E_y}{\partial z}\right)\boldsymbol{i}_x + \left(\frac{\partial E_x}{\partial z} - \frac{\partial E_z}{\partial x}\right)\boldsymbol{i}_y + \left(\frac{\partial E_y}{\partial x} - \frac{\partial E_x}{\partial y}\right)\boldsymbol{i}_z = -j\omega\mu_0 (H_x \boldsymbol{i}_x + H_y \boldsymbol{i}_y + H_z \boldsymbol{i}_z)$$

两边对应项相等，得

$$\frac{\partial E_z}{\partial y} - \frac{\partial E_y}{\partial z} = -j\omega \mu_0 H_x$$

$$\frac{\partial E_x}{\partial z} - \frac{\partial E_z}{\partial x} = -j\omega \mu_0 H_y \tag{4.19}$$

$$\frac{\partial E_y}{\partial x} - \frac{\partial E_x}{\partial y} = -j\omega \mu_0 H_z$$

同理，由式 (4.18) 第二式可得

$$\frac{\partial H_z}{\partial y} - \frac{\partial H_y}{\partial z} = j\omega \varepsilon E_x$$

$$\frac{\partial H_x}{\partial z} - \frac{\partial H_z}{\partial x} = j\omega \varepsilon E_y \tag{4.20}$$

$$\frac{\partial H_y}{\partial x} - \frac{\partial H_x}{\partial y} = j\omega \varepsilon E_z$$

1. 电磁场的结构和边界条件

对于 TE 模，选择电场 $\boldsymbol{E}$ 只有 y 分量 $E_y(x, z, t)$，且所有场量沿传播方向 z 只有

相位变化，没有损耗，随 z 变化的因子为 $e^{-j\beta z}$ ，这样，TE 模的电场分量可写为

$$E_x(x, z, t) = 0$$
$$E_y(x, z, t) = E_y(x)\exp[j(\omega t - \beta z)] \tag{4.21}$$
$$E_z(x, z, t) = 0$$

式中 $E_y(x)$ 为 $E_y(x, z, t)$ 的振幅，亦即沿 x 方向的横向场的分布函数。TE 模的磁场分量可写为

$$H_x(x, z, t) = H_x(x)\exp[j(\omega t - \beta z)]$$
$$H_y(x, z, t) = H_y(x)\exp[j(\omega t - \beta z)] \tag{4.22}$$
$$H_z(x, z, t) = H_z(x)\exp[j(\omega t - \beta z)]$$

由于电场的 x 方向和 z 方向上的分量为零，则式（4.19）化简为

$$-\frac{\partial E_y}{\partial z} = -j\omega\mu_0 H_x$$
$$0 = j\omega\mu_0 H_y$$
$$\frac{\partial E_y}{\partial x} = -j\omega\mu_0 H_z \tag{4.23}$$

利用 $\frac{\partial}{\partial t} = j\omega$ ， $\frac{\partial}{\partial z} = -j\beta$ ，由式（4.23）可得

$$H_x(x) = -\frac{\beta}{\omega\mu_0}E_y(x)$$
$$H_y(x) = 0 \tag{4.24}$$
$$H_z(x) = \frac{j}{\omega\mu_0}\frac{\partial E_y}{\partial x}$$

由式（4.21）和式（4.24）可知，TE 模电磁场的 6 个分量中有 3 个分量为零，另外 3 个分量不为零，即 $E_x = 0$ ， $E_z = 0$ ， $H_y = 0$ ， $E_z \neq 0$ ， $H_x \neq 0$ ， $H_z \neq 0$ 。从式（4.24）可知， H_x ， H_z 由电场 E_y 所决定。因此，对于 TE 模只要求出 E_y 的表达式， H_x ， H_z 可通过式（4.24）求出。

对式（4.23）中的第三个公式再求一次偏导得

$$\frac{\partial^2 E_y}{\partial x^2} = -j\omega\mu_0\frac{\partial H_z}{\partial x} \tag{4.25}$$

由式（4.20）的第二式可知：

$$\frac{\partial H_x}{\partial z} - \frac{\partial H_z}{\partial x} = j\omega\mu_0 E_y \Rightarrow \frac{\partial H_z}{\partial x} = \frac{\partial H_x}{\partial z} - j\omega\mu_0 E_y \tag{4.26}$$

将式（4.26）带入式（4.25）得

$$\frac{\partial^2 E_y}{\partial x^2} = -j\omega\mu_0\frac{\partial H_z}{\partial x} = -j\omega\mu_0\left(\frac{\partial H_x}{\partial z} - j\omega\varepsilon E_y\right) = \omega^2\mu_0\varepsilon E_y - j\omega\mu_0\frac{\partial H_x}{\partial z} \tag{4.27}$$

将式（4.19）第一式带入式（4.27）得

$$\frac{\partial^2 E_y}{\partial x^2} = (\beta^2 - \omega^2\mu_0\varepsilon)E_y \tag{4.28}$$

式（4.28）是 TE 波在平面介质波导中传波电场所满足的波动方程，求解该方程就可得到 E_y ，从而可以得电磁场的其他分量。

在求解式（4.28）时，由于波导是由三层不同介质组成，所以为了求得 E_y 的具体表达式，就必须用到边界条件。

在波导介质分界面处，电场和磁场的切向分量都是连续的，y 方向和 z 方向都是介质分界面的切向，因此，$E_y(x)$，$H_z(x)$ 在介质分界面处都是连续的。由于 $H_z(x)=\dfrac{\mathrm{j}}{\omega\mu_0}\dfrac{\partial E_y}{\partial x}$，且 $H_z(x)$ 连续，则 $\dfrac{\partial E_y}{\partial x}$ 也连续。令第 i 层与第 j 层介质在 $x=a$ 处有一分界面，则 TE 模在 $x=a$ 的边界条件可写为

$$E_y^i(a)=E_y^J(a), \qquad \frac{\partial E_y^i(a)}{\partial x}=\frac{\partial E_y^j(a)}{\partial x} \tag{4.29}$$

2. 横磁模 TM 的电磁场结构和边界条件

对 TM 模，选择磁场 $\boldsymbol{H}$ 只有 y 分量 $H_y(x,z,t)$，且所有场量沿传播方向 z 只有相位变化，没有损耗，随 z 变化的因子为 $\mathrm{e}^{-\mathrm{j}\beta z}$，于是，TM 模的磁场分量可写为

$$H_x(x,z,t)=0$$
$$H_y(x,z,t)=H_y(x)\exp[\mathrm{j}(\omega t-\beta z)] \tag{4.30}$$
$$H_z(x,z,t)=0$$

式中 $H_y(x)$ 为 $\boldsymbol{H}(x,z,t)$ 的振幅，亦即沿 x 方向的横向场分布函数。TM 模的电场分布可写为

$$E_x(x,z,t)=E_x(x)\exp[\mathrm{j}(\omega t-\beta z)]$$
$$E_y(x,z,t)=E_y(x)\exp[\mathrm{j}(\omega t-\beta z)] \tag{4.31}$$
$$E_z(x,z,t)=E_z(x)\exp[\mathrm{j}(\omega t-\beta z)]$$

把式（4.30），式（4.31）分别代入式（4.20）得

$$-\frac{\partial H_y}{\partial z}=-\mathrm{j}\omega\varepsilon E_x$$
$$0=-\mathrm{j}\omega\varepsilon E_y \tag{4.32}$$
$$\frac{\partial H_y}{\partial x}=\mathrm{j}\omega\varepsilon E_z$$

利用 $\dfrac{\partial}{\partial t}=\mathrm{j}\omega$，$\dfrac{\partial}{\partial z}=-\mathrm{j}\beta$，由式（4.32）可得到

$$E_x(x)=-\frac{\beta}{\omega\mu_0}H_y(x)$$
$$E_y(x)=0 \tag{4.33}$$
$$E_z(x)=\frac{\mathrm{j}}{\omega\mu_0}\frac{\partial H_y}{\partial x}$$

由式（4.30）和式（4.33）可知，TM 模电磁场的 6 个分量中有 3 个分量为零，另外 3 个分量不为零，即 $H_x=0$，$H_z=0$，$E_y=0$，$H_z\neq0$，$E_x\neq0$，$E_z\neq0$。由式（4.33）可知，E_x，E_z 由磁场 H_y 所决定。因此，对于 TM 模我们只要求出 H_y 的表达式，E_x，E_z 的表达式可通过式（4.33）求出。

对式（4.32）中第三式求偏导，同时和式（4.19）的第二式联立，就可得到横磁模的磁场在波导中传播时磁场的横向分量必须满足的波动方程：

$$\frac{\partial^2 H_y}{\partial x^2} = (\beta^2 - \omega^2 \mu_0 \varepsilon) H_y \tag{4.34}$$

求解式（4.34）可得到 $H_y(x)$，从而求出电磁场的其他分量。同样在求解波导方程的具体表达形式时，也要用到介质分界面上的边界条件。

在波导介质分界面处，电场和磁场的切向分量都是连续的，y 方向和 z 方向都是分界面的切向，因此，$E_z(x)$，$H_y(x)$ 在介质分界面处都是连续的。由于 $E_z(x) = \frac{j}{\omega \mu_0} \frac{\partial H_y}{\partial x}$，且 $E_z(x)$ 连续，则 $\frac{\partial H_y}{\partial x}$ 也连续。令第 i 层与第 j 介质在 $x = a$ 处有一分界面，则 TM 模在 $x = a$ 的边界条件可写为

$$H_y^i(a) = H_y^j(a), \quad \frac{\partial H_y^i(a)}{\partial x} = \frac{\partial H_y^j(a)}{\partial x} \tag{4.35}$$

4.2.2 场分布及特征方程

有了前面导模的波动方程和电场、磁场分布之间的关系，以及介质分界面电磁场的边界条件，在不同情况下，可以得到不同平面介质波导中导模的场分布及在波导中的传播特性。下面我们就针对常见的两种波导进行分析研究。

1. 对称平面介质波导中导模的场分布和特征方程

最简单的平面介质波导就是三层对称平板波导，研究导模在其中的传播特性，有助于更好地理解波导的一些基本概念和性质。所谓三层对称平面介质波导，是由两种材料组成的三层波导，薄膜层是一种材料，薄膜层两边的包层是另外一种材料，如图 4.13 所示。

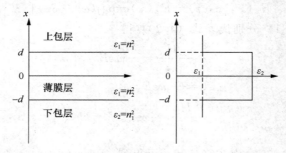

图 4.13 对称三层平面介质波导的横截面图及相对介电常数分布

（1）对称平面介质波导的 TE 导模

图 4.14 中，薄膜层厚度为 $2d$，薄膜层与包层的相对介电常数分别为 ε_1，ε_2，并令 $\varepsilon_1 < \varepsilon_2$，波导的相对介电常数可表示为

$$\varepsilon(x) = \begin{cases} \varepsilon_1 & (\infty < x < -d) \\ \varepsilon_2 & (-d < x < d) \\ \varepsilon_1 & (\infty < x < -d) \end{cases} \tag{4.36}$$

因此，波导中的 TE 模的电场分量 $E_y(x)$ 满足的波动方程（4.28）变为

$$\frac{d^2 E_y(x)}{dx^2} + [k_0^2 \varepsilon(x) - \beta^2] E_y(x) = 0 \tag{4.37}$$

从式（4.36）可以看出，$\varepsilon(x) = \varepsilon(-x)$，相对介电常数的对称性决定了场分布的对称性。

如果 $E_y(x)$ 是式（4.37）的解，则 $\pm E_y(-x)$ 也是式（4.37）的解。若式（4.37）的解为 $E_y(x) = E_y(-x)$，是对称函数，则导模称为对称模；若式（4.37）的解为 $E_y(x) = -E_y(-x)$，是反对称函数，则导模称为反对称模。

①对称 TE 模。

对于图 4.13 所示的对称平面介质波导，波动方程为

$$\begin{cases} \dfrac{\mathrm{d}^2 E_y(x)}{\mathrm{d}x^2} + [k_0^2 n_2^2 - \beta^2] E_y(x) = 0 & |x| \leqslant d \\ \dfrac{\mathrm{d}^2 E_y(x)}{\mathrm{d}x^2} + [k_0^2 n_1^2 - \beta^2] E_y(x) = 0 & |x| > d \end{cases} \tag{4.38}$$

令 $h^2 = k_0^2 n_2^2 - \beta^2$，$p^2 = \beta^2 - k_0^2 n_1^2$，$h$ 和 p 称为横向传播常数， $\tag{4.39}$

将式（4.39）代入式（4.38）得

$$\begin{cases} \dfrac{\mathrm{d}^2 E_y(x)}{\mathrm{d}x^2} + h^2 E_y(x) = 0 & |x| \leqslant d \\ \dfrac{\mathrm{d}^2 E_y(x)}{\mathrm{d}x^2} - p^2 E_y(x) = 0 & |x| \geqslant d \end{cases} \tag{4.40}$$

方程（4.40）的解为

$$\begin{cases} E_y(x) = A\cos(hx)\exp[\mathrm{j}(\omega t - \beta z)] & |x| \leqslant d \\ E_y(x) = B\exp[-[p(|x|-d)]]\exp[\mathrm{j}(\omega t - \beta z)] & |x| \geqslant d \end{cases} \tag{4.41}$$

由式（4.24）可得 TE 模的磁场分量在空间的分布：

$$\begin{cases} H_z(x) = \dfrac{\mathrm{j}hA}{\omega\mu_0}\sin(hx)\exp[\mathrm{j}(\omega t - \beta z)] & |x| \leqslant d \\ H_z(x) = \mp \dfrac{\mathrm{j}pB}{\omega\mu_0}\exp[-[p(|x|-d)]]\exp[\mathrm{j}(\omega t - \beta z)] & |x| \geqslant d \end{cases} \tag{4.42}$$

其中，A，B 为待定系数，（－）号用于 $x \geqslant d$，（＋）号用于 $x \leqslant d$。

为了求出待定系数 A，B，必须要用到平面介质波导介质分界面的边界条件，即场的切向分量 E_y 和 H_z 在分界面上是连续的。根据式（4.41）和式（4.42），在 $x = \pm d$ 处，利用边界条件可得

$$\begin{aligned} A\cos(hd) &= B \\ hA\sin(hd) &= pB \end{aligned} \tag{4.43}$$

从式（4.43）可知，导模要存在，则待定系数 A，B 要有非零解，而待定系数 A，B 要有非零解，则式（4.43）的系数行列式就必须为零，即

$$\begin{vmatrix} \cos(hd) & -1 \\ h\sin(hd) & -p \end{vmatrix} = 0$$

从而有

$$pd = hd \cdot \tan(hd) \tag{4.44}$$

式（4.44）称为 TE 模的特征方程，且 p 和 h 满足式（4.39），

$$u^2 = (pd)^2 + (hd)^2 = (n_2^2 - n_1^2)k_0^2 d^2 \text{。} \tag{4.45}$$

求解式（4.44）和式（4.45）即可得 p 和 h，式（4.44）仍然是超越方程，所以无法求其解析解，因此通常采用图解法求解。在 pd 和 hd 平面上寻找圆弧 $u^2 = (pd)^2 + (hd)^2 = (n_2^2 - n_1^2)k_0^2 d^2$ 和曲线 $pd = hd \cdot \tan(hd)$ 的交点，每一个 $p > 0$ 的交点相应于一个导模。

一旦求得 p 和 h，就可求得传播常数 β。

②反对称 TE 模。

对于如图 4.13 所示的对称平面介质波导，其反对称 TE 模的波动方程的解为

$$\begin{cases} E_y(x) = A\sin(hx)\exp[j(\omega - \beta z)] & |x| \leqslant d \\ E_y(x) = B\exp[-[p(|x|-d)]\exp[j(\omega - \beta z)] & |x| \geqslant d \end{cases} \quad (4.46)$$

以及

$$\begin{cases} H_z(x) = \dfrac{jhA}{\omega\mu_0}\cos(hx)\exp[j(\omega - \beta z)] & |x| \leqslant d \\ H_z(x) = \mp \dfrac{jpB}{\omega\mu}\exp[-[p(|x|-d)]\exp[j(\omega - \beta z)] & |x| \geqslant d \end{cases} \quad (4.47)$$

其中，A，B 为待定系数，为了求解待定系数 A，B，则必须用到介质分界面电磁场的边界条件，即电场的切向分量 E_y 和磁场的切向分量 H_z 在 $x = \pm d$ 处连续，则可得到方程组

$$\begin{aligned} A\sin(hd) &= B \\ hA\cos(hd) &= pB \end{aligned} \quad (4.48)$$

同样要待定系数 A，B 有非零解，式（4.48）中系数行列式必须为零，从得到反对称 TE 导模的特征方程 $pd = -hd \cdot \cot(hd)$。同时 h 和 p 必须满足 $u^2 = (pd)^2 + (hd)^2 = (n_2^2 - n_1^2)k_0^2 d^2$，而这两个方程联立仍然是超越方程，很难求出 p 和 d 的解析解，所以一般也是用图解法求解。

③对称平面介质波导中 TE 模的特性。

把平面介质波导中对称与反对称 TE 模的特征方程和归一化常数同时在 pd 和 hd 平面内画在同一张图上，如图 4.14 所示。

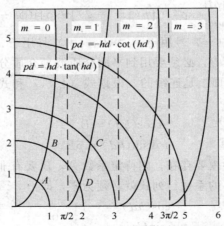

图 4.14 对称平板介质波导 TE 模的图解

图 4.14 给出了对称平面介质波导的几组 $pd = hd \cdot \tan(hd)$，$pd = -hd \cdot \cot(hd)$ 和 $u^2 = (pd)^2 + (hd)^2 = (n_2^2 - n_1^2)k_0^2 d^2$ 的关系曲线。通过 TE 模的图解分析法，可以得到 TE 模的有关特性。

图 4.14 表明，对于给定的对称平面介质波导，随着入射光频率 ω 从零逐渐增大时，由 $k_0 = \omega/c$ 的关系，这就意味着增大入射光频率，也就是增大了圆弧 $u^2 = (pd)^2 + (hd)^2 = (n_2^2 - n_1^2)k_0^2 d^2$ 的半径。随着圆弧半径的增大，由图 4.14 可知，当 $0 < (n_2^2 - n_1^2)k_0^2 d^2 <$

$\frac{\pi}{2}$ 时，圆弧 $u^2=(pd)^2+(hd)^2=(n_2^2-n_1^2)k_0^2d^2$ 和特征方程 $pd=hd\cdot\tan(hd)$ 有一个交点，即 A 点，与之相应的模式称为 TE_0 模，其横向传播常数 h 的值位于 $0<hd<\frac{\pi}{2}$ 范围内，此时，由对称 TE 模电场分布表达式可知，在对称平面介质波导的内部 $|x|\leqslant d$ 内的场量 E_y 不通过零点。

当 $\frac{\pi}{2}<(n_2^2-n_1^2)k_0^2d^2<\pi$ 时，圆弧 $u^2=(pd)^2+(hd)^2=(n_2^2-n_1^2)k_0^2d^2$ 与特征方程 $pd=hd\cdot\tan(hd)$ 和 $pd=-hd\cdot\cot(hd)$ 两支曲线相交，即图示的两个交点 B 和 D 点，因此，此时对称平面介质波导中除了有与 B 点相对应的对称 TE_0 模式外，还有与 D 点对应的反对称 TE_1（$m=1$）模。对于反对称 TE_1 模，其横向传播常数 h 的值位于 $\frac{\pi}{2}<hd<\pi$ 范围内，此时，由反对称 TE 模电场分布表达式 $E_y(x)=A\sin(hx)\exp[\mathrm{j}(\omega t-\beta z)]$，$|x|\leqslant d$ 可知，在对称平面介质波导的内部 $x=0$ 处的场量 $E_y=0$。因而，TE_1 模的电场分量在 $|x|\leqslant d$ 内部有一个零点。在此条件下，波导支持两个 TE 模传播。

当 $\pi<(n_2^2-n_1^2)k_0^2d^2<\frac{3}{2}\pi$ 时，圆弧 $u^2=(pd)^2+(hd)^2=(n_2^2-n_1^2)k_0^2d^2$ 与特征方程 $pd=hd\cdot\tan(hd)$ 有两个交点，第一交点的 h 值满足 $hd<\frac{\pi}{2}$，相应于 TE_0 模，第二个交点满足 $\pi<hd<\frac{3\pi}{2}$，它使电场 $E_y(x)=A\cos(hx)\exp[\mathrm{j}(\omega-\beta z)]$ 在 $|x|\leqslant d$ 范围内两次通过零点，此模式称为 TE_2（$m=2$）模，因而，TE_2 模的电场分量在 $|x|\leqslant d$ 内部有两个零点。圆弧 $u^2=(pd)^2+(hd)^2=(n_2^2-n_1^2)k_0^2d^2$ 和反对称 TE 模的特征方程 $pd=-hd\cdot\cot(hd)$ 有一个相交，对应于 TE_1 模，此模式在对称平面介质波导的内部 $x=0$ 处的场量 $E_y=0$。因而，TE_1 模的电场分量在 $|x|\leqslant d$ 内部有一个零点。所以，当 h 的值在满足在 $\pi<hd<\frac{3\pi}{2}$ 范围内，对称平面介质波导中可以支撑三个模式传播，该模式分别为 TE_0，TE_1，TE_2 模。以此类推，可推广到第 m 个模，并且其横向传播常数 h_m 满足关系：

$$m\frac{\pi}{2}<h_md<(m+1)\frac{\pi}{2} \tag{4.49}$$

由式（4.49）可知，在 $|x|\leqslant d$ 区域内，电场 E_y 可以有 m 次通过零点，规定 $m=0$，2，4，… 的 TE 模为对称模，$m=1$，3，5，… 的模式为反对称模。上式中，$m=0$，1，2，3，4，… 的模式正整数。波导可支撑 $m+1$ 个模式传播，当在此取值范围内，波导总共可以支撑 $m+1$ 个模式。

图 4.14 也表明，对于对称平面介质波导的基模 TE_0，无论归一化的传播常数 u 在什么范围内，它始终都存在。而 $u=\sqrt{n_2^2-n_1^2}k_0d$，即 u 是波矢量 $k_0=\frac{2\pi}{\lambda}=\frac{\omega}{c}$、波导薄膜层厚度 d 的函数。所以对于 TE_0 模，波导薄膜厚度可以取任意值，入射光频率可以取任意值，即对于对称平面介质波导而言，其 TE_0 模没有截止频率和介质厚度的问题。而对于其他各阶模模式，无论是对称模式还是反对称模式，当波导的材料给定，入射光波长给定，则一定存在某一个最小的波导薄膜厚度 d，使得该阶导模能在波导中传播。此薄膜厚度称

为导模的截止厚度，即要各阶导模能在波导中传播，则导模厚度必须大于各阶导模的截止厚度，且导模阶数越高，其截止的厚度越大。当波导结构给定时，对于每一阶导模，都存在一个最小的光波频率，使得该阶导模能在波导中传播，此最小光波频率就成为该阶导模的截止频率，即各阶导模要在波导中传播，则光波频率一定要大于各阶导模所对应的截止频率，且导模阶数越高，其导模的截止频率就越大。

（2）对称平面介质波导的 TM 模

对于对称平面介质波导，其结构和介电常数的分布仍然如图 4.13 所示，此时对于 TM 模，TM 是横向磁波，$H_z = 0$，因而 H_x 和 E_y 也为零，此时，TM 导模电磁场的 6 个分量实际上只存在 H_y，E_x 和 E_z 3 个分量，这 3 个分量之间的关系由 $E_x(x) = -\dfrac{\beta}{\omega \mu_0} H_y(x)$，$E_z(x) = \dfrac{j}{\omega \mu_0} \dfrac{\partial H_y}{\partial x}$ 决定。场量 H_y 满足波动方程

$$\begin{cases} \dfrac{\partial^2 H_y}{\partial x^2} + (k_0^2 n_2^2 - \beta^2) H_y = 0 & |x| \leqslant d \\[2mm] \dfrac{\partial^2 H_y}{\partial x^2} + (k_0^2 n_1^2 - \beta^2) H_y = 0 & |x| \geqslant d \end{cases} \tag{4.50}$$

类似于对 TE 模的处理方式，可得如下结果。

对于对称的 TM 模，有

$$\begin{cases} H_y = C\cos(hx)\exp[-j(\omega t - \beta z)] \\[2mm] E_x = -\dfrac{j\beta}{\omega \varepsilon_2} H_y \\[2mm] E_z = \dfrac{jh}{\omega \varepsilon_2} \tan(hx) H_y \end{cases} \qquad |x| \leqslant d \tag{4.51}$$

$$\begin{cases} H_y = C\cos(hx)\exp[-p(|x|-d)]\exp[-j(\omega t - \beta z)] \\[2mm] E_x = -\dfrac{j\beta}{\omega \varepsilon_1} H_y \\[2mm] E_z = \dfrac{jp}{\omega \varepsilon_1} \dfrac{|x|}{x} H_y \end{cases} \qquad |x| \geqslant d \tag{4.52}$$

对于反对称 TM 模，有

$$\begin{cases} H_y = D\sin(hx)\exp[-j(\omega t - \beta z)] \\[2mm] E_x = -\dfrac{j\beta}{\omega \varepsilon_2} H_y \\[2mm] E_z = \dfrac{jh}{\omega \varepsilon_2} \cot(hx) H_y \end{cases} \qquad |x| \leqslant d \tag{4.53}$$

$$\begin{cases} H_y = D\sin(hx)\exp[-p(|x|-d)]\exp[-j(\omega t - \beta z)] \\[2mm] E_x = -\dfrac{j\beta}{\omega \varepsilon_1} H_y \\[2mm] E_z = \dfrac{jp}{\omega \varepsilon_1} \dfrac{|x|}{x} H_y \end{cases} \qquad |x| \geqslant d \tag{4.54}$$

其中，C 和 D 为积分常数。同样通过介质分界面的电磁场的边界条件求解积分常数，可得到 TM 导模的特征方程。

对于对称的导模，有

$$\frac{\varepsilon_2}{\varepsilon_1}pd = hd \cdot \tan(hd) \tag{4.55}$$

对于反对称的导模，有

$$\frac{\varepsilon_2}{\varepsilon_1}pd = -hd \cdot \cot(hd) \tag{4.56}$$

由以上分析可知，TM 模的传播特点与 TE 模相类似，由于 $\varepsilon_2 > \varepsilon_1$，TE 的 p 比 TM 的 p 稍大。对于固定的对称平面介质波导，其可以支持传播的导模相同，故一个波导中，可传播的导模数是 $2(m+1)$ 个。

2. 非对称平面介质波导导模的场分布和特性

非对称平面介质波导是集成光路中最常用的光波导之一，实际上，对称平面介质波导是非对称平面介质波导的一种特殊情况，因此，对非对称平面介质波导的导模分析更具有普遍意义。图 4.15 是非对称平面介质波导的结构图和介电常数分布图。非对称平面介质波导的薄膜层和上下包层的介电常数分别为 ε_2，ε_3，ε_1，薄膜层厚度为 t。为了方便讨论，假定 $\varepsilon_2 > \varepsilon_3 > \varepsilon_1$。相对介电常数分布 $\varepsilon(x)$ 为

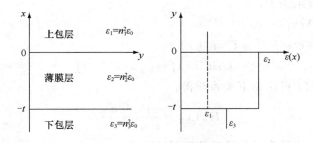

图 4.15 对称三层平面介质波导的横截面图及相对介电常数分布

$$\begin{cases} \varepsilon_3 & -\infty < x < -t \\ \varepsilon_2 & -t < x < 0 \\ \varepsilon_1 & 0 < x < \infty \end{cases} \tag{4.57}$$

此时波导的相对介电常数分布是非对称分布的，因而场分布也就失去了对称性，模式也就不再有对称模和反对称模之分。

（1）非对称平面介质波导 TE 导模的场分布和特征方程

TE 导模的电场分量 E_y 和传播常数 β 满足的波动方程为

$$\frac{\mathrm{d}^2 E_y(x)}{\mathrm{d}x^2} + [k_0^2 \varepsilon(x) - \beta^2] E_y(x) = 0$$

对于如图 4.15 所示的波导结构，波动方程如下：

$$\frac{\mathrm{d}^2 E_y(x)}{\mathrm{d}x^2} + [k_0^2 \varepsilon_1 - \beta^2] E_y(x) = 0 \qquad 0 \leqslant x < \infty$$

$$\frac{\mathrm{d}^2 E_y(x)}{\mathrm{d}x^2} + [k_0^2 \varepsilon_2 - \beta^2] E_y(x) = 0 \qquad -t \leqslant x \leqslant 0 \tag{4.58}$$

$$\frac{\mathrm{d}^2 E_y(x)}{\mathrm{d}x^2} + [k_0^2 \varepsilon_3 - \beta^2] E_y(x) = 0 \qquad -\infty < x \leqslant 0$$

令 $h^2 = n_2^2 k_0^2 - \beta^2$，$q^2 = \beta^2 - n_1^2 k_0^2$，$p^2 = \beta^2 - n_3^2 k_0^2$，式（4.58）变为

$$\frac{d^2 E_y(x)}{dx^2} - q^2 E_y(x) = 0 \qquad 0 \leqslant x < \infty$$

$$\frac{d^2 E_y(x)}{dx^2} + h^2 E_y(x) = 0 \qquad -t \leqslant x \leqslant 0 \qquad (4.59)$$

$$\frac{d^2 E_y(x)}{dx^2} - p^2 E_y(x) = 0 \qquad -\infty < x \leqslant -t$$

式（4.59）的通解为

$$E_y(x) = A\exp(-qx) \qquad\qquad 0 \leqslant x < \infty$$

$$E_y(x) = B\cos(hx) + C\sin(hx) \qquad -t \leqslant x \leqslant 0 \qquad (4.60)$$

$$E_y(x) = D\exp[p(x+t)] \qquad\qquad -\infty < x \leqslant -t$$

其中，A，B，C，D 为积分常数，为了确定积分常数 A，B，C，D 的具体值，则必须利用介质分界面边界条件，即电场在介质分界的切向分量 E_y 在 $x=0$ 和 $x=-t$ 处连续，则可知：

$$A = B，D = A\cos(ht) - C\sin(ht)$$

从而电场分量可以表示如下：

$$E_y(x) = A\exp(-qx) \qquad\qquad\qquad 0 \leqslant x < \infty$$

$$E_y(x) = A\cos(hx) + C\sin(hx) \qquad\qquad -t \leqslant x \leqslant 0 \qquad (4.61)$$

$$E_y(x) = [A\cos(ht) - C\sin(ht)]\exp[p(x+t)] \qquad -\infty < x \leqslant -t$$

而磁场的切向分量 H_z 可由如下关系获得：

$$H_z(x) = \frac{j}{\omega\mu_0}\frac{\partial E_y}{\partial x}$$

则在非对称平面介质波导中，磁场的切向量 H_z 为

$$H_z(x) = -\frac{jq}{\omega\mu_0}A\exp(-qx) \qquad\qquad 0 \leqslant x < \infty$$

$$H_z(x) = -\frac{jh}{\omega\mu_0}[A\sin(x) - C\cos(x)] \qquad -t \leqslant x \leqslant 0 \qquad (4.62)$$

$$H_z(x) = \frac{jp}{\omega\mu_0}[A\cos(ht) - C\sin(ht)]\exp[p(x+t)] \qquad -\infty < x \leqslant -t$$

因为 H_z 在 $x=0$，$x=-t$ 处磁场切向分量连续，由式（4.62）得

$$qA + hC = 0$$

$$[h\sin(ht) - p\cos(ht)]A + [h\cos(ht) + p\sin(ht)]C = 0$$

非对称平面介质波导中，TE 导模要存在，则待定系数 A，C 必须有非零解，而待定系数 A，C 满足齐次方程组，所以只有当其系数行列式为零时，A，C 才有非零解。因此

$$q[h\cos(ht) + p\sin(ht)] - h[h\sin(ht) - p\cos(ht)] = 0$$

或

$$\tan(ht) = \frac{h(p+q)}{h^2 - pq} \qquad (4.63)$$

式（4.63）即为非对称平面介质波导的特征方程。图 4.18 是此特征方程的图解分析结果。图 4.16 中的实线代表 $\tan(ht)$ 的正切函数，虚线代表函数 $F(ht)$，$F(ht)$ 代表是方程的右边部分

$$F(ht) = \frac{h(p+q)}{h^2 - pq} = \frac{ht(pt + qt)}{(ht)^2 - (pt)(qt)} \tag{4.64}$$

再由横向传播常数的定义可知

$$pt = (\beta^2 - n_3^2 k_0^2)^{1/t} t = (\beta^2 t^2 - n_3^2 k_0^2 t^2)^{1/t} = [(n_2^2 k_0^2 - \beta^2) t^2 - n_3^2 k_0^2 t^2]^{1/2} \tag{4.65}$$

$$= [(n_2^2 - n_3^2)(k_0 t)^2 - (ht)^2]^{1/2}$$

$$qt = (\beta^2 - n_1^2 k_0^2)^{1/t} t = [(n_2^2 - n_1^2)(k_0 t)^2 - (ht)^2]^{1/2} \tag{4.66}$$

将式（4.65）和式（4.66）两式带如方程式（4.64）的右边，得

$$F(ht) = \frac{ht [(n_2^2 - n_3^2)(k_0 t)^2 - (ht)^2]^{1/2} + [(n_2^2 - n_1^2)(k_0 t)^2 - (ht)^2]^{1/2}}{(ht)^2 - [(n_2^2 - n_3^2)(k_0 t)^2 - (ht)^2]^{1/2}[(n_2^2 - n_1^2)(k_0 t)^2 - (ht)^2]^{1/2}} \tag{4.67}$$

在图解法的示例中，取 $(n_2^2 - n_3^2)^{1/2} k_0 t = 11$，$(n_2^2 - n_1^2)^{1/2} k_0 t = 24$，$F(ht)$ 的极点出现在式（4.67）的分母为零处。而在式 $(pt)^2 = (n_2^2 - n_1^2)(k_0 t)^2 - (ht)^2 = 0$ 所示的点上，$F(ht)$ 曲线终止，这是因为当 ht 超过上式所给定的范围内，$(pt)^2$ 变为负数，场分布将不再是导模。

图 4.16 中的实线和虚线的交点就是特征方程，每一个解相应于非对称平面介质波导的一个 TE 导模，在图中所示的实例条件下，存在 4 个导模，对于每一个模，有一个与之对应的 h 值，在一定的入射频率下，即对应一个波矢量与界面法线的夹角 θ，或者说也对应与 x 方向的一个驻波。因此参数 ht 实际上是决定导模数目的重要参量。定义为

$$V = (ht)_{\max} = (n_2^2 - n_3^2)^{1/2} k_0 t \tag{4.68}$$

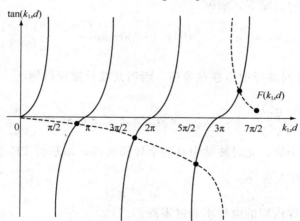

图 4.16　非对称平板介质波 TE 模的图解分布

V 称为归一化频率。它包含了光波的角频率、波导薄膜层厚度、薄膜与衬底折射率平方差这三个参量关系，并随这三个参量的变化而变化。随着 V 值减小，图中虚线所示的曲线终点向左方移动，即曲线 $\tan(ht)$ 与曲线 $F(ht)$ 的交点变少，因此，随着 V 值减小，非对称平面介质波导所能支撑传播的 TE 导模数目变少。当 V 减少到小于 $\pi/2$ 时，图中的曲线 $\tan(ht)$ 与 $F(ht)$ 不再有任何交点。此种情况表明在波导薄膜厚度非常薄、入射角光角频率很低或者相对折射率差很小时，非对称平面介质波导中不存在导模，即所有的导模都截止了。由于非对称平面波导的归一化频率与薄膜层厚度和入射光的频率有关，所以对于非对称平面介质波导来说，每阶 TE 导模都存在各自的截止厚度和截止频率。

下面分析 TE 导模的截止点。

当横向传播常数 $p=0$ 时，$\beta^2 = n_3^2 k_0^2$，即是导模的截止点，在每个导模的截止点上，参数 V 定义为 V_0：

$$V_0 = (n_2^2 - n_3^2)^{1/2} k_0 t = H_0 t$$

利用特征方程，改写为

$$V_0 = ht = \arctan(q/h) + m\pi = \arctan\left(\frac{(n_3^2 - n_1^2)^{1/2}}{(n_2^2 - n_3^2)^{1/2}}\right) + m\pi \tag{4.69}$$

由式（4.69）可知，对应截止条件时，有

$$h_0 = (n_2^2 - n_3^2)^{1/2} k_0 = (n_2^2 - n_3^2)^{1/2} \frac{2\pi}{\lambda_0} \tag{4.70}$$

其中，λ_0 称为截止波长。

对应于式（4.70），在截止时，截止厚度为

$$t = \frac{\lambda_0}{2\pi (n_2^2 - n_3^2)^{1/2}} \left[\arctan\left(\frac{(n_3^2 - n_1^2)^{1/2}}{(n_2^2 - n_3^2)^{1/2}}\right) + m\pi\right] \tag{4.71}$$

把截止厚度和截止波长整理到一起得

$$\frac{t}{\lambda_0} = \frac{1}{2\pi (n_2^2 - n_3^2)^{1/2}} \left[\arctan\left(\frac{(n_3^2 - n_1^2)^{1/2}}{(n_2^2 - n_3^2)^{1/2}}\right) + m\pi\right] \tag{4.72}$$

通过式（4.72），可以分析 TE 导模在给定的非对称平面介质波导中随光波长的变化情况，在长波长光波的情况下，如果

$$0 < V_0 = (n_2^2 - n_3^2)^{1/2} k_0 t < \arctan\left(\frac{(n_3^2 - n_1^2)^{1/2}}{(n_2^2 - n_3^2)^{1/2}}\right)$$

则 $\frac{t}{\lambda_0}$ 小于截止值，这时波导中不存在导模。而当光波长缩短得使

$$\arctan\left(\frac{(n_3^2 - n_1^2)^{1/2}}{(n_2^2 - n_3^2)^{1/2}}\right) < (n_2^2 - n_3^2)^{1/2} k_0 t < \pi + \arctan\left(\frac{(n_3^2 - n_1^2)^{1/2}}{(n_2^2 - n_3^2)^{1/2}}\right)$$

时，则特征方程有一个解，此时波动中有一个导模传播，即基模 TE_0 模，其横向传播常数 h 位于区域

$$0 < ht < \pi$$

范围内，此时，在波导内部的电场不通过零点。

当进一步缩短光的波长使得关系

$$\pi + \arctan\left(\frac{(n_3^2 - n_1^2)^{1/2}}{(n_2^2 - n_3^2)^{1/2}}\right) < (n_2^2 - n_3^2)^{1/2} k_0 t < 2\pi + \arctan\left(\frac{(n_3^2 - n_1^2)^{1/2}}{(n_2^2 - n_3^2)^{1/2}}\right)$$

成立时，则特征方程将有两个解，一个是对应于基模 TE_0 模，另一个对应于 TE_1 模，其横向传播常数位于

$$\pi < ht < 2\pi$$

范围内，在波导内部，场量将有一个零点。并由此可以依次类推，非对称平面介质波导中 TE_m 的横向传播常数位于 $m\pi < ht < (m+1)\pi$ 范围内，在波导内部，场量 E_y 有 m 个零点。

非对称平面介质波导导入 TE 模的总数是指在一定的参数 V 值（即 ht 值）下，在波

导中传播的 TE 模数目由下式决定：

$$V_0 = m\pi + \arctan\left(\frac{(n_3^2 - n_1^2)^{1/2}}{(n_2^2 - n_3^2)^{1/2}}\right)$$

其中，$m = 0$，1，2，$\cdots$，为正整数，$m = 0$ 时，即为基模 TE_0。

要传播 TE_0 模，则其归一化频率必须大于基模截止频率 V_{00}，为了使这个模式是唯一传播的模，应使其归一化频率 V 小于对应于 $m = 1$ 的截止频率 V_{10}，所以有如下关系：

当 $V_{00} < V < V_{10}$，波导中传播着 $m = 0$ 的基模 TE_0；

$V_{10} < V < V_{20}$，波导中传播着 $m = 0$ 和 $m = 1$ 的 TE_0、TE_1 模；

$V_{N0} < V < V_{(N+1)0}$，波导中传播着 $m = 0$，$m = 1$，$\cdots$，$m = N$ 模，而 $m \geqslant N + 1$ 模都截止，即 $m \geqslant N + 1$ 模在波导中都不再存在。但在波导中传播的导模数目却有 $N + 1$。因此，当归一化频率 V 值知道后，在波导中传播的 TE 模的数目为

$$N_{TE} = T\left[\frac{V - \arctan\left(\frac{(n_3^2 - n_1^2)^{1/2}}{(n_2^2 - n_3^2)^{1/2}}\right)}{\pi}\right] + 1 \tag{4.73}$$

式（4.73）中，符号"T"表示方括号中的数字取整数。

（2）非对称平面介质波导 TM 导模的场分布和特征方程

对于非对称平面介质波导，其波导结构和介电常数的分布仍然如图 4.15 所示，此时对于 TM 导模，TM 是横向磁波，$H_z = 0$，因而 H_x 和 E_y 也为零，此时，TM 导模电磁场的 6 个分量实际上只存在 H_y，E_x 和 E_z 3 个分量，这 3 个分量之间的关系由 $E_{x0}(x) = -\frac{\beta}{\omega\mu_0}H_{y0}(x)$，$E_{z0}(x) = \frac{j}{\omega\mu_0}\frac{\partial H_{y0}}{\partial x}$ 决定。场量 H_y 满足波动方程

$$\frac{d^2 H_y(x)}{dx^2} + [k_0^2 \varepsilon_1 - \beta^2] H_y(x) = 0 \qquad 0 \leqslant x < \infty$$

$$\frac{d^2 H_y(x)}{dx^2} + [k_0^2 \varepsilon_2 - \beta^2] H_y(x) = 0 \qquad -t \leqslant x \leqslant 0 \tag{4.74}$$

$$\frac{d^2 H_y(x)}{dx^2} + [k_0^2 \varepsilon_3 - \beta^2] H_y(x) = 0 \qquad -\infty < x \leqslant 0$$

求解 TM 模式波动方程的方法与处理 TE 模方式相同，可得如下结果：

$$H_y(x) = -\frac{jq}{\omega\mu_0}A\exp(-qx) \qquad\qquad 0 \leqslant x < \infty$$

$$H_y(x) = -\frac{jh}{\omega\mu_0}[A\sin(x) - C\cos(x)] \qquad\qquad -t \leqslant x \leqslant 0 \tag{4.75}$$

$$H_y(x) = \frac{jp}{\omega\mu_0}[A\cos(ht) - C\sin(ht)]\exp[p(x+t)] \qquad -\infty < x \leqslant -t$$

从而有非对称平面介质波导中 TM 导模传播的特征方程：

$$\tan(ht) = \frac{\varepsilon_1 h(\varepsilon_3 p + \varepsilon_2 q)}{\varepsilon_2 \varepsilon_3 h^2 - \varepsilon_1^2 pq} \tag{4.76}$$

与 TE 模类似，可得

$$\left[\frac{t}{\lambda_0}\right]_{TM} = \frac{1}{2\pi(n_2^2 - n_3^2)^{1/2}}\left[\arctan\left(\frac{(n_3^2 - n_1^2)^{1/2}}{(n_2^2 - n_3^2)^{1/2}} \cdot \left(\frac{n_2}{n_1}\right)^2\right) + m\pi\right] \tag{4.77}$$

对于给定的归一化传播常数 V ，则要传播第 N 阶 TM 导模，则归一化传播常数必须大于第 N 阶导模的截止频率，小于第 $N+1$ 阶导模的截止频率。当 $V_{N0} < V < V_{(N+1)0}$ 时，波导中传播着 $m=0$, $m=1$, $\cdots$, $m=N$ 模，波导中传播的 TM 导模总数为 $N+1$ 。当给定归一化频率 V 后，波导中能传播的 TM 模的模式总数为

$$N_{\mathrm{TM}} = T\left[\frac{V - \arctan\left(\frac{n_2^2 \, (n_3^2 - n_1^2)^{1/2}}{n_1^2 \, (n_2^2 - n_3^2)^{1/2}}\right)}{\pi}\right] + 1 \tag{4.78}$$

波导中能传播的导模总数为

$$N = N_{\mathrm{TE}} + N_{\mathrm{TM}} \tag{4.79}$$

因为已经假定 $n_2 > n_1$ ，所以 TM 导模的数目可能大于 TE 导模的数目。

【例 4.2】 一平面介质光波导其薄膜层和衬底层的折射率分别为 $n_2 = 1.56$ 和 $n_3 = 1.2$ ，其包层为空气，空气折射率为 $n_1 = 1$ ，薄膜层的厚度 $d = 2\mu\mathrm{m}$ ，光波长为 $\lambda = 1.55\mu\mathrm{m}$ ，用图解法求出薄膜层所有导模的传播常数。

解： 由于包层和衬底的折射率不同 $n_1 \neq n_3$ ，所以该波导为非对称平面介质波导。导模要在该波导中传输，则其传播常数必须满足如下特征方程：

$$F(ht) = \frac{ht \, [(n_2^2 - n_3^2)\,(k_0 t)^2 - (ht)^2]^{1/2} + [(n_2^2 - n_1^2)\,(k_0 t)^2 - (ht)^2]^{1/2}}{(ht)^2 - [(n_2^2 - n_3^2)\,(k_0 t)^2 - (ht)^2]^{1/2} \, [(n_2^2 - n_1^2)\,(k_0 t)^2 - (ht)^2]^{1/2}} = \tan(ht)$$

该方程为超越方程，所以我们用图解法求解。为了解方程方便，我们令

$$x = ht \ , \ V_{12} = \sqrt{(n_2^2 - n_1^2)\,(k_0 t)^2} \ , \ V_{23} = ht\sqrt{(n_2^2 - n_3^2)\,(k_0 t)^2}$$

则特征方程简化为

$$F(x) = \frac{x \, [\, [V_{23}^2 - x^2]^{1/2} + [V_{12}^2 - x^2]^{1/2} \,]}{x^2 - [V_{23}^2 - x^2]^{1/2} \, [V_{12}^2 - x^2]^{1/2}} = \tan(x)$$

在 MATLAB 中将函数 $F(x)$ 与 $\tan(x)$ 的曲线画在同一张图中，找到两条曲线的交点，其对应的横坐标 $x = ht$ ，即可求得导模在波导中传输时所对应的横向传播场 h ，从而可以求出该导模传输时所对应的传播常数 β 和入射角 θ 。程序如下。

```
clear all
close all
n1=1;n2=1.56;n3=1.2;d=2e−6;lamda=1.55e−6;
k=2 * pi/lamda;
V12=k * d * sqrt(n2^2−n1^2)
V23= k * d * sqrt(n2^2−n3^2)
F=@(x)(x * (sqrt(V12^2−x^2)+sqrt(V23^2−x^2))./...
/(x^2−sqrt(V12^2−x^2) * sqrt(V23^2−x^2)));
ezplot(F,[0,4 * pi])
holdon
ezplot(@tan,[0,4 * pi,−5,5])
title('导模的图解')
xlable('h t')
```

程序运行结果如下（图 4.17）：

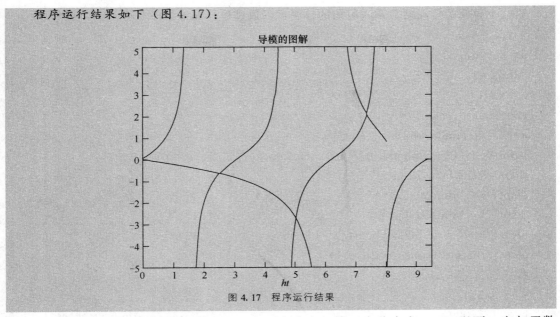

图 4.17　程序运行结果

从图 4.17 中可以看出，函数 $F(x)$ 有两个分支，第一个分支在 $y < 0$ 以下，它与函数 $\tan(x)$ 曲线共有两个交点，即在波导中存在 2 个 TE 导模；第二个分支在 $y > 0$ 以上，它与函数 $\tan(x)$ 曲线共有一个交点。从图中可知，第一个导模即函数 $F(x)$ 的第一个分支与函数 $\tan(x)$ 的第一个交点，在 $ht = 2.5$ 附近。

为了更准确地得到第一个交点的横坐标，可以利用 MATLAB 做图工具栏上的放大工具（zoom in），如图 4.18 所示。先用鼠标左击激活放大工具条，对放大区域反复放大，如图 4.18 所示，可得到函数 $F(x)$ 的第一个分支与函数 $\tan(x)$ 的第一个交点的横坐标为 $x = 2.554$，然后在根据前边的理论通过计算获得该导模的传播常数和入射角。

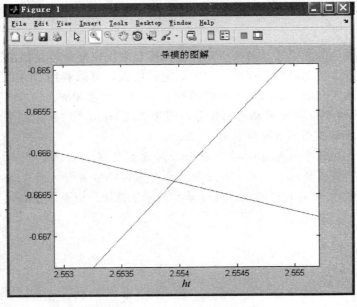

图 4.18　放大结果图

第一个导模的传播常数和入射角的计算可以通过运行如下程序获得。

```
x＝2.554；
d＝2e－6；
lamda＝1.55e－6；
h＝x/d；
n2＝1.56；
k＝2 * pi/lamda * n2；
beta＝sqrt((2 * pi/lamda)^2 * n2^2－h^2)；
theta＝asin(beta/k)；
disp(['x＝'num2str(x)])
disp(['h＝'num2str(h)])
disp(['beta＝ 'num2str(beta)])
disp(['theta＝'num2str(theta)])
```

程序运行结果如下。

```
x ＝ 2.554
h ＝ 1277000
beta ＝ 6193442.5616
theta ＝1.3675
```

用同样的方法可以求得波导中可以传输的第二模式即两曲线第二个交点所对应的 h，θ 和 β。具体数值见表 4.2。

表 4.2　图解法求解波导 TE 导模所得到的数据

导模的序数	交点横坐标 x	h	β	θ
1	2.544	12770	6193442.5616	1.3765
2	5.0588	2529400	5795825.6878	1.1593
3	7.3999	3699950	5128335.9641	0.9458

　　用图解法求波导的导模虽然清晰直观，但操作起来比较复杂，而且由于在操作过程中选取的数值点有限，因此必然会存在一定的误差。所以，可以利用 MATLAB 强大的数值计算功能，直接调用其内嵌的求解方程的函数 fzero() 或者 slove() 进行精确求解。

　　【例 4.3】对于例 4.2 中所描述的波导，利用函数 fzero() 求解波导中存在的导模进行求解，并分别计算各个导模所对应的 β，θ，h 值。

　　解：在 MATLAB 中调用 fzero() 命令求解方程的解，关键是要写对所要求解的方程，其次是选对所要求的根的合适的初始值，初始值选择不当有可能得不到所求结果。因此，对用 fzero() 求解的方程的根，通常要对所求根验证，以免发生错误。程序如下。

```
clearall
closeall
n1＝1；
n2＝1.56；
n3＝1.2；
d＝2e－6；
```

```
lamda=1.55e-6;
k=2*pi/lamda;
V12=k*d*sqrt(n2^2-n1^2);
V23=k*d*sqrt(n2^2-n3^2);
F=@(x)(x*(sqrt(V12^2-x^2)+sqrt(V23^2-x^2))/(x^2-sqrt(V12^2-x^2)*sqrt(V23^2-x^2)));Feigin=@(x)(F(x)-tan(x))
x(1)=fzero(Feigin,3);
x(2)=fzero(Feigin,5);
x(3) fzero(Feigin,8);
h=x./d;
gamma=sqrt((n2^2-n1^2)*k^2-h.^2);
delta=sqrt((n2^2-n3^2)*k^2-h.^2);
beta=sqrt((2*pi/lamda)^2*n2^2-h.^2);
theta=asin(beta/(k*n2));
disp(['x='num2str(x)])
disp(['h='num2str(h)])
disp(['beta='num2str(beta)])
disp(['theta='num2str(theta)])
```

程序运行后的结果整理见表 4.3。

表 4.3 数值法求解波导 TE 导模所得到的数据

导模的序数	交点横坐标 x	h	β	θ
1	2.5538	1276921.1864	6193458.8113	1.3675
2	5.0588	2529323.6224	5795859.0198	1.1593
3	7.4005	3700226.2421	5128136.6519	0.94575

比较表 4.2 和表 4.3 可以看出，由图解求法和数值解法所求的光波导中的 TE 导模的参数基本相同，也就验证了这两种方法的正确性。

【例 4.4】 以例 4.2 中的波导参数为例，波导厚度变为 $3\mu m$，画出能在此波导中传播的导模的电场强度的归一化分布图。

解：由前边的分析可知，在波导中传播的 TE 导模的电场分布为

$$E_y(x)=A\exp(-qx) \qquad\qquad 0\leqslant x<\infty$$
$$E_y(x)=A\cos(hx)+C\sin(hx) \qquad\qquad -t\leqslant x\leqslant 0$$
$$E_y(x)=[A\cos(ht)-C\sin(ht)]\exp[p(x+t)] \qquad -\infty<x\leqslant -t$$

在前边求解特征方程过程中可知，利用解边界条件能得到

$$A/C=-h/q$$

则波导中的 TE 导模的场分布为

$$E_y(x)=A\exp(-qx) \qquad\qquad 0\leqslant x<\infty$$
$$E_y(x)=A[\cos(hx)-q/h\sin(hx)] \qquad\qquad -t\leqslant x\leqslant 0$$
$$E_y(x)=A[\cos(ht)+q/h\sin(ht)]\exp[p(x+t)] \qquad -\infty<x\leqslant -t$$

其中，A 为光波电场的场振幅系数。

在例 4.3 中已经计算出波导中能传输的各阶导模的导模参数，将所获得的计算结果直接代入式场分布中，同时令 $A=1$，求得各个介质中的场分布，并对振幅进行归一化处理，在 MATLAB 中作图即可。运行如下程序代码，即可得所需结果。

```
clearall
closeall
n1=1;n2=1.56;n3=1.2;d=3e-6;lamda=1.55e-6;
k=2 * pi/lamda;
V12=k * d * sqrt(n2^2-n1^2);
V23=k * d * sqrt(n2^2-n3^2);
F=@(x)(x * (sqrt(V12^2-x^2)+sqrt(V23^2-x^2))/...
(x^2-sqrt(V12^2-x^2) * sqrt(V23^2-x^2)));
Feigin=@(x)(F(x)-tan(x))
x(1)=fzero(Feigin,3);
x(2)=fzero(Feigin,5);
x(3)=fzero(Feigin,7.9);
h=x. /d;
beta=sqrt((2 * pi/lamda)^2 * n2^2-h. ^2);
theta=asin(beta/(k * n2));
gamma=sqrt((n2^2-n1^2) * k^2-h. ^2);
delta=sqrt((n2^2-n3^2) * k^2-h. ^2);
Np=1001;
x2=linspace(-2 * d,-d,Np);
x1=linspace(-d,0,Np);
x3=linspace(0,d,Np);
Ey1=zeros(Np,3);
Ey2=Ey1;
Ey3=Ey1;
for m=1:3
        Ey1(:,m)=cos(h(m) * x1)-delta(m)/h(m) * sin((h(m) * x1));
Ey2(:,m)=(cos(h(m) * d)+delta(m). /h(m) * sin(h(m). * d)). * exp(gamma(m). * (x2+d));
    Ey3(:,m)=exp(-delta(m) * x3);
end
Ey=[Ey2;Ey1;Ey3];
Ey=Ey/diag(max(abs(Ey)));
x=[x2';x1';x3'];
plot(x,Ey(:,1),'-',x,Ey(:,2),'--',x,Ey(:,3),':','LineWidth',2)
axis([x(1) x(end) -1.1 1.1])
legend ('TE_0','TE_1','TE_2')
xlabel('x')
holdon
plot([-d,-d],[-1.1,1.1],'black--')
plot([0,0],[-1.1,1.1],'black--')
plot([-x(1),x(end)],[0,0],'black')
```

程序代码运行结果如图 4.19 所示。分析图 4.19 可以得到以下结论。

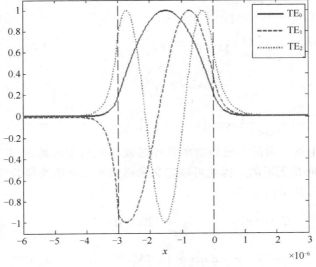

图 4.19 平板介质波导模式的场分布

①当平面介质波导中存在多个 TE 模时，其导模序数 m 代表导模横向电场 E_y 沿 y 方向在薄膜层取零值的次数。如图 4.19 所示，基模 TE_0 在薄膜层取零值的次数为零，即基模在波导的薄膜层中没有零点。TE_1 取一次零值，TE_2 取两次零值。

②TE 导模的横向电场 E_y 在衬底层和包层中的振幅都是以指数形式衰减，正因为如此，横向电场可以在靠得很近的两波导中发生耦合。

③TE 导模的模序数越大，则横向电场 E_y 在衬底层和包层中的振幅衰减就越缓慢。

4.3 平面介质波导导模的传输功率

这里主要分析 TE 模的场 E_y 与导入电磁场传输的功率 P 之间的关系。波印廷矢量的平均值为 $<S>=\dfrac{1}{2}\text{Re}(E \times H^*)$。

对于非对称平面介质波导 TE 导模：

$$E_y(x) = A\exp(-qx) \qquad\qquad\qquad 0 \leqslant x < \infty$$

$$E_y(x) = A\cos(hx) + C\sin(hx) \qquad\qquad -t \leqslant x \leqslant 0$$

$$E_y(x) = [A\cos(ht) - C\sin(ht)]\exp[p(x+t)] \qquad -\infty < x \leqslant -t$$

$$H_x(x) = -\frac{\text{j}q}{\omega\mu_0}A\exp(-qx) \qquad\qquad 0 \leqslant x < \infty$$

$$H_x(x) = -\frac{\text{j}h}{\omega\mu_0}[A\sin(hx) - C\cos(hx)] \qquad -t \leqslant x \leqslant 0$$

$$H_x(x) = \frac{\text{j}p}{\omega\mu_0}[A\cos(ht) - C\sin(ht)]\exp[p(x+t)] \quad -\infty < x \leqslant -t$$

根据边界条件可得

$$E_y(x) = A_1 \exp(-qx) \qquad\qquad 0 \leqslant x < \infty$$

$$E_y(x) = A_2 \cos(ht - \varphi) \qquad\qquad t \leqslant x \leqslant 0$$

$$E_y(x) = A_3 \exp[p(x+t)] \qquad\qquad -\infty < x \leqslant -t$$

$$H_x(x) = -\frac{jq}{\omega\mu_0} A_1 \exp(-qx) \qquad\qquad 0 \leqslant x < \infty$$

$$H_x(x) = -\frac{jh}{\omega\mu_0} A_2 \cos(ht - \varphi) \qquad\qquad -t \leqslant x \leqslant 0$$

$$H_x(x) = \frac{jp}{\omega\mu_0} A_3 \exp[p(x+t)] \qquad\qquad -\infty < x \leqslant -t$$

根据定义，由电场传输的电磁场功率是穿过波导垂直截面的 $<S>$ 流量，对于平面介质波导，在 y 方向是无限的，因此可以定义和得到平面介质波导的 TE 模沿 y 方向上每单位宽度条形面积 Σ 传输的功率

$$P_\Sigma = -\frac{1}{2}\mathrm{Re}\int_{-\infty}^{\infty} E_y H_x^* \, \mathrm{d}x = \int_{-\infty}^{\infty} \frac{\beta}{2\omega\mu_0} |E_y|^2 \, \mathrm{d}x$$

$$= \frac{\beta}{2\omega\mu_0}\left[\int_0^d A_1^2 \cos^2(k_{1x}x - \varphi)\mathrm{d}x + \int_{-\infty}^0 A_2^2 e^{2k_{2x}x}\mathrm{d}x + \int_d^\infty A_3^2 e^{-2k_{3x}(x-d)}\mathrm{d}x\right]$$

$$= \frac{\beta}{4\omega\mu_0}\cdot A_1^2 \cdot \left(d + \frac{1}{k_{2x}} + \frac{1}{k_{3x}}\right) \qquad\qquad (4.80)$$

$$= S \cdot d_{\mathrm{eff}}$$

从式（4.80）可知，波导传递能量的厚度比实际厚度大，且在包层和衬底层振幅指数衰减。

4.4 小结

本章分别利用射线理论和电磁场理论推导分析了平面介质波导中的模式传输特性。

根据射线理论推导了光波在平面介质波导中传输的三种基本模式，给出不同模式在波导中存在的条件；利用光全反射的性质和光波相干叠加理论，推导出导模要在平面介质波导中传输，不仅要满足全反射条件，同时还需满足相位一致性条件，该条件即为导模的特征方程。平板介质波导中的高阶模都存在截止厚度和截止波长，当波导厚度小于截止厚度时，导模截止；当入射波长大于截止波长时，导模截止。对于基模，在非对称平面介质波导中，基模也有截止波长和截止厚度；在对称平面介质波导中，基模不存在截止问题。

利用电磁场理论得到 TE 模，只有 E_y，H_x，H_z 三个场分量不为零，且 H_x，H_z 由 E_y 决定，通过求解 E_y 满足的波动方程得到 TE 模的场分布和特征方程；利用图解法和数值解法求得 TE 模的传播常数；对于 TM 模，得到 TM 模，只有 H_y，E_x，E_z 三个场分量不为零，且 E_x，E_z 由 H_y 决定，通过求解 H_y 满足的波动方程得到 TM 模的场分布和特征方程。

习　题

1. 简述平面介质波导中有哪三种模型？如图 4.20 所示的平板波导，n_1，n_2，n_3 分别

是覆盖层、薄膜和衬底层的折射率，当入射角 θ 取何范围时，分别对应三种不同模式？

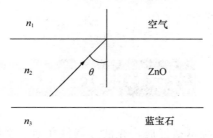

图 4.20　习题 1 示意图

2. 试推导导模在波导中传播时满足的横向相位条件（色散方程）。

3. 平面介质波导中存在几种基本的导模形式？并简述每种导模的场的结构。

4. 一对称型平板波导中间波导层的折射率为 n_1，厚度为 $2d$，其衬底层和覆盖层的折射率均为 n_2，求：

(1) 该波导的 TE 导模特征方程。

(2) 当波长为 λ 的光波在波导中传播时，可能存在的 TE 模的模式数目。

5. 设对称型平板波导薄膜层和包层的折射率分别为 1.55、1.52，中间波导层的厚度为 $8\mu m$，当波长为 $10\mu m$ 的光波在波导中传播时，该模式中可能存在多少个模式？请画出这些 TE 模的模场分布。

6. 已知一对称平面波导薄膜层折射率 $n_2 = 1.56$，衬底和包层折射率为 $n_1 = 1.2$，薄膜层厚度 $d = 3\mu m$，入射光波长为 $\lambda = 1.55\mu m$，使用图解法求解波导中所能支持传输的所有 TE 导模的传播常数。

7. 已知一对称平面波导薄膜层折射率 $n_2 = 2.5$，衬底和包层折射率为 $n_1 = 1.5$，薄膜层厚度 $d = 10\mu m$，入射光波长为 $\lambda = 1.55\mu m$，使用图解法求解波导中所能支持传输的所有 TM 导模的传播常数。

8. 一平面介质光波导其薄膜层和衬底层的折射率分别为 $n_2 = 1.56$ 和 $n_3 = 1.2$，其包层为空气，空气折射率为 $n_1 = 1$，薄膜层的厚度 $d = 3\mu m$，光波长为 $\lambda = 1.55\mu m$，试求所有 TE 导模的截止厚度和截止波长。

9. 已知一对称平面波导薄膜层折射率 $n_2 = 2.5$，衬底和包层折射率为 $n_1 = 1.5$，薄膜层厚度 $d = 10\mu m$，入射光波长为 $\lambda = 1.55\mu m$，使用图解法求解波导中所能支持传输的所有 TM 导模的截止厚度和截止波长。

第5章 光波导的数值解析计算

随着近年来光纤通信系统迅猛发展，光波导器件在通信系统中已经扮演着很重要的角色，而且其重要性在未来发展中必将进一步增加。人们对如何能准确计算光波导的性能的兴趣与日俱增。另外，在对光波导器件进行优化和设计时，要求在理论上对其传输特性、模场分布、几何参量、电参量之间的关系进行详细的研究。传统光波导的解析法包括建立和求解偏微分方程或积分方程，解析法可将方程的解表示为已知函数的显式，从而可计算出精确的数值结果。这个结果也可以作为近似解和数值解的检验标准。在解析过程和在解的显式中可以观察到问题的内在联系和各个参数对数值结果所起的作用。但解析法却存在严重的缺点，只能求解少数规则的电磁问题，有严格解的光波导实例并不多。所以近似解析法在光波导的分析中显得十分重要。近似解析法也是一种解析法，但并不是严格解析法，用这些方法可以求解一些用严格解析法不能解决的问题，常见的近似解析法有微扰法、变分法、多极子展开法等。相比之下，近似法中的解析部分比严格解析法中的解析部分要少些，但计算工作量却比较大。而且如果对精度的要求提高的话，工作量较小，其数值结果也就不会太精确。

因此，要准确求得光波导的传播常数与电磁场分布，还不得不依赖于近年发展起来的数值解析法。目前较常用的分析光波导时使用的数值解法包括有限元法、时域有限差分法和光束传播法等。为了对光波导的数值解析计算有较为直观的理解，在本章中只对这些数值解法的解决问题的思路及基于各种解法的软件及其在光波导中的应用进行逐一介绍。对于每种算法的详细编程实现，因超出本教材的要求，不予讨论。

5.1 时域有限差分法

5.1.1 FDTD 的发展历程及应用领域

时域有限差分法（FDTD）是在 1966 年由 K. S. Yee 首先在其发表的重要论文 "Numerical Solution of Initial Boundary Value Problem Involving Maxwell's Equation in Isotropic Media" 提出来的，后来被称为 Yee 氏网格空间离散方式。对电磁场 E，H 分量在空间和时间上采取了交替抽样的方式进行离散，在每一个 E（或 H）场分量周围有 4 个 H（或 E）场分量环绕。通过这种方式，它把带时间变量的 Maxwell 旋度方程转化为差分格式，并成功地模拟了电磁脉冲与理想导体作用的时域响应。这就诞生了后来被称作时域有限差分法（Finite-Difference Time Domain Method 或 FDTD）的一种新的电磁场的时域计算方法。当然现在看起来，当年 Yee 提出的还只是时域有限差分法的雏形，后来又经过 R. Holland，K. S. KunZ 和 A. Taflove 等科学家的不断改进和发展，经历近 20 年的发展才逐渐走向成熟。

1. 在发展中时域有限差分法主要解决的问题

（1）吸收边界条件的应用和不断改善

为了在计算中用有限的计算网格空间去模拟无限大的物理空间，就要设法消除电磁波在网格空间边界上的反射，也就是要设法吸收那些到达计算边界上的电磁波。即在边界处让电磁波满足一定的吸收边界条件，以消除电磁波在边界上的反射。得到广泛应用的是 B. Engquist 和 A. Majda 所提出的单向波方程，后来 G. Mur 给出了一个一阶和二阶近似的差分形式，更促进了这一吸收边界条件的推广。

（2）总场区和散射场区的划分

发展后的时域有限差分法利用连接条件把计算区域分为内部总场区和外部的散射场区。

（3）实现了稳态场的计算

由于有了以上两种技术，减小网格空间边界的反射，实现了总场区和散射区的分离，这样可以实现直接时域方法和直接频域方法的直接转化，当需要单频或窄频带信息时，时域有限差分法就可以用于直接频域计算。20 世纪 80 年代后期以来，时域有限差分法进入一个新的发展阶段，即已经由算法成熟转入并被广泛接受和应用，且其在应用中又不断有了新的发展。在 80 年代中期以前，时域有限差分法的研究和应用始终限于不大的一个圈子里，而在这之后的几年里发生了明显的变化，大批科学家参加了进来，使得它的应用范围迅速扩大。随着应用范围的扩大，不断提出新的要求，这就促使对时域有限差分法进行更深入的研究，使其得到了进一步的发展。

时域有限差分法近期发展的另一个特点是迅速扩大了它的应用范围。在 20 世纪 80 年代中期以前它还主要用于电磁散射问题；到 80 年代后期证明了时域有限差分法用于微波电路的时域分析非常成功。进入 90 年代以来又被用于天线辐射中特别的计算问题。随着新技术的不断提出，应用的范围和质量正在不断地扩大和提高，光波导的数值计算分析也是近年来发展起来的时域有限差分法的一个重要应用领域。

2. 时域有限差分法的特点

作为众多的电磁场的数值计算方法中的一种，时域有限差分法具有一些非常突出的特点，这些特点也是它的优点。正是由于这些优点，使得越来越多的人对它产生了浓厚的兴趣，并使得这种计算方法得到越来越广泛的应用。下面我们将这种计算方法的几种最突出的优点加以介绍。

（1）直接时域计算

时域有限差分法是直接把含时间变量的 Maxwell 旋度方程在 Yee 氏网格空间中转换为差分方程。因此，在这种差分格式中每个网格点上的电场（或磁场）分量仅与它相邻的磁场（或电场）分量及上一时间步该点的场值有关。在每一时间步计算网格空间各点的电场和磁场分量，随着时间步的一步步推进，即能直接模拟电磁波的传播及其与物体的相互作用过程。时域有限差分法把各类问题都看作初值问题来处理，使电磁波的时域特性被直接反应出来，因此这种计算方法能给出丰富的电磁场的时域信息，可以通过计算给出清晰的物理图像，描绘出复杂的物理过程。

（2）广泛的适用性

由于时域有限差分法的直接出发点是概括电磁场普遍规律的 Maxwell 方程，这就预示着这一方法应具有最广泛的适用性，过去这些年的发展也证明了这一点。除此之外，从具体的算法看，在时域有限差分法的差分格式中，被模拟的空间电磁性质的参量是按空间网格给出的，因此只需设定相应空间点，以适当的参数就可模拟各种复杂的电磁结构。媒质的非均匀性、各向异性、色散特性和非线性等特点均能很容易地进行精确模拟。由于在网格空间中电场和磁场分量是被交叉放置的，而且计算中用差分代替了微商，使得介质交界面上的边界条件能自然得到满足，这就为模拟计算复杂的结构时提供了极大的方便。针对任何问题，只要能正确对源和结构进行模拟，时域有限差分法就应该可以给出正确解答，而不管问题是散射、辐射、传输、透入或吸收中的哪一种，也不论是瞬态问题还是稳态问题。此外，由于时域有限差分法所直接提供的是电磁场分布这种最基本的信息，因而可在这个基础上由此导出不同情况下所需要的各种参量。

（3）节约存储空间和计算时间

时域有限差分法所需要的存储空间直接由所需的网格空间决定，与网格总数 N 成正比，计算时每个网格的电磁场都按同样的差分格式计算。所以，就所需要的计算时间而言，也是与网格总数 N 成正比的。所以，当 N 很大时，和其他计算方法相比，FDTD 往往是更合适的方法。

（4）适合并行计算

很多复杂的电磁场问题不能计算，往往并不是没有可选用的方法，而是由于计算条件的限制使其无法计算。当代电子计算机的发展方向是运用并行处理技术，以进一步提高计算速度。并行计算机的发展推动了数值计算中并行处理的研究。因此适用并行计算的方法将有更多的应用场合。而由前面的介绍了解到，时域有限差分法的计算特点是，每一网格点上的电场值（或磁场值）只与其周围相邻网格点处的磁场（电场）及其上一时间步的场值相关。这使得它特别适合并行计算。施行并行计算可使时域有限差分法所需的存储空间和计算时间减少为只与网格总数 N 的立方根成正比。

（5）计算程序的通用性

对 FDTD 而言，其数学模型是最基本的 Maxwell 方程，因而其差分格式对所有的问题都是共同的。除此之外，吸收边界条件和连接条件对很多问题也是可以通用的。而计算对象的模拟是通过给网格赋予参数来实现的，与边界条件和连接条件并没有直接联系，是可以独立进行。因此一个基础的时域有限差分法计算程序，对广泛的电磁问题是具有通用性的。对不同的计算对象可以以子程序的形式编程。当计算的对象发生变化时，只需在通用时域有限差分法程序的基础上，修改相关部分程序或相应的子程序即可。

（6）简单、直观、容易掌握

同样由于时域有限差分法是直接从 Maxwell 方程出发，不需要任何导出方程，这样就避免了在计算时使用更多的数学工具，因而使得它成为所有电磁场的计算方法中最简单的一种。同时如前所述，由于它能直接在时域中模拟电磁波的传播及其与物体作用的过程，所以它又是非常直观的一种方法。只要求使用者有电磁场基本理论知识和少量数学知识即可使用这种方法。

3. FDTD 分析步骤

①首先明确分析要求，包括精确度和最终需要给出的参量（结果）形式。

②进行 FDTD 建模，包括进行网格剖分、算法选取、边界选取及激励源的设置等基本

操作。这部分内容是整个 FDTD 计算的关键。同时在这一步还需要选择计算环境，包括编程语言、计算机配置，是否需要并行计算等。

③最后进行时间迭代计算，根据具体的分析要求，从得到的结果中提取有用信息。

FDTD 分析流程图如图 5.1 所示。

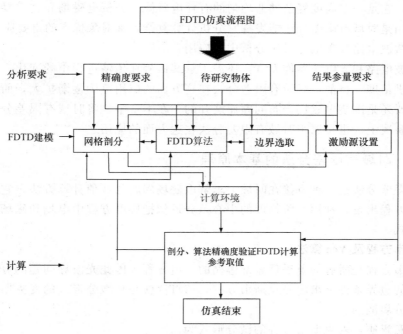

图 5.1　FDTD 分析流程图

4. 时域有限差分法的应用领域

在过去的几十年间，时域有限差分法经历了一个快速发展的阶段，正是由于它的快速发展，反过来促使其不断扩大应用领域，它几乎可以应用在所有有关电磁场计算和工程的领域。下面就时域有限差分法的主要应用领域做一介绍。

（1）电磁散射问题的研究

由于时域有限差分法的提出和解决电磁散射问题有关，所以电磁散射问题自然是时域有限差分法的最早的应用领域。和其他计算方法相比，时域有限差分法在解决电磁散射问题时的突出优点是，它可以处理复杂目标的散射特性问题。在这里，复杂主要指目标的形状不规则，具有复杂的几何形状；具有不同种类的介质材料和导电材料；具有负载和结构复杂的内腔等。

（2）电磁兼容问题的研究

电磁兼容在现在越来越受到人们的重视，实际中要研究电磁兼容的问题就必须能处理可能在电磁兼容中存在的复杂结构及复杂的电磁场分布。由于时域有限差分法在处理这类问题时有突出的优越性，因此时域有限差分法已在电磁兼容计算中被广泛使用，并取得了许多重要的成果。

（3）在天线辐射特性计算中的应用

目前时域有限差分法已可以应用在计算多种形状的天线的辐射特性中，通过利用时域有限差分法在分析问题时能观察到电磁波辐射时的详细过程，其计算结果对于计算天线辐射的方向性，及其他天线辐射的重要参数都具有重要意义。

（4）在生物电磁剂量学中的应用

生物电磁剂量学是近年发展起来的一种新兴的边缘学科，主要研究生物体（包括人体）在电磁辐射照射下，其内部电磁场分布及生物体吸收电磁能量的规律。对于生物体这个目标而言，它是一个高度复杂的非均匀的有耗电磁体。分析电磁场和这样复杂的目标之间的相互作用是时域有限差分法能发挥它分析计算复杂目标对象优点的重要应用场合。

（5）在微波电路和光电子时域分析中的应用

对于微波电路和光电子器件而言，还需了解其信号在传输过程中的变化，为协助理解电路工作提供帮助。目前，时域有限差分法在这方面的应用范围逐渐扩大，而光电子学方面的分析主要还是围绕电磁场分布问题而展开的。在本章中，将时域有限差分法应用在光波导问题的解决上，也是属于时域有限差分法在这方面的应用之一。

5.1.2　时域有限差分法的基本原理

时域有限差分法是一种直接在时域上求解电磁场问题的数值计算方法。它直接从旋度的麦克斯韦方程出发，利用二阶精度的中心差分近似把旋度方程中电场和磁场微分算符转化成差分形式。

麦克斯韦方程及 Yee 算法

麦克斯韦方程是所有的电磁现象都遵循的一组方程。因此光波导问题的分析也同样归结为在特定的边界条件下求解麦克斯韦方程，FDTD 就是从微分形式的麦克斯韦旋度方程出发进行差分离散的。

对于任意媒质，麦克斯韦方程的微分形式为

$$\nabla \times \boldsymbol{H} = \frac{\partial \boldsymbol{D}}{\partial t} + \boldsymbol{J} \tag{5.1}$$

$$\nabla \times \boldsymbol{E} = -\frac{\partial \boldsymbol{B}}{\partial t} + \boldsymbol{J}_m \tag{5.2}$$

其中，$\boldsymbol{E}$ 是电场强度（V/m）；$\boldsymbol{D}$ 是电通密度（C/m²）；$\boldsymbol{H}$ 是磁场强度（A/m）；$\boldsymbol{B}$ 是磁通密度（Wb/m²）；$\boldsymbol{J}$ 是电流密度（A/m²），$\boldsymbol{J}_m$ 为磁流密度。

在各向同性线性介质中，本构关系为

$$\boldsymbol{D} = \varepsilon \boldsymbol{E}, \ \boldsymbol{B} = \mu \boldsymbol{H}, \ \boldsymbol{J}_m = \sigma_m \boldsymbol{H} \tag{5.3}$$

其中，ε 为介质的介电系数（F/m）；μ 为磁导系数（H/m）；σ 为电导率（S/m）；σ_m 为磁导率（Ω/m）。

假定研究的空间是无源的，并且媒质参数 ε，μ，σ，σ_m 不随时间而变化，在直角坐标系 (x, y, z) 中，式（5.1）和式（5.2）将化为以下 6 个标量方程：

$$\frac{\partial H_z}{\partial y} - \frac{\partial H_y}{\partial z} = \varepsilon \frac{\partial E_x}{\partial t} + \sigma E_x \tag{5.4}$$

$$\frac{\partial H_x}{\partial z} - \frac{\partial H_z}{\partial x} = \varepsilon \frac{\partial E_y}{\partial t} + \sigma E_y \tag{5.5}$$

$$\frac{\partial H_y}{\partial x} - \frac{\partial H_x}{\partial y} = \varepsilon \frac{\partial E_z}{\partial t} + \sigma E_z \tag{5.6}$$

$$\frac{\partial E_z}{\partial y} - \frac{\partial E_y}{\partial z} = -\mu \frac{\partial H_x}{\partial t} - \sigma_m H_x \tag{5.7}$$

$$\frac{\partial E_x}{\partial z} - \frac{\partial E_z}{\partial x} = -\frac{\partial H_y}{\partial t} - \sigma_{\mathrm{m}} H_y \tag{5.8}$$

$$\frac{\partial E_y}{\partial x} - \frac{\partial E_x}{\partial y} = -\mu \frac{\partial H_y}{\partial t} - \sigma_{\mathrm{m}} H_z \tag{5.9}$$

令 $F(x, y, z, t)$ 代表 E 或 H 在直角坐标系中某一分量，要在时间和空间域中进行离散，并用下面的符号表示：

$$F(x, y, z, t) = F(i\Delta x, j\Delta y, k\Delta z, n\Delta t) = F^n(i, j, k) \tag{5.10}$$

式 (5.10) 中 i，j，k 和 n 均为整数。用中心有限差分式来表示函数对时间和空间的一阶偏导数，这种差分式具有二阶精度，其表示为

$$\left.\frac{\partial F(x, y, z, t)}{\partial x}\right|_{x=i\Delta x} = \frac{F^n(i+\frac{1}{2}, j, k) - F^n(i-\frac{1}{2}, j, k)}{\Delta x} + O(\Delta x^2) \tag{5.11}$$

$$\left.\frac{\partial F(x, y, z, t)}{\partial x}\right|_{t=n\Delta t} = \frac{F^{n+1/2}(i, j, k) - F^{n-1/2}(i, j, k)}{\Delta x} + O(\Delta t^2) \tag{5.12}$$

为了建立差分方程，首先需要在变量空间把原本连续的变量离散化，通常是用一定的结构网格去划分变量空间，并只取网络节点上的未知量作为计算对象。经过这样的变换后，自变量由连续的变为离散的，而且在每个离散点上可以用差商来替代微商。通过这样的变换，就把在一定空间中求解微分方程的问题转化为求解有限个差分方程的问题。

为了使得转换后的差分方程能够给出好的近似解，在时域计算电磁场时，要在包括时间在内的四维空间中进行。从 Maxwell 方程出发建立差分方程的复杂性在于，方程要求要在四维空间中进行，还要能同时计算电场和磁场的 6 个分量。因此，在四维空间中如何合理地离散 6 个电场和磁场的未知场量，将成为建立具有高精度的差分形式的关键问题。

1966 年，Yee 氏提出了一个合理的网格体系，正是由于其网格体系的成功，才创立了时域有限差分法。这种网格体系是在直角坐标系中提出的，习惯称其为 Yee 氏网格。Yee 氏网格离散后的电场和磁场各节点的空间分布如图 5.2 所示。

从图 5.2 中可以看出，每一个电场分量由 4 个磁场分量环绕；同样，每一个磁场分量由 4 个电场分量环绕。这个结构的巧妙之处在于其既符合法拉第感应定律和安培环路定律，同时这种电磁场分量的空间相对位置也适合麦克斯韦方程的差分计算。此外，电场和磁场在时间顺序上交替

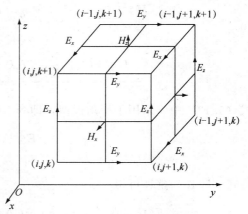

图 5.2　FDTD 中的 Yee 元胞

抽样，使麦克斯韦方程离散后变成显式差分方程。在求解时只需在时间上迭代求解，在给定相应初始值的前提下，就可逐步推出以后各个时刻空间电磁场的分布。

Yee 元胞中 E，H 各分量空间节点与时间步长取值的整数和半整数约定见表 5.1。

表 5.1　Yee 元胞中 E，H 各分量节点位置

电磁场分量		空间分量取样			时间轴 t 取样
		x 坐标	y 坐标	z 坐标	
E 节点	E_x	$i+\frac{1}{2}$	j	k	n
	E_y	i	$j+\frac{1}{2}$	k	
	E_z	i	j	$k+\frac{1}{2}$	
H 节点	H_x	i	$j+\frac{1}{2}$	$k+\frac{1}{2}$	$n+\frac{1}{2}$
	H_y	$i+\frac{1}{2}$	j	$k+\frac{1}{2}$	
	H_z	$i+\frac{1}{2}$	$j+\frac{1}{2}$	k	

在三维情况下，麦克斯韦方程的有限差分法可以根据表 5.1 的节点位置对式（5.4）~式（5.9）进行差分。以式（5.4）为例，按式（5.11）、式（5.12）的方式对其进行差分，得到以下差分形式：

$$
\begin{aligned}
&\varepsilon\left(i+\frac{1}{2},\,j,\,k\right)\frac{E_x^{n+1}\left(i+\frac{1}{2},\,j,\,k\right)-E_x^{n}\left(i+\frac{1}{2},\,j,\,k\right)}{\Delta t} \\
&+\sigma\left(i+\frac{1}{2},\,j,\,k\right)\frac{E_x^{n+1}\left(i+\frac{1}{2},\,j,\,k\right)+E_x^{n}\left(i+\frac{1}{2},\,j,\,k\right)}{\Delta t} \\
&=\frac{H_x^{n+\frac{1}{2}}\left(i+\frac{1}{2},\,j+\frac{1}{2},\,k\right)-H_x^{n+\frac{1}{2}}\left(i+\frac{1}{2},\,j-\frac{1}{2},\,k\right)}{\Delta y} \\
&-\frac{H_y^{n+\frac{1}{2}}\left(i+\frac{1}{2},\,j,\,k+\frac{1}{2}\right)-H_y^{n+\frac{1}{2}}\left(i+\frac{1}{2},\,j,\,k-\frac{1}{2}\right)}{\Delta z}
\end{aligned} \tag{5.13}
$$

式（5.13）中，采用了平均近似，即令

$$
E_x^{n+\frac{1}{2}}\left(i+\frac{1}{2},\,j,\,k\right)=\frac{E_x^{n+1}\left(i+\frac{1}{2},\,j,\,k\right)+E_x^{n}\left(i+\frac{1}{2},\,j,\,k\right)}{\Delta t}
$$

将式（5.13）整理可得

$$
\begin{aligned}
E_x^{n+1}\left(i+\frac{1}{2},\,j,\,k\right)=&\,CA(m)E_x^{n}\left(i+\frac{1}{2},\,j,\,k\right) \\
&+CB(m)\left[\frac{H_z^{n+\frac{1}{2}}\left(i+\frac{1}{2},\,j+\frac{1}{2},\,k\right)-H_z^{n+\frac{1}{2}}\left(i+\frac{1}{2},\,j-\frac{1}{2},\,k\right)}{\Delta y}\right. \\
&\left.-\frac{H_y^{n+\frac{1}{2}}\left(i+\frac{1}{2},\,j,\,k+\frac{1}{2}\right)-H_y^{n+\frac{1}{2}}\left(i+\frac{1}{2},\,j,\,k-\frac{1}{2}\right)}{\Delta z}\right]
\end{aligned} \tag{5.14}
$$

$$E_y^{n+1}(i,\ j+\frac{1}{2},\ k) = CA(m)E_y^n(i,\ j+\frac{1}{2},\ k)$$

$$+CB(m)\left[\frac{H_x^{n+\frac{1}{2}}(i,\ j+\frac{1}{2},\ k+\frac{1}{2}) - H_x^{n+\frac{1}{2}}(i,\ j+\frac{1}{2},\ k-\frac{1}{2})}{\Delta z}\right. \qquad (5.15)$$

$$\left. - \frac{H_z^{n+\frac{1}{2}}(i+\frac{1}{2},\ j+\frac{1}{2},\ k) - H_z^{n+\frac{1}{2}}(i-\frac{1}{2},\ j+\frac{1}{2},\ k)}{\Delta x}\right]$$

$$E_z^{n+1}(i,\ j,\ k+\frac{1}{2}) = CA(m)E_z^n(i,\ j,\ k+\frac{1}{2})$$

$$+CB(m)\left[\frac{H_y^{n+\frac{1}{2}}(i+\frac{1}{2},\ j,\ k+\frac{1}{2}) - H_y^{n+\frac{1}{2}}(i-\frac{1}{2},\ j,\ k+\frac{1}{2})}{\Delta x}\right. \qquad (5.16)$$

$$\left. - \frac{H_x^{n+\frac{1}{2}}(i,\ j+\frac{1}{2},\ k+\frac{1}{2}) - H_x^{n+\frac{1}{2}}(i,\ j-\frac{1}{2},\ k+\frac{1}{2})}{\Delta y}\right]$$

同样依照表 5.1 中提供的数据，将式（5.7）～式（5.9）离散化为

$$H_x^{n+\frac{1}{2}}(i,\ j+\frac{1}{2},\ k+\frac{1}{2}) = CP(m)H_x^{n-\frac{1}{2}}(i,\ j+\frac{1}{2},\ k+\frac{1}{2})$$

$$-CQ(m)\left[\frac{E_z^n(i,\ j+1,\ k+\frac{1}{2}) - E_z^n(i,\ j,\ k+\frac{1}{2})}{\Delta y}\right. \qquad (5.17)$$

$$\left. - \frac{E_y^n(i,\ j+\frac{1}{2},\ k+1) - E_y^n(i,\ j+\frac{1}{2},\ k)}{\Delta z}\right]$$

$$H_y^{n+\frac{1}{2}}(i+\frac{1}{2},\ j,\ k+\frac{1}{2}) = CP(m)H_y^{n-\frac{1}{2}}(i+\frac{1}{2},\ j,\ k+\frac{1}{2})$$

$$-CQ(m)\left[\frac{E_x^n(i+\frac{1}{2},\ j,\ k+1) - E_x^n(i+\frac{1}{2},\ j,\ k)}{\Delta z}\right. \qquad (5.18)$$

$$\left. - \frac{E_z^n(i+1,\ j,\ k+\frac{1}{2}) - E_z^n(i,\ j,\ k+\frac{1}{2})}{\Delta x}\right]$$

$$H_z^{n+\frac{1}{2}}(i+\frac{1}{2},\ j+\frac{1}{2},\ k) = CP(m)H_z^{n-\frac{1}{2}}(i+\frac{1}{2},\ j+\frac{1}{2},\ k)$$

$$-CQ(m)\left[\frac{E_x^n(i+\frac{1}{2},\ j+1,\ k) - E_x^n(i+\frac{1}{2},\ j,\ k)}{\Delta y}\right. \qquad (5.19)$$

$$\left. - \frac{E_y^n(i+1,\ j+\frac{1}{2},\ k) - E_y^n(i,\ j+\frac{1}{2},\ k)}{\Delta x}\right]$$

式中出现的 $CA(m)$，$CB(m)$，$CP(m)$ 及 $CQ(m)$ 分别为

$$CA(m) = \frac{\dfrac{\varepsilon(m)}{\Delta t} - \dfrac{\sigma(m)}{2}}{\dfrac{\varepsilon(m)}{\Delta t} + \dfrac{\sigma(m)}{2}} = \frac{1 - \dfrac{\sigma(m)\Delta t}{2\varepsilon(m)}}{1 + \dfrac{\sigma(m)\Delta t}{2\varepsilon(m)}} \tag{5.20}$$

$$CB(m) = \frac{1}{\dfrac{\varepsilon(m)}{\Delta t} + \dfrac{\sigma(m)}{2}} = \frac{\dfrac{\Delta t}{\varepsilon(m)}}{1 + \dfrac{\sigma(m)\Delta t}{2\varepsilon(m)}} \tag{5.21}$$

$$CP(m) = \frac{\dfrac{\mu(m)}{\Delta t} - \dfrac{\sigma_m(m)}{2}}{\dfrac{\mu(m)}{\Delta t} + \dfrac{\sigma_m(m)}{2}} = \frac{1 - \dfrac{\sigma_m(m)\Delta t}{2\mu(m)}}{1 + \dfrac{\sigma_m(m)\Delta t}{2\mu(m)}} \tag{5.22}$$

$$CQ(m) = \frac{1}{\dfrac{\mu(m)}{\Delta t} + \dfrac{\sigma_m(m)}{2}} = \frac{\dfrac{\Delta t}{\mu(m)}}{1 + \dfrac{\sigma_m(m)\Delta t}{2\mu(m)}} \tag{5.23}$$

式（5.14）～式（5.19）为 FDTD 中电场和磁场的时间递推公式，也是 FDTD 进行计算时的一组最基本的公式。

对于二维问题，假设所有的物理量均与 z 坐标无关，即 $\dfrac{\partial}{\partial z} = 0$，于是由式（5.1）、式（5.2）可得

$$\left. \begin{aligned} \frac{\partial H_z}{\partial y} &= \varepsilon \frac{\partial E_x}{\partial t} + \sigma E_x \\ -\frac{\partial H_z}{\partial x} &= \varepsilon \frac{\partial E_y}{\partial t} + \sigma E_y \\ \frac{\partial E_y}{\partial x} - \frac{\partial E_x}{\partial y} &= -\mu \frac{\partial H_z}{\partial t} - \sigma_m H_z \end{aligned} \right\} \text{TE 波} \tag{5.24}$$

$$\left. \begin{aligned} \frac{\partial E_z}{\partial y} &= -\mu \frac{\partial H_y}{\partial t} - \sigma_m H_y \\ \frac{\partial E_z}{\partial x} &= \mu \frac{\partial H_y}{\partial t} + \sigma_m H_y \\ \frac{\partial H_y}{\partial x} - \frac{\partial H_x}{\partial y} &= \varepsilon \frac{\partial E_z}{\partial t} + \sigma E_z \end{aligned} \right\} \text{TM 波} \tag{5.25}$$

式（5.24）和式（5.25）为两组独立的标量方程组，即 E_x，E_y，H_z 为一组，称为对于 E_z 的 TE 波；H_x，H_y，E_z 为一组，称为对 E_x 的 TM 波。在对二维问题进行有限差分法离散时，Yee 元胞如图 5.3 所示，其 E，H 各分量空间节点位置与时间步取值的整数和半整数见表 5.2。按照同三维时域有限差分离散相同的方法，同样可以得到二维情形的时域有限差分式。

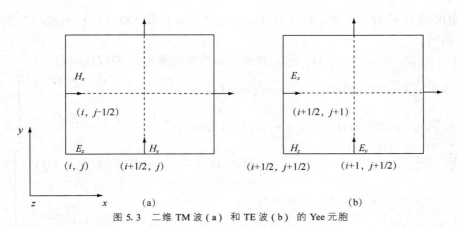

图 5.3 二维 TM 波(a)和 TE 波(b)的 Yee 元胞

表 5.2 TE 和 TM 波 Yee 元胞中 E，H 各分量节点位置

		x 坐标	y 坐标	
TE 波	H_z	$i+\dfrac{1}{2}$	$j+\dfrac{1}{2}$	$n+\dfrac{1}{2}$
	E_x	$i+\dfrac{1}{2}$	j	n
	E_y	i	$j+\dfrac{1}{2}$	n
TM 波	E_z	i	j	n
	H_x	i	$j+\dfrac{1}{2}$	$n+\dfrac{1}{2}$
	H_y	$i+\dfrac{1}{2}$	j	n

对于 TE 波，$H_x = H_y = E_z = 0$，FDTD 的离散公式为

$$E_x^{n+1}\left(i+\frac{1}{2},\ j\right) = CA(m)E_x^n\left(i+\frac{1}{2},\ j\right)$$
$$+ CB(m)\left[\frac{H_z^{n+\frac{1}{2}}\left(i+\frac{1}{2},\ j+\frac{1}{2}\right) - H_z^{n+\frac{1}{2}}\left(i+\frac{1}{2},\ j-\frac{1}{2}\right)}{\Delta y}\right] \quad (5.26)$$

$$E_y^{n+1}\left(i,\ j+\frac{1}{2}\right) = CA(m)E_y^n\left(i,\ j+\frac{1}{2}\right)$$
$$- CB(m)\left[\frac{H_z^{n+\frac{1}{2}}\left(i+\frac{1}{2},\ j+\frac{1}{2}\right) - H_z^{n+\frac{1}{2}}\left(i-\frac{1}{2},\ j+\frac{1}{2}\right)}{\Delta x}\right] \quad (5.27)$$

$$H_z^{n+1}\left(i+\frac{1}{2},\ j+\frac{1}{2}\right) = CP(m)H_z^{n-\frac{1}{2}}\left(i+\frac{1}{2},\ j+\frac{1}{2}\right)$$
$$- CQ(m)\left[\begin{array}{c}\dfrac{E_y^n\left(i+\frac{1}{2},\ j+\frac{1}{2}\right) - E_y^n\left(i,\ j+\frac{1}{2}\right)}{\Delta x} \\[2mm] -\dfrac{E_x^n\left(i+\frac{1}{2},\ j+1\right) - E_x^n\left(i+\frac{1}{2},\ j\right)}{\Delta y}\end{array}\right] \quad (5.28)$$

式中出现的系数 CA（m），CB（m），CP（m）及 CQ（m）与式（5.20）～式（5.23）相同。

对于 TM 波，$E_x=E_y=H_z=0$，按照上面的方法推出其 FDTD 的公式为

$$H_x^{n+1}\left(i,\ j+\frac{1}{2}\right)=CP(m)H_x^{n-\frac{1}{2}}\left(i,\ j+\frac{1}{2}\right)-CQ(m)\left[\frac{E_z^n(i,\ j+1)-E_z^n(i,\ j)}{\Delta y}\right] \qquad (5.29)$$

$$H_y^{n+1}\left(i+\frac{1}{2},\ j\right)=CP(m)H_y^{n-\frac{1}{2}}\left(i+\frac{1}{2},\ j\right)+CQ(m)\left[\frac{E_z^n(i+1,\ j)-E_z^n(i,\ j)}{\Delta x}\right] \qquad (5.30)$$

$$E_z^{n+1}(i,\ j)=CA(m)E_z^n(i,\ j)-CB(m)\left[\begin{array}{c}\dfrac{H_y^{n+\frac{1}{2}}\left(i+\frac{1}{2},\ j\right)-H_y^{n+\frac{1}{2}}\left(i-\frac{1}{2},\ j\right)}{\Delta x}\\[3mm] -\dfrac{H_x^{n+\frac{1}{2}}\left(i,\ j+\frac{1}{2}\right)-H_x^{n+\frac{1}{2}}\left(i,\ j-\frac{1}{2}\right)}{\Delta y}\end{array}\right] \qquad (5.31)$$

一维情况下，设电磁波沿 z 方向传播，介质参数和场量均与 x，y 无关，即 $\partial/\partial x=0$，$\partial/\partial y=0$，于是麦克斯韦方程简化为仅有的两个场分量的标量方程组，称为 TEM 波，即

$$-\frac{\partial H_y}{\partial z}=\varepsilon\frac{\partial E_x}{\partial t}+\sigma E_x \qquad (5.32)$$

$$\frac{\partial E_x}{\partial z}=-\mu\frac{\partial H_y}{\partial t}-\sigma_{\mathrm{m}}H_y \qquad (5.33)$$

E，H 各分量节点位置取值见表 5.3，按照以上方法同样可以得到一维时域有限差分式，在此不再列出。

表 5.3　一维 Yee 元胞中各场分量节点位置

电磁场分量	空间分量取样（z 坐标）	时间轴 t 取样
E_x	k	n
H_y	$k+\dfrac{1}{2}$	$n+\dfrac{1}{2}$

由差分式可以看出，在任意时间步上空间网格在任意点上的电场值取决于以下三个因素：①该点在上一时间步的电场值；②与该电场正交平面上邻近点处在上一时间步上的磁场值；③介质的电参数 σ 和 ε，磁场也有相似的情形。因此在任意给定的时间步上，场矢量的计算可以一次一点地进行。若适用 p 个并行的处理器，则也可以一次在 p 个点上行进行计算。

5.1.3　数值稳定性

由 Yee 网格导出的差分方程是一种显式差分方程，它是按时间步推进计算电磁场在计算空间内的变化规律。这种差分格式存在稳定性的问题，即时间变量步长 Δt 与空间变量步长 Δx，Δy 和 Δz 之间必须满足一定条件，否则将出现数值不稳定性。这种不稳定性表现为，随着计算步数的增加，被计算的场量的数值会无限制地增大。这主要是由于存在数值不稳定性时，电磁波传播的因果关系被破坏而造成的。因此，为了保证用前面导出的差分方程能进行稳定计算，就必须合理地选取时间步长与空间步长之间的关系。Taflove 等

于 1975 年对 Yee 氏差分格式的稳定性进行了讨论，并推出了对时间步长的限制条件，即时间步长与空间步长之间必须满足关系

$$c\,\Delta t \leqslant \frac{1}{\sqrt{\dfrac{1}{(\Delta x)^2} + \dfrac{1}{(\Delta y)^2} + \dfrac{1}{(\Delta z)^2}}} \tag{5.34}$$

其中，$c = 1/\sqrt{\varepsilon\mu}$ 为介质中的光速。上式给出了空间变量步长和时间变量步长之间应当满足的关系，又称为 courant 稳定性条件。

以下是几个特殊情况下 courant 条件的具体形式。

①三维情况的立方体元细胞，即取 $\Delta x = \Delta y = \Delta z = \delta$ 时，式（5.34）具有更简单的形式

$$c\,\Delta t \leqslant \frac{\delta}{\sqrt{3}} \tag{5.35}$$

②对二维情况，式（5.34）变为

$$c\,\Delta t \leqslant \frac{1}{\sqrt{\dfrac{1}{(\Delta x)^2} + \dfrac{1}{(\Delta y)^2}}} \tag{5.36}$$

若 $\Delta x = \Delta y = \delta$，上式化为

$$c\,\Delta t \leqslant \frac{\delta}{\sqrt{2}} \tag{5.37}$$

式（5.35）和式（5.37）表明时间变量步长必须小于波以光速通过 Yee 元胞对角线长度的 1/3（三维）或 1/2（二维）所需的时间。

5.1.4　数值色散

如果电磁场所在介质的性质与频率有关，则电磁场的传播速度也将是介质的函数，这种现象就是色散。如果时域有限差分法是精确的，那么在计算过程中，模拟的电磁场的传播速度也应该和频率无关，即不存在色散现象。但是时域有限差分法只是麦克斯韦方程的一个近似，在计算机的存储空间对电磁波的传输进行模拟时，即使在非色散介质中，电磁场的相速度也会随网格中的传播方向及变量离散化的不同而出现变化，即也会出现色散现象。实际中把这种非物理的原因导致的色散称为数值色散。数值色散会导致脉冲波形的破坏，出现人为的各向异性及虚假的折射等现象。因此数值色散是时域有限差分法的一个重要问题，它的存在是提高该算法精度的一个重要的限制。

对于一般的三维情况，其数值情况色散关系式为

$$\left(\frac{1}{c\,\Delta t}\right)^2 \sin^2\left(\frac{\omega\Delta t}{2}\right) = \frac{1}{\Delta x^2}\sin^2\left(\frac{k_x\Delta x}{2}\right) \\ + \frac{1}{\Delta y^2}\sin^2\left(\frac{k_y\Delta y}{2}\right) + \frac{1}{\Delta z^2}\sin^2\left(\frac{k_z\Delta z}{2}\right) \tag{5.38}$$

由电磁场理论可知，平面波在连续均匀无耗媒质中的解析色散式为

$$\left(\frac{\omega}{c}\right)^2 = k_x^2 + k_y^2 + k_z^2 \tag{5.39}$$

可以证明，当 Δt，Δx，Δy，Δz 趋于零时，式（5.38）变为式（5.39）。因此式（5.39）

是数值色散式的极限式。这说明数值色散是由于近似差商代替连续微商而引起的。它的大小与空间间隔的大小有关,但是时间和空间步长的减小就意味着计算网格数目的增加,在实际中应根据实际条件适当地选择时间和空间步长

$$\Delta s \leqslant \frac{\lambda}{10}, \ \Delta s = \min(\Delta x, \ \Delta y, \ \Delta z) \tag{5.40}$$

Δt 按照式(5.37)进行选择,使数值色散减小到可接受的程度。

5.1.5 吸收边界条件

由于计算机容量的限制,时域有限差分法只能在有限的区域进行,但为了能够模拟电磁场在无界空间中的传播,计算区域要人为地截断,而且要求在截断界面满足一定的边界条件,使该界面不反射,内部的场不畸变。这个边界条件称为吸收边界条件。吸收边界问题决定是时域有限差分法从理论走向实践最重要也是研究最多的问题。1981 年,Mur 提出了一阶和二阶吸收边界条件。1994 年,Berenger 提出了一种全新的完全匹配层的边界条件。PML 吸收边界条件的吸收效果比较好,其基本思想是在 FDTD 区域截断边界处设置一层特殊的介质,该介质的波阻抗和相邻介质的波阻抗完全匹配。因此,入射电磁波将会无反射地穿过分界面进入 PML 层。另外,同时需要将 PML 层设置为有耗介质,使进入 PML 层的透射波迅速衰减,虽然 PML 层的厚度是有限的,但其对入射电磁波还是能达到比较满意的吸收效果。因此,PML 吸收边界条件是一种材料吸收边界条件。目前,常用的吸收边界条件已经能达到比较满意的效果。

如前所述,式(5.24)为二维 TE 模的麦克斯韦方程,以上介质参量如果满足下式的条件时,该介质的波阻抗与自由空间相同,当电磁波入射到该介质与自由空间的边界时,不存在反射。

$$\frac{\sigma}{\varepsilon_0} = \frac{\sigma_m}{\mu_0}$$

在 PML 介质中,假设 H_z 场分量分解为两个子分量 H_{zx} 和 H_{zy},且满足 $H_z = H_{zx} + H_{zy}$,则式(5.24)将变成为

$$\frac{\partial(H_{zx} + H_{zy})}{\partial y} = \varepsilon_0 \frac{\partial E_x}{\partial t} + \sigma_y E_x$$

$$\frac{\partial(H_{zx} + H_{zy})}{\partial x} = \varepsilon_0 \frac{\partial E_y}{\partial t} + \sigma_x E_y$$

$$\frac{\partial E_y}{\partial x} = -\mu_0 \frac{\partial H_{zx}}{\partial t} - \sigma_m H_{zx} \tag{5.41}$$

$$\frac{\partial E_x}{\partial y} = \mu_0 \frac{\partial H_{zy}}{\partial t} + \sigma_m H_{zy}$$

其中的 σ_x,σ_y,σ_m 为描述 PML 介质各向异性的电导率和磁导率。

电磁波加入 PML 介质后,衰减很快,中心差分不再适用,只能用指数差分,则式(5.41)被差分后,并经过整理得

$$E_x^{n+1}\left(i + \frac{1}{2}, \ j\right) = \exp\left(-\frac{\sigma_y(j)\Delta t}{\varepsilon_0}\right) E_x^n\left(i + \frac{1}{2}, \ j\right) + \frac{1 - \exp\left(-\dfrac{\sigma_y(j)\Delta t}{\varepsilon_0}\right)}{\sigma_y(j)\Delta y}$$

$$\left[H_{zx}^{n+\frac{1}{2}}\left(i+\frac{1}{2},\ j+\frac{1}{2} \right) + H_{zy}^{n+\frac{1}{2}}\left(i+\frac{1}{2},\ j+\frac{1}{2} \right) \right. \tag{5.42}$$

$$\left. - H_{zx}^{n+\frac{1}{2}}\left(i+\frac{1}{2},\ j-\frac{1}{2} \right) - H_{zy}^{n+\frac{1}{2}}\left(i+\frac{1}{2},\ j-\frac{1}{2} \right) \right]$$

$$E_y^{n+1}\left(i,\ j+\frac{1}{2} \right) = \exp\left(-\frac{\sigma_x\left(j \right)\Delta t}{\varepsilon_0} \right) E_y^n\left(i,\ j+\frac{1}{2} \right)$$

$$- \frac{1-\exp\left(-\dfrac{\sigma_x\left(j \right)\Delta t}{\varepsilon_0} \right)}{\sigma_x\left(j \right)\Delta x} \left[H_{zx}^{n+\frac{1}{2}}\left(i+\frac{1}{2},\ j+\frac{1}{2} \right) \right.$$

$$\left. + H_{zy}^{n+\frac{1}{2}}\left(i+\frac{1}{2},\ j+\frac{1}{2} \right) - H_{zx}^{n+\frac{1}{2}}\left(i-\frac{1}{2},\ j+\frac{1}{2} \right) \right. \tag{5.43}$$

$$\left. - H_{zy}^{n+\frac{1}{2}}\left(i-\frac{1}{2},\ j+\frac{1}{2} \right) \right]$$

$$H_{zx}^{n+\frac{1}{2}}\left(i+\frac{1}{2},\ j+\frac{1}{2} \right) = \exp\left(-\frac{\sigma_{mx}\left(i+\dfrac{1}{2} \right)\Delta t}{\mu_0} \right) H_{zx}^{n-\frac{1}{2}}\left(i+\frac{1}{2},\ j+\frac{1}{2} \right)$$

$$- \left(\frac{1-\exp\left(-\dfrac{\sigma_{mx}\left(i+\dfrac{1}{2} \right)\Delta t}{\mu_0} \right)}{\sigma_{mx}\left(i+\dfrac{1}{2} \right)\Delta x} \right) \tag{5.44}$$

$$\left[E_y^n\left(i+1,\ j+\frac{1}{2} \right) - E_y^n\left(i,\ j+\frac{1}{2} \right) \right]$$

$$H_{zy}^{n+\frac{1}{2}}\left(i+\frac{1}{2},\ j+\frac{1}{2} \right) = \exp\left(-\frac{\sigma_{my}\left(j+\dfrac{1}{2} \right)\Delta t}{\mu_0} \right) H_{zy}^{n-\frac{1}{2}}\left(i+\frac{1}{2},\ j+\frac{1}{2} \right)$$

$$+ \left(\frac{1-\exp\left(-\dfrac{\sigma_{my}\left(j+\dfrac{1}{2} \right)\Delta t}{\mu_0} \right)}{\sigma_{my}\left(j+\dfrac{1}{2} \right)\Delta y} \right) \tag{5.45}$$

$$\left[E_x^n\left(i+\frac{1}{2},\ j+1 \right) - E_y^n\left(i+\frac{1}{2},\ j \right) \right]$$

以上分析以二维的 TE 波为例，说明了 PML 吸收边界的基本原理及差分格式。对于三维空间而言，完全可以用类似的方法来推导出其差分格式，在这里就不再列出。

5.1.6 激励源的选择

时域有限差分法的另一个重要任务是实现对激励源的模拟，需要根据具体的物理条件对激励源建模，使源的特性尽量与实际物理模型性质一致，使 FDTD 计算的结果符合实际的电磁场分布。在实际中，按源随时间变化呈现出的特征可将激励源分为随时间周期变化的时谐场源和对时间呈脉冲函数的波源。其中脉冲波源的频谱具有一定的带宽，频谱资源丰富，常用的脉冲波源有高斯脉冲、升余弦脉冲、微分高斯脉冲等类型。

（1）时谐型

$$\Psi = \sin(2\pi f t)，t = n\Delta t$$

其中，f 是频率，Δt 是时间步长，n 是整数。

（2）脉冲型

$$\Psi = \exp[-(t-t_0)^2/T^2]$$

其中，t_0 是出现最大值的时间，T 与脉冲宽度有关，合理选择 t_0 和 T，保证激励源的初始条件 $\Psi(t=0) \to 0$。

5.1.7　基于时域有限差分法的软件

目前，利用时域有限差分法可以在 matlab 等环境中直接编程实现。除此之外，国内外都已有多种基于 FDTD 的电磁场计算软件，包括国外的 XFDTD，FDTD solutions，OPTIFDTD，Rsoft FDTD，国内也有开发的 EastFDTD 等。相对直接编程而言，利用软件进行计算分析，具有简单，方便和快捷的优点，只需要使用者通过软件操作界面设计出要计算的区域，通过软件即可完成后续所有计算工作，而无需关注算法本身。

5.1.8　平面光波导的 FDTD 计算分析

平面光波导是光波导中最简单的一种形式，也是很多复杂器件的工作基础。其基本结构见本书第 4 章中的图 4.1。下面利用 FDTD 分析计算平面光波导。首先对对称结构的平面光波导进行分析。由于平面波导光场分布与 y 无关，所以平面光波导的问题可转化为二维的问题来求解，分别对 TE 模和 TM 模采用前面讨论的差分方程。假设 $n_1=1.563$，$n_2=n_3=1.550$，芯层厚度 $1\mu m$，波导长度 $8\mu m$，入射波长 $\lambda=1.30\mu m$。当假设入射光为平面谐振光源时，其波导中的电场分布如图 5.4 所示。当入射光源是具有高斯分布的谐振光源时，其波导中的电场分布如图 5.5 所示。

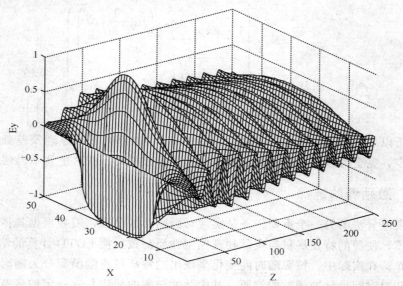

图 5.4　平面谐振光源入射时平面波导中的电场分布

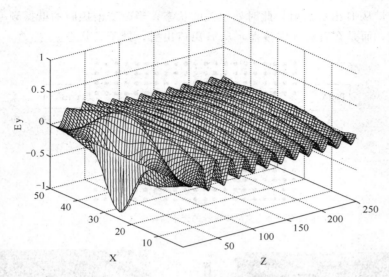

图 5.5 高斯谐振光源入射时平面波导中的电场分布

5.1.9 平行介质波导耦合的计算仿真

平面介质波导耦合的结构如图 5.6 所示。其中 $n_0 = 2$，$n_1 = 2.2$，$D = 0.35\mu m$，$s = 0.45\mu m$，入射波长 $\lambda = 1.5\mu m$。

图 5.6 平行介质波导耦合器的结构示意图

平面介质波导耦合结构的 FDTD 计算结果如图 5.7 所示。

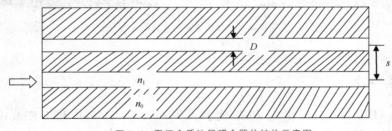

波导 1 中 E_z　波导 2 中 E_z

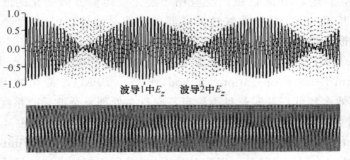

图 5.7 平行介质波导耦合器的场分布[22]

从图 5.7 所示的稳态的场分布图中，可以明显地看出两相邻波导之间的能量交换。

文献 [20] 中设计的光开关结构如图 5.8 所示。利用时域有限差分法计算，得到其在开和关两种情况下的场分布，如图 5.9 所示。当入射光频率与谐振腔的谐振频率相同时，只有很少的能量从 B 出口出射，此时处于关的状态；当改变谐振腔的谐振频率，入射光不耦合到谐振腔，而是在直波导中传播，从 B 出口出射，处于开状态。

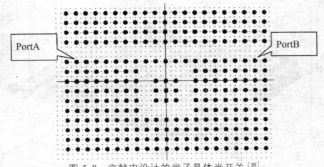

图 5.8　文献中设计的光子晶体光开关[20]

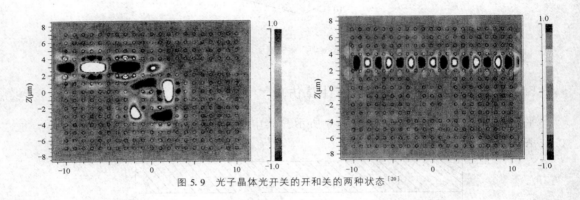

图 5.9　光子晶体光开关的开和关的两种状态[20]

5.2　光束传播法

光束传播法（BPM）是 20 世纪 70 年代 J. A. Fleck，M. D. Feit 和 J. RMotris 在处理大气中的激光传输问题时提出的一种计算方法，不久他们将 BPM 应用于研究波导中的光传输，BPM 最初只能用于分析沿光波传播方向波导结构没有变化的波导，后来经过不少人的研究和改进，目前，BPM 已被广泛应用于沿光波传输方向变化的波导结构，甚至是弯曲波导结构，其还可用于分析非线性波导器件和液晶器件。BPM 已经成为一种实用性非常强的波导模拟算法工具。

从实现的数学手段来看，BPM 主要有三种。快速傅里叶变换光束传播法（Fast-Fourier-Transform Beam Propagation Method，FFT – BPM），最初的 BPM 就是 FFT – BPM，但其计算效率较低，耗时长且不稳定，而且在处理复杂波导时精度很差，其边界条件的设置也是相当麻烦的。后来人们又提出了有限差分光束传播法（Finite Difference Beam Propagation Method，FD – BPM）和有限元光束传播法（Finite Element Beam Propagation Method，FE – BPM）。FE – BPM 可以采用不规则节点，适合处理各种波导器件，但其编程复杂，计算耗时。而 FD – BPM 相对较简单，目前应用较多的也是 FD – BPM，这里也将主要介绍 FD – BPM。

光束传输法（BPM）的基本计算思路如图 5.10 所示，假设光场沿着光波导的纵向传播，如果在 $z=z^l$ 的平面 A 内光场分布已知，BPM 就是要通过已知场的分布求出 $z=z^{l+1}$

处平面 B 内的场。不断地重复此操作，就可以模拟分析整个集成光波导内的场分布。经过近 20 年的发展，BPM 已经成功形成了自己的体系。根据是否考虑偏振属性分类，BPM 包括标量、半矢量、全矢量三种形式。根据是否考虑反射，BPM 包括正向传播 BPM 和双向传播 BPM；根据采用坐标系的不同，BPM 包括直角坐标 BPM 和柱坐标 BPM。

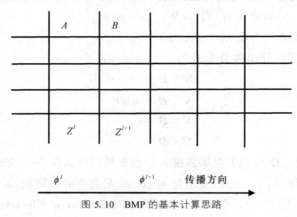

图 5.10　BMP 的基本计算思路

5.2.1　FD－BPM

早期的光束传播法是利用快速傅里叶变换（FFT）为数学手段实现的，计算每一步长，该算法都要求有两次傅里叶变换，导致了计算时间的延长。而对于一些结构复杂的器件，在满足较小的计算步长的情况下，更是需要消耗更长的计算时间与内存。另外，快速傅里叶变换（FFT）在三维模型计算的问题上是无能为力的，并且需要采用合适的边界条件或远大于器件本身尺寸的计算窗口来解决由于该算法本身存在的非物理性反射，这就使得算法的稳定性较差。因此该算法在使用范围、计算精度和数值效率上均存在不足。另外，还有有效折射率法（EMI），在简单情况下，可以用该方法将三维问题近似转化为二维问题来解决。虽然对一些器件来说，有效折射率法不是足够准确，但是对于特定的光波导器件来说，还是能够得到某些有定性的意义的结论。

因此，Dagli 和 Chung 结合有限差分法提出了有限差分光束传播法（FD－BPM）。该方法具有较强的稳定性、较高的计算精度及较快的数值效率，逐渐在光波导元器件的仿真中占据主流地位。另外，光束传播法和时域有限差分法、有限元法相结合，分别形成了时域有限差分光束传播法（TDFD－BPM）和有限元光束传播法（FE-BPM）。

在电磁实验定律的基础上，麦克斯韦（Maxwell）建立了电磁波基本方程，在均匀的、线性的、非磁性的无源媒质中，麦克斯韦方程组的积分形式可写为

$$\oint_L \boldsymbol{E} \cdot \mathrm{d}l = -\frac{\partial}{\partial t}\iint_S \boldsymbol{B} \cdot \mathrm{d}S$$

$$\oint_L \boldsymbol{H} \cdot \mathrm{d}l = \frac{\partial}{\partial t}\iint_S \boldsymbol{D} \cdot \mathrm{d}S + \iint_S \boldsymbol{J} \cdot \mathrm{d}S$$

$$\oiint_S \boldsymbol{B} \cdot \mathrm{d}S = 0 \tag{5.46}$$

$$\oiint_S \boldsymbol{D} \cdot \mathrm{d}S = \iiint_V \rho\, \mathrm{d}V_z$$

其中各物理量单位如下所示：

E—电磁场强度，其单位为伏/每米（V/m）；

D—电通量密度，其单位为库/米^2（C/m^2）；

H—磁场强度，其单位为安/米（A/m）；

B—磁通量密度，其单位为韦/米^2（Wb/m^2）；

J—电流密度，其单位为安/米^2（A/m）。

由上述积分形式可以导出微分形式为

$$\nabla \times \boldsymbol{E} = -\mathrm{j}\omega\mu_0\boldsymbol{H}$$
$$\nabla \times \boldsymbol{H} = \mathrm{j}\omega\varepsilon\boldsymbol{E}$$
$$\nabla \times \boldsymbol{B} = 0 \qquad\qquad (5.47)$$
$$\nabla \times \boldsymbol{D} = 0$$

式（5.47）中，E，H 分别为电场强度矢量和磁场强度矢量，$\omega = 2\pi f$ 是角频率；$\mu_0 = 4\pi \times 10^{-7}$ H/m 是真空磁导率；$\varepsilon = \varepsilon_0\varepsilon_r$ 是介电常数；ε_0 是真空介电常数，ε_r 是相对介电常数。

从 Maxwell 方程组出发，分别对 TE 模（Transverse Electric Mode）和 TM 模（Transverse Magnetic Mode）进行推导。从 Maxwell 方程出发得出其各个分量的形式为

$$\frac{\partial E_z}{\partial y} - \frac{\partial E_y}{\partial z} = -\mathrm{j}\omega\mu_0 H_x$$
$$\frac{\partial E_x}{\partial z} - \frac{\partial E_z}{\partial x} = -\mathrm{j}\omega\mu_0 H_y$$
$$\frac{\partial E_y}{\partial x} - \frac{\partial E_x}{\partial y} = -\mathrm{j}\omega\mu_0 H_z$$
$$\frac{\partial H_z}{\partial y} - \frac{\partial H_y}{\partial z} = \mathrm{j}\omega\varepsilon E_x \qquad\qquad (5.48)$$
$$\frac{\partial H_x}{\partial z} - \frac{\partial H_z}{\partial x} = \mathrm{j}\omega\varepsilon E_y$$
$$\frac{\partial H_y}{\partial x} - \frac{\partial H_x}{\partial y} = \mathrm{j}\omega\varepsilon E_z$$

首先，根据慢包近似（Slowly Varying Envelop Approximation，SVEA），我们将光波的表达式分解为缓包络函数 $\varphi(x, y, z)$ 和快速振荡相位 $\exp(-\mathrm{j}\beta z)$ 两部分，定义其表达公式为

$$\varphi(x, y, z) = \phi(x, y, z)\exp(-\mathrm{j}\beta z) \qquad\qquad (5.49)$$

其中，$\beta = n_{\mathrm{eff}}k_0$，$k_0$ 为真空中的波数，n_{eff} 为有效折射率，其中包络函数的变化如图 5.11 所示。

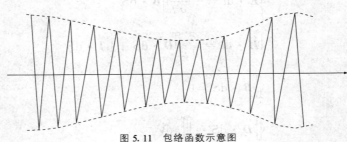

图 5.11 包络函数示意图

5.2.2　二维光波导的 TE 模方程

对于二维 TE 模，其模场分量对 y 的偏导数为零，x 轴方向和 y 轴方向的电场强度为零，y 轴方向的磁场分量为零，因此有

$$\frac{\partial}{\partial y} = 0, \ E_x = E_z = H_y = 0 \tag{5.50}$$

将式（5.50）代入式（5.48），则可得到直角坐标系中 TE 模的方程，即

$$-\frac{\partial E_y}{\partial z} = -\mathrm{j}\omega\mu_0 H_x$$

$$\frac{\partial E_y}{\partial x} = -\mathrm{j}\omega\mu_0 H_z \tag{5.51}$$

$$\frac{\partial H_y}{\partial z} - \frac{\partial H_z}{\partial x} = \mathrm{j}\omega\varepsilon E_y$$

将式（5.51）前两式中的 E_y 分量分别用 H_x 和 H_z 表示，并分别代入式（5.51）的第三式中可得

$$\frac{\partial^2 E_y}{\partial x^2} + \frac{\partial^2 E_y}{\partial z^2} + k_0^2\varepsilon_{\mathrm{r}} E_y = 0 \tag{5.52}$$

其中，$k_0^2 = \omega^2\varepsilon_0\mu_0$。同理，如果在光的传播方向上（$z$ 轴方向），光波导的折射率满足缓变条件，也即 $\frac{\partial\varepsilon_{\mathrm{r}}}{\partial z} \approx 0$，则可以将 TE 模方程用 H_x 表示为

$$\frac{\partial^2 H_x}{\partial x^2} + \frac{\partial^2 E_x}{\partial z^2} + k_0^2\varepsilon_{\mathrm{r}} H_x = 0 \tag{5.53}$$

从后面对光束传播法的分析可知，在光波导仿真中使用上面的近似关系是满足的。

5.2.3　二维光波导的 TM 模方程

再来思考二维 TM 模的情况，TM 模场分量在 y 方向上的偏导数为零，在 x 方向和 z 方向的磁场分量为零，y 方向的电场分量为零，即

$$\frac{\partial}{\partial y} = 0, \ H_x = H_z = E_y = 0 \tag{5.54}$$

将式（5.54）代入式（5.48），则可得到直角坐标系中 TM 模的方程，即

$$\frac{\partial E_x}{\partial z} - \frac{\partial E_z}{\partial x} = -\mathrm{j}\omega\mu_0 H_y$$

$$-\frac{\partial H_y}{\partial z} = -\mathrm{j}\omega\varepsilon_0\varepsilon_{\mathrm{r}} E_x \tag{5.55}$$

$$\frac{\partial H_y}{\partial x} = -\mathrm{j}\omega\varepsilon_0\varepsilon_{\mathrm{r}} E_z$$

将式（5.55）中的 H_y 分量分别用 E_x 和 E_z 表示，并分别代入式（5.55）的第一式中同样利用近似关系式 $\frac{\partial\varepsilon_{\mathrm{r}}}{\partial z} \approx 0$ 可得

$$\frac{\partial^2 H_y}{\partial z^2} + \varepsilon_{\mathrm{r}}\frac{\partial}{\partial x}\left(\frac{1}{\varepsilon_{\mathrm{r}}} \cdot \frac{\partial H_y}{\partial x}\right) + k_0^2\varepsilon_{\mathrm{r}} H_y = 0 \tag{5.56}$$

5.2.4 TE 模 FD-BPM 模式

由介质的折射率 n 和相对介电常数 ε_r 之间的关系 $n^2=\varepsilon_r$，将式（5.52）重新写为

$$\frac{\partial^2 E_y}{\partial x^2}+\frac{\partial^2 E_y}{\partial z^2}+k_0^2 n^2 E_y=0 \tag{5.57}$$

缓变包络 $\exp(-\mathrm{j}\beta z)$ 如图 5.11 所示，若考虑该项，则可得到

$$E_y(x,y,z)=\phi(x,y,z)\exp(-\mathrm{j}\beta z) \tag{5.58}$$

其中，$\beta=k_0 n_{\mathrm{eff}}$，$n_{\mathrm{eff}}$ 表示参考折射率，通常情况下，其值为有效折射率，k_0 是真空中的波数。在 z 方向上对 E_y 求二阶偏导数可以得到

$$\frac{\partial^2 E_y}{\partial z^2}=\frac{\partial^2 \phi}{\partial z^2}\exp(-\mathrm{j}\beta z)-2\mathrm{j}\beta\frac{\partial \phi}{\partial z}\exp(-\mathrm{j}\beta z)-\beta^2\phi\exp(-\mathrm{j}\beta z) \tag{5.59}$$

将式（5.57）代入式（5.58），结合式（5.59），可以得到

$$\frac{\partial^2 \phi}{\partial z^2}-2\mathrm{j}\beta\frac{\partial^2 \phi}{\partial z}+\frac{\partial^2 \phi}{\partial x^2}+(k_0^2 n^2-\beta^2)\phi=0 \tag{5.60}$$

或者

$$2\mathrm{j}\beta\frac{\partial \phi}{\partial z}-\frac{\partial^2 \phi}{\partial z^2}=\frac{\partial^2 \phi}{\partial x^2}+k_0^2(n^2-n_{\mathrm{eff}}^2)\phi \tag{5.61}$$

若包络函数 ϕ 在 z 方向的变化非常缓慢，可使得 $\frac{\partial^2 \phi}{\partial z^2}\approx 0$，那么式（5.61）可以写为

$$2\mathrm{j}\beta\frac{\partial \phi}{\partial z}=\frac{\partial^2 \phi}{\partial x^2}+k_0^2(n^2-n_{\mathrm{eff}}^2)\phi \tag{5.62}$$

式（5.62）就是 Fresnel 方程。

为了能够使得到的方程组可以求解，对式（5.62）用有限差分的方法使其离散化。假设 Δx 和 Δz 分别是 x 方向及 z 方向上的离散步长，则离散化的方程可写为

$$\begin{aligned} x&=m\Delta x \\ z&=l\Delta z \end{aligned} \tag{5.63}$$

其中，m 表示 x 轴方向上计算窗口的网格数，l 表示 z 方向上的网格数，且 m，l 均为正数。

光波导折射率和包络函数 ϕ 可表示为

$$\begin{aligned} \phi(x,z)&\rightarrow \phi_m^l \\ n(x,z)&\rightarrow n_m^l \end{aligned} \tag{5.64}$$

下面对式（5.62）实行离散化，在 x 方向上对其离散化时，其网格示意图如图 5.12 所示。

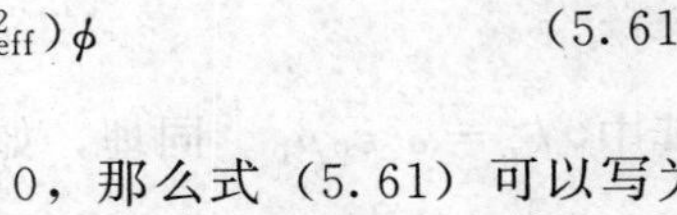

图 5.12 x 方向的网格示意图

将式（5.62）等号右边的第一项用差分的格式来表示，即

$$\frac{\partial^2 \phi}{\partial x^2}=\frac{\phi_{m+1}-2\phi_m+\phi_{m-1}}{(\Delta x)^2} \tag{5.65}$$

再用差分格式表示式（5.62）等号右边第二项，为

$$k_0^2(n^2-n_{\mathrm{eff}}^2)\phi=k_0^2[(n_m)^2-n_{\mathrm{eff}}^2]\phi_m \tag{5.66}$$

把式（5.65）和式（5.66）代入式（5.62），可以得到

$$2\mathrm{j}\beta\frac{\partial \phi_m}{\partial z}=\frac{\phi_{m+1}-2\phi_m+\phi_{m-1}}{(\Delta x)^2}+k_0^2[(n_m)^2-n_{\mathrm{eff}}^2]\phi_m \tag{5.67}$$

整理式（5.65）～式（5.67），可得

$$2\mathrm{j}\beta\frac{\partial\phi_m}{\partial z}=\frac{1}{(\Delta x)^2}\phi_{m+1}+\left\{-\frac{2}{(\Delta x)^2}+k_0^2\left[(n_m)^2-n_{\mathrm{eff}}^2\right]\right\}\phi_m+\frac{1}{(\Delta x)^2}\phi_{m-1}\quad(5.68)$$

将式（5.68）在 $l+1/2$ 处对 z 方向进行离散化，z 方向的网格示意图如图 5.13 所示，其差分格式可以表示为

$$2\mathrm{j}\beta\frac{\phi_m^{l+1}-\phi_m^l}{\Delta z}=\frac{1}{(\Delta x)^2}\frac{\phi_{m+1}^{l+1}+\phi_{m+1}^l}{2}+\left\{-\frac{2}{(\Delta x)^2}+k_0^2\left[\left(\frac{n_m^{l+1}+n_m^l}{2}\right)^2-n_{\mathrm{eff}}^2\right]\right\}$$

$$\frac{\phi_m^{l+1}+\phi_m^l}{2}+\frac{1}{(\Delta x)^2}\frac{\phi_{m-1}^{l+1}+\phi_{m-1}^l}{2}\qquad(5.69)$$

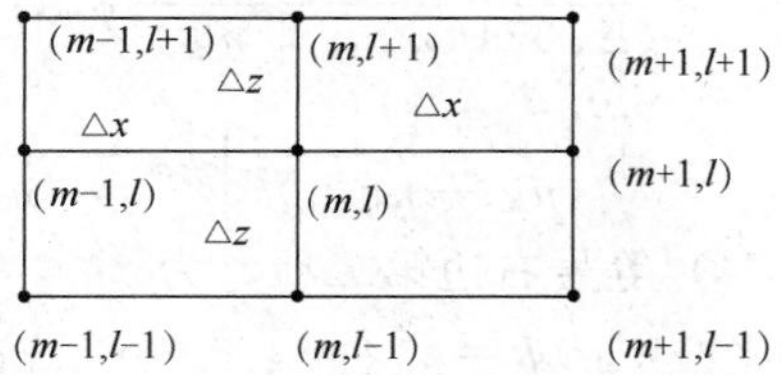

图中网格点标记：
$(m-1,l+1)$ Δz $(m,l+1)$ $(m+1,l+1)$
Δx Δx
$(m-1,l)$ (m,l) $(m+1,l)$
Δz
$(m-1,l-1)$ $(m,l-1)$ $(m+1,l-1)$

图 5.13 z 方向的网格示意图

将式（5.69）中包含所有 ϕ 的 $l+1$ 项放在等号的左边，将包含所有 ϕ 的 l 项放在等号的右边，对折射率进行近似处理后，上式重写为

$$-a_{m-1}^{l+1}\phi_{m-1}^{l+1}-\left\{b_m^{l+1}-\frac{4\mathrm{j}\beta(\Delta x)^2}{\Delta z}\right\}\phi_m^{l+1}-c_{m+1}^{l+1}\phi_{m+1}^{l+1}$$

$$=a_{m-1}^l\phi_{m-1}^l+\left\{b_m^l+\frac{4\mathrm{j}\beta(\Delta x)^2}{\Delta z}\right\}\phi_m^l-c_{m+1}^l\phi_{m+1}^l\qquad(5.70)$$

$$=d_m^l$$

式（5.70）即为 TE 模的 BPM 有限差分格式。

5.2.5 TM 模的 FD – BPM 模式

利用介质的折射率 n 与相对介电常数 ε_r 的关系 $n^2=\varepsilon_r$，将式（5.56）重新写为

$$\frac{\partial^2 H_y}{\partial z^2}+n^2\frac{\partial}{\partial x}\left(\frac{1}{n^2}\cdot\frac{\partial H_y}{\partial x}\right)+k_0^2 n^2 H_y=0\qquad(5.71)$$

进行缓变包络近似，H_y 可在沿着 z 轴方向上分成缓慢变化的包络近似函数 $\phi(x,y,z)$ 和快速变化的震荡周期 $\exp(-\mathrm{j}\beta z)$ 部分，可得到

$$H_y(x,y,z)=\phi(x,y,z)\exp(-\mathrm{j}\beta z)\qquad(5.72)$$

将式（5.72）代入式（5.71），等号两边消去 $\exp(-\mathrm{j}\beta z)$ 项，整理后得

$$2\mathrm{j}\beta\frac{\partial\phi}{\partial z}-\frac{\partial^2\phi}{\partial z^2}=n^2\frac{\partial}{\partial x}\left(\frac{1}{n^2}\frac{\partial\phi}{\partial x}\right)+k_0^2(n^2-n_{\mathrm{eff}}^2)\phi\qquad(5.73)$$

若包络函数 ϕ 在 z 方向的变化非常缓慢，可使得 $\dfrac{\partial^2\phi}{\partial z^2}\approx0$，那么式（5.73）可以重写为

$$2\mathrm{j}\beta\frac{\partial\phi}{\partial z}=n^2\frac{\partial}{\partial x}\left(\frac{1}{n^2}\frac{\partial\phi}{\partial x}\right)+k_0^2(n^2-n_{\mathrm{eff}}^2)\phi\qquad(5.74)$$

为了能够使得到的方程组可以求解，对式（5.74）用有限差分的方法使其离散化。假

设 Δx 和 Δz 分别是 x 方向及 z 方向上的离散步长，则离散化的方程可写为

$$x = m\Delta x$$
$$z = l\Delta z \tag{5.75}$$

式 (5.75) 中，m 和 l 均表示正数。光波导折射率和包络函数 ϕ 可表示为

$$\phi(z, x) \rightarrow \phi_m^l$$
$$n(z, x) \rightarrow n_m^l \tag{5.76}$$

下面对式 (5.74) 实行离散化，在 x 方向上对其离散化时，将等号右边的第一项用差分的格式来表示，即

$$n^2 \frac{\partial}{\partial x}\left(\frac{1}{n^2}\frac{\partial \phi}{\partial x}\right) = \frac{4n_m^2}{(\Delta x)^2}\left\{\frac{1}{(n_{m+1}+n_m)^2}\phi_{m+1} - \left[\frac{1}{(n_{m+1}+n_m)^2}\right.\right. \tag{5.77}$$
$$\left.\left. + \frac{1}{(n_m+n_{m-1})^2}\right]\phi_m + \frac{1}{(n_m+n_{m-1})^2}\phi_{m-1}\right\}$$

再用差分格式表示式 (5.74) 等号右边第二项，为

$$k_0^2(n^2 - n_{\text{eff}}^2)\phi = k_0^2\left[(n_m)^2 - n_{\text{eff}}^2\right]\phi_m \tag{5.78}$$

把式 (5.77) 和式 (5.78) 代入式 (5.74)，可以得到

$$2\mathrm{j}\beta n^2 \frac{\partial \phi}{\partial z} = \frac{4n_m^2}{(\Delta x)^2(n_{m+1}-n_m)^2}\phi_{m+1} - \left[\frac{4n_m^2}{(\Delta x)^2(n_{m+1}+n_m)^2}\right.$$
$$\left. + \frac{4n_m^2}{(\Delta x)^2(n_m+n_{m-1})^2} - k_0^2(n_m - n_{\text{eff}}^2)\right]\phi_m \tag{5.79}$$
$$+ \frac{4n_m^2}{(\Delta x)^2(n_m+n_{m-1})^2}\phi_{m-1}$$

对式 (5.79) 在 z 轴方向进行离散化，它的差分方程为

$$2\mathrm{j}\beta n \frac{\phi_m^{l+1}-\phi_m^l}{\Delta z} = \frac{4(n_m^{l+1}+n_m^l)^2}{(\Delta x)^2(n_{m+1}^{l+1}+n_{m+1}^l+n_m^{l+1}+n_m^l)^2}\cdot\frac{\phi_{m+1}^{l+1}+\phi_{m+1}^l}{2}$$
$$- \left\{\frac{4(n_m^{l+1}+n_m^l)^2}{(\Delta x)^2(n_{m+1}^{l+1}+n_{m+1}^l+n_m^{l+1}+n_m^l)^2}\right.$$
$$+ \frac{4(n_m^{l+1}+n_m^l)^2}{(\Delta x)^2(n_m^{l+1}+n_m^l+n_{m-1}^{l+1}+n_{m-1}^l)^2} \tag{5.80}$$
$$\left. - k_0^2\left[(n_m^{l+1}+n_m^l)^2 - n_{\text{eff}}^2\right]\right\}\frac{\phi_m^{l+1}+\phi_m^l}{2}$$
$$+ \frac{4(n_m^{l+1}+n_m^l)^2}{(\Delta x)^2(n_m^{l+1}+n_m^l+n_{m-1}^{l+1}+n_{m-1}^l)^2}\cdot\frac{\phi_{m-1}^{l+1}+\phi_{m-1}^l}{2}$$

将包含 ϕ 所有的 $l+1$ 项放在等号的左边，将包含 ϕ 所有的 l 项放在等号的右边，并对折射率进行近似处理后，式 (5.80) 重写为

$$-a_{m-1}^{l+1}\phi_{m-1}^{l+1} - \left\{b_m^{l+1} - \frac{\mathrm{j}\beta(\Delta x)^2}{\Delta z}\right\}\phi_m^{l+1} - c_{m+1}^{l+1}\phi_{m+1}^{l+1}$$
$$= a_{m-1}^l\phi_{m-1}^l + \left\{b_m^l + \frac{\mathrm{j}\beta(\Delta x)^2}{\Delta z}\right\}\phi_m^l + c_{m+1}^l\phi_{m+1}^l \tag{5.81}$$
$$= d_m^l$$

式中，

$$a_{m-1}^i = \frac{(n_m^{\mathrm{I}})^2}{(n_{m-1}^i + n_m^{\mathrm{I}})^2}, \quad c_{m+1}^i = \frac{(n_m^i)^2}{(n_m^i + n_{m+1}^i)^2},$$

$$b_m^i = -a_{m-1}^i - c_{m+1}^i + k_0^2 (\Delta x)^2 \frac{(n_m^{\mathrm{I}})^2 - n_{\mathrm{eff}}^2}{4}, \quad (i = l, \ l+1) \tag{5.82}$$

式（5.82）即为 TM 模的 BPM 有限差分格式。

5.2.6 边界透明条件

由于计算机运算速度和内存的限制，计算机不能仿真无限大的区域，所以，为了吸收传输到边界处的光波，就必须加边界条件，抑制光的反射。对于这个问题的解决，Hardley 提出了名为透明边界条件（Transparent Boundary Condition，TBC）的算法，该算法利用计算机编程很容易实现，并且能够从二维问题扩展到三维问题。如图 5.14 所示，用有限差分法将待仿真区域离散化为 $(M+2) \times N$ 个点，垂直于传播方向的横截面的方向为 x 轴，传播的方向为 z 轴。由该图可以看出，最上面 $m=0$ 行和最下面 $m=M+1$ 行是仿真区域的上下边界，并且可知光波从 z_1 列射入，经过一段路径（从 z_2 到 z_{N-1}）后，在 z_N 列射出。

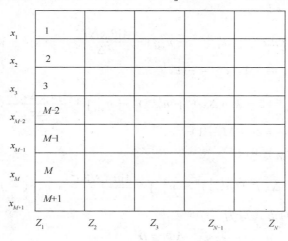

图 5.14 透明边界条件示意图

假设以平面波的形式表示边界处的电场，即

$$\phi = C \exp(-jkx) \tag{5.83}$$

式（5.83）中，参数 C 和 k 一般情况下为复数。如果知道 z_l 步的电场分布 ϕ_m^l，那么可以假设 z_l 步下边界 k 值满足下面的方程：

$$\frac{\phi_{M+1}^l}{\phi_M^l} = \exp(-jk\Delta x) \tag{5.84}$$

若 k 的实部是正值，则表示用式（5.83）表达的平面波是向计算区域外传播的，如此可以得到第 z_{l+1} 步的下边界值，即

$$\phi_{M+1}^{l+1} = \phi_M^{l+1} \exp(-jk\Delta x) \tag{5.85}$$

若 k 的实部是负值，则表示用式（5.84）表达的平面波是向计算区域内传播的。因为这样的反射波在上述所涉及的计算波导中不会存在，所以为了使平面波向计算区域的外部进行传播，必须要求 k 的实部大于零，即

$$k_{\text{bottom}} = |\text{Re}(k)| + \text{j} \times \text{Im}(k) \tag{5.86}$$

式（5.86）中，j 是虚数单位。这样可得第 z_l 步的下边界值为

$$\phi_{M+1}^{l+1} = \phi_M^{l+1} \exp(-\text{j} k_{\text{bottom}} \Delta x) \tag{5.87}$$

对于 k 为正值时，式（5.86）和式（5.87）是成立的，因此用式（5.86）统一表示 k，而用式（5.87）统一表达计算区域的下边界值。同理，对于计算区域的上边界值和 k_{top} 值可得

$$\frac{\phi_0^l}{\phi_1^l} = \exp(-\text{j} k \Delta x) \tag{5.88}$$

$$k_{\text{top}} = |\text{Re}(k)| + \text{j} \times \text{Im}(k)$$

$$\phi_0^{l+1} = \phi_1^{l+1} \exp(-\text{j} k_{\text{top}} \Delta x)$$

式（5.87）和式（5.88）称作透明边界条件。下面线性方程组由上述的透明边界条件式（5.87）和式（5.88）的第三式共同组成：

$$a_m \phi_{m-1}^{l+1} + b_m \phi_m^{l+1} - c_m \phi_{m+1}^{l+1} = d_m^l, \quad (m = 1 \sim M) \tag{5.89}$$

式中，

$$a_1 = 0, \ c_1 = 1, \tag{5.90}$$

$$b_1 = 2 - k_0^2 (\Delta x)^2 [(n_1^{l+1})^2 - n_{\text{eff}}^2] + \frac{4\text{j}\beta (\Delta x)^2}{\Delta z} - \exp(-\text{j} k_{\text{top}} \Delta x),$$

$$a_m = -1, \ c_m = -1,$$

$$b_m = 2 - k_0^2 (\Delta x)^2 [(n_m^{l+1})^2 - n_{\text{eff}}^2] + \frac{4\text{j}\beta (\Delta x)^2}{\Delta z}, \tag{5.91}$$

$$(m = 2 \sim M - 1)$$

$$a_M = -1, \ c_M = 0, \tag{5.92}$$

$$b_M = 2 - k_0^2 (\Delta x)^2 [(n_M^{l+1})^2 - n_{\text{eff}}^2] + \frac{4\text{j}\beta (\Delta x)^2}{\Delta z} - \exp(-\text{j} k_{\text{bottom}} \Delta x)。$$

式（5.89）可利用矩阵的形式写为

$$A\Phi = D \tag{5.93}$$

其中，$A = \begin{pmatrix} b_1 & c_1 & 0 & 0 & \cdots & 0 \\ a_2 & b_2 & 0 & 0 & \cdots & 0 \\ 0 & a_3 & b_3 & c_3 & \cdots & \vdots \\ \vdots & \vdots & \ddots & \ddots & \ddots & c_{M-1} \\ 0 & 0 & 0 & \cdots & a_M & b_M \end{pmatrix}, \ \Phi = \begin{pmatrix} \phi_1^{l+1} \\ \phi_2^{l+1} \\ \phi_3^{l+1} \\ \vdots \\ \phi_M^{l+1} \end{pmatrix}, \ D = \begin{pmatrix} d_1^l \\ d_2^l \\ d_3^l \\ \vdots \\ d_M^l \end{pmatrix}$

由于 A 是一个三对角式矩阵，因此式（5.93）可以使用追赶法来求解。把矩阵 A 做 LU 分解：

$$A = LU = \begin{pmatrix} \beta_1 & & & & \\ a_2 & \beta_2 & & & \\ & \cdots & \cdots & & \\ & & \cdots & \cdots & \\ & & & a_M & \beta_M \end{pmatrix} \begin{pmatrix} 1 & \delta_1 & & & \\ & 1 & \delta_2 & & \\ & & \cdots & \cdots & \\ & & & 1 & \delta_{M-1} \\ & & & & 1 \end{pmatrix} \tag{5.94}$$

式中，β_i，δ_i 做如下计算：

$$\beta_1 = b_1，\quad \delta_k = C_k / \beta_k$$
$$\beta_{k+1} = b_{k+1} - a_{k+1}\beta_k，\quad k = 1，3，\cdots，M \tag{5.95}$$

这样，式（5.93）就等价于 $Ly = D$，$U\Phi = y$。追赶法的求解过程表示为

追过程

$$y_1 = d_1^l / b_0，\quad y_i = (d_i^l - a_i y_{i-1}) / \beta_i，\quad i = 2，\cdots，M \tag{5.96}$$

赶过程

$$\Phi_M^{l+1} = y_M，\quad \Phi_i^{l+1} = y_i - \delta_i \Phi_{i+1}^{l+1}，\quad (i = M-1，\cdots，1) \tag{5.97}$$

Φ_0^{l+1} 和 Φ_{M+1}^{l+1} 的值可以分别通过对式（5.88）的第三式和式（5.87）进行求解得到。因此可以得到 ϕ 所有可能的值的电场分布，在了解了以上数据后，对光在光波导中传播状况也就了解了。

基于光束传播法的软件有 BeamPROP，另外在 OptiWave 下也有一个针对 BMP 的模块。

图 5.15 是文献中给出的 Y 分支肋形波导的结构示意图。图 5.16 是该波导在 z 取不同数值时，E_x 的场分布。

光束传播法对复杂和变形的光波导计算非常有效，文献 [19] 中列出了一个利用光束传播法计算变形后光纤的模场分布的例子，其结果如图 5.17 所示。

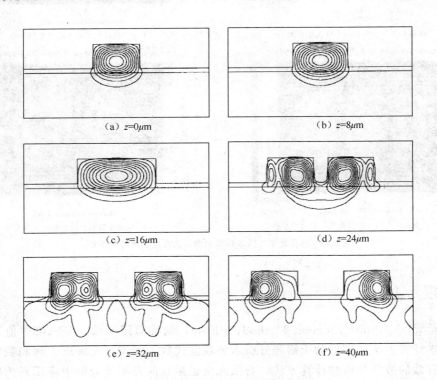

(a) $z=0\mu m$ (b) $z=8\mu m$

(c) $z=16\mu m$ (d) $z=24\mu m$

(e) $z=32\mu m$ (f) $z=40\mu m$

图 5.15 Y 分支肋形波导 E_x 的场分布图

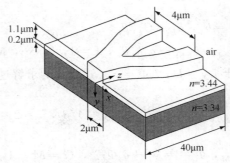

图 5.16 Y 分支肋形光波导结构示意图[16]

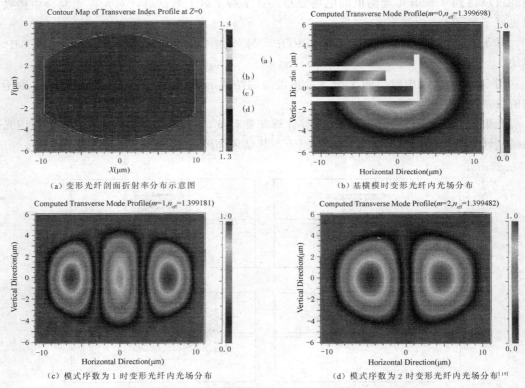

（a）变形光纤剖面折射率分布示意图

（b）基横模时变形光纤内光场分布

（c）模式序数为 1 时变形光纤内光场分布

（d）模式序数为 2 时变形光纤内光场分布[19]

图 5.17 利用光束传播法计算变形后光纤的模场分布示例

5.3 有限元法

有限单元法（Finite Element Method，FEM），简称有限元法，是求解数值边值问题的一种数学计算方法。它借助于矩阵分析求解联立代数方程组，是解决工程和数学物理问题的十分有效的数值分析和计算方法。有限元法也是目前光波导分析中应用最为广泛的方法之一。20 世纪 40 年代由 R. Cournant 首先提出，50 年代开始用于航空结构设计，随后发展到土木结构工程，到了 60 年代，越来越广泛地运用到流体力学、震动、热传导及电磁学等更多的应用领域。

　　有限元法是一种高效能、常用的数值计算方法，它是逼近论、偏微分方程及变分形式与泛函分析的巧妙结合。其基本思想是将求解区域划分成许多小的在结点处相互连接的区域，将所有区域中的场函数用近似函数代替，对每个小区域求解 Maxwell 方程，利用里兹变分法将微分方程转化为含有待定系数的代数方程，从而得到整个求解场域函数的近似线性方程组，结合合适的边界条件求解代数方程，进而计算得到近似的函数值。

　　三角形的自由度最大，因此一个二维求解区域通常可以方便地将其分割成若干个小的三角形区域。这种方法不仅能处理任意截面、任意折射率分布的情况（包括线性与非线性的情况），还能给出比其他方法更精确的结果，但由于计算量比较大，所以对计算机的硬件要求比较高。

5.3.1　有限元法的分析过程

　　与其他数值计算方法相比较，有限元法具有使用灵活和应用广泛等优点，因此适合于求解电磁场中的很多分布问题。一般来说，对于各种各样的电磁问题，有限元分析问题的流程是首先建立模型，进行网格划分，其次对模型进行计算求解，最后对求解数据进行处理和分析。有限元法的基本计算过程可以简要地归纳为以下几个步骤。

　　①确定实际问题所定义的区域、激励和边界条件，根据具体情况决定问题的描述方程。利用几何结构及对称性找出区域的对称轴，这样做可以达到节省计算时间或提高精度的目的。

　　②对整个计算区域离散化，即将区域用节点和有限元（通常为三角形或矩形单元）的组合表示。各个有限元的顶点由这些节点确定，保证有限元之间相互不重叠，且整个区域都被这些有限元完全覆盖。为了方便起见，可将节点和有限元都按次序编号，可以实现每个单元都对应于一个激励值和一种材料（可用介电常数和磁导率标定）。

　　③对每个有限元都进行局部处理，在进行局部计算时，坐标全部转化为局部坐标，即根据特殊的形函数求得某个有限元的局部激励矩阵和局部系数矩阵。由于形函数的选取，局部矩阵中的各元素都由代数法求解出。

　　④将某个单元的局部激励矩阵和局部系数矩阵的各个元素相加得到整体激励矩阵和整体系数矩阵。在实际计算机编程中，这一步要与上一步有机结合在一起，这样对上一步中每个有限元处理完时，也就立刻得到了这一步的整体矩阵。同时把由边界条件确定的节点势函数值代入到矩阵方程中，可以消减方程的阶数，从而减少计算量。

　　⑤对上一步形成的矩阵方程用线性代数的方法加以求解，便能够得到各个节点的势函数值。常用的线性代数方程解法有消去法和叠代法，而势函数在整个计算区域的分布函数可以用插值的方法来描述。由于对应于每个单元之上的势函数分布都可由该单元的几何坐标和顶点的势函数确定，而且如前所述，由于整体区域都被这些为数众多的有限元所覆盖，实际上整体区域上的分布，便由每个单元上势函数的分布迭加而成。

　　⑥利用有限元法的势函数分布进行解后处理，在很多情况下，求解电势和磁势的分布并不是最后的目的，因此还需要根据具体要求找出所解问题需要的各种工程参数。该过程对工程分析和设计至关重要，常常是研究人员致力于改进的一个主要方向，这一过程通常称为解后处理过程。

　　综上所述，有限元法的计算步骤如图 5.18 所示。

5.3.2　光波导有限元方法分析

光波在光波导中的传播问题是一个电磁场问题，所以波导的传输特性也可以通过对麦克斯韦（Maxwell）方程组求解得到。

麦克斯韦方程组的微分形式：

$$\nabla \times \boldsymbol{E} = -\frac{\partial \boldsymbol{B}}{\partial t}$$

$$\nabla \times \boldsymbol{H} = \boldsymbol{J} + \frac{\partial \boldsymbol{D}}{\partial t} \qquad (5.98)$$

$$\nabla \cdot \boldsymbol{D} = \rho$$

$$\nabla \cdot \boldsymbol{B} = 0$$

式（5.98）中，$\boldsymbol{E}$ 代表电场强度，$\boldsymbol{H}$ 代表磁场强度，$\boldsymbol{D}$ 代表电位移矢量，$\boldsymbol{B}$ 代表磁感应强度，ρ 为自由电荷体的密度，$\boldsymbol{J}$ 为介质中的传导电流密度，∇ 为梯度算符。这种微分形式的方程组将空间任一点的电、磁场量联系在一起，可以完全确定空间中任一点处电磁场的各个场量。

在光波导中，光与介质的相互作用过程就是光在介质波导中传播的过程。我们结合实际假设光波导中的介质为各向同性的均匀介质，且不存在自由电荷和传导电流，即 $\rho = 0$，$J = 0$，则麦克斯韦方程组可以表示为如下的形式：

$$\nabla \times \boldsymbol{E} = -\frac{\partial \boldsymbol{B}}{\partial t}$$

$$\nabla \times \boldsymbol{H} = -\frac{\partial \boldsymbol{D}}{\partial t} \qquad (5.99)$$

$$\nabla \cdot \boldsymbol{D} = 0$$

$$\nabla \cdot \boldsymbol{B} = 0$$

对式（5.99）中前两个式分别取旋度，并消去 $\boldsymbol{D}$ 和 $\boldsymbol{B}$，可得

$$\nabla \times \left(\frac{1}{\mu(r)} \nabla \times \boldsymbol{E} \right) = -\varepsilon_0 \mu_0 \varepsilon(r) \frac{\partial^2 \boldsymbol{E}}{\partial t^2}$$

$$\nabla \times \left(\frac{1}{\varepsilon(r)} \nabla \times \boldsymbol{H} \right) = -\varepsilon_0 \mu_0 \frac{\partial^2 \boldsymbol{H}}{\partial t^2} \qquad (5.100)$$

假设解为单一频率的时谐电磁波，即 $\boldsymbol{E}(r, t) = \boldsymbol{E}(r) \mathrm{e}^{-\mathrm{j}\omega t}$，$\boldsymbol{H}(r, t) = \boldsymbol{H}(r) \mathrm{e}^{-\mathrm{j}\omega t}$，代入式（5.100），可得

$$\nabla \times \left(\frac{1}{\mu(\boldsymbol{r})} \nabla \times \boldsymbol{E} \right) = \frac{\omega^2}{c^2} \varepsilon(\boldsymbol{r}) \boldsymbol{E}$$

$$\nabla \times \left(\frac{1}{\varepsilon(\boldsymbol{r})} \nabla \times \boldsymbol{H} \right) = \frac{\omega^2}{c^2} \mu(\boldsymbol{r}) \boldsymbol{H} \qquad (5.101)$$

其中，$c = 1/\sqrt{\varepsilon_0 \mu_0}$ 是真空中的光速。式（5.101）为电磁场应满足的矢量波动方程，可简写为

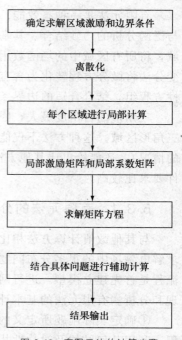

确定求解区域激励和边界条件

↓

离散化

↓

每个区域进行局部计算

↓

局部激励矩阵和局部系数矩阵

↓

求解矩阵方程

↓

结合具体问题进行辅助计算

↓

结果输出

图 5.18　有限元法的计算步骤

$$\nabla \times \left(\frac{1}{\mu(\boldsymbol{r})} \nabla \times \boldsymbol{E} \right) - k_0^2 \varepsilon(\boldsymbol{r}) \boldsymbol{E} = 0$$

$$\nabla \times \left(\frac{1}{\mu(\boldsymbol{r})} \nabla \times \boldsymbol{H} \right) - k_0^2 \mu(\boldsymbol{r}) \boldsymbol{H} = 0 \qquad (5.102)$$

其中，$k = \omega/c$ 是真空中的光波数，$\varepsilon(\boldsymbol{r})$ 和 $\mu(\boldsymbol{r})$ 分别表示波导的相对介电张量和相对磁导张量。

一般光波导介质中既没有累积的电荷，也没有流动的电流。此时从 Maxwell 方程出发，可以导出角频率为 ω 的单频时谐电磁场满足的方程：一般光波导介质中既没有累积的电荷，也没有流动的电流。此时从 Maxwell 方程出发，可以导出角频率为 ω 的单频时谐电磁场满足的方程：

$$F(E) = \frac{1}{2} \iint_{\Omega} \left[\frac{1}{\mu(\boldsymbol{r})} (\nabla \times \boldsymbol{E}) \cdot (\nabla \times \boldsymbol{E}) - k_0^2 \varepsilon(\boldsymbol{r}) \boldsymbol{E} \cdot \boldsymbol{E} \right] d\Omega$$

$$F(H) = \frac{1}{2} \iint_{\Omega} \left[\frac{1}{\mu(\boldsymbol{r})} (\nabla \times \boldsymbol{H}) \cdot (\nabla \times \boldsymbol{H}) - k_0^2 \mu(\boldsymbol{r}) \boldsymbol{H} \cdot \boldsymbol{H} \right] d\Omega \qquad (5.103)$$

其中，$\boldsymbol{E}$ 为电场强度矢量，$\boldsymbol{H}$ 为磁场强度矢量，ε_0 为真空电容率，μ_0 为真空磁导率，ε_r 为相对电容率。对于沿光传播方向（z 方向）折射率不变的光波导而言，波导中所传播的电磁场模式可以表示为

$$E(x, y, z) = E(x, y) \mathrm{e}^{-\mathrm{j}\beta z} = [E_t(x, y) + E_z(x, y)] \mathrm{e}^{-\mathrm{j}\beta z} \qquad (5.104)$$

其中，β 是传播常数，$E_t(x, y)$ 和 $E_z(x, y)$ 分别表示电场矢量在横截面内和 z 轴方向的分量。

令 $p = 1/\mu(\boldsymbol{r})$，$q = 1/\varepsilon(\boldsymbol{r})$，则将式（5.104）代入式（5.103）可得

$$F(E) = \frac{1}{2} \iint_{\Omega} \left\{ \begin{array}{l} [(p_{zz} \nabla_t \times E_t) \cdot (\nabla_t \times E_t) - k_0^2 (q_z \cdot E_t) - k_0^2 (q_{zz} E_z) \cdot E_z \\ - p_u \cdot (\nabla_t E_z + \mathrm{j}\beta E_t) \times \alpha_z] [(\nabla_t E_z + \mathrm{j}\beta E_t) \times \alpha_z] \end{array} \right\} d\Omega \qquad (5.105)$$

其中，$\nabla_t = \alpha_x \dfrac{\partial}{\partial x} + \alpha_y \dfrac{\partial}{\partial y}$ 为横向梯度算符，Ω 为波导的边界所包围的横截面区域，张量 p 和 q 可分解为

$$p = \begin{bmatrix} p_{xx} & p_{xy} & 0 \\ p_{yx} & p_{yy} & 0 \\ 0 & 0 & p_{zz} \end{bmatrix}, \quad q = \begin{bmatrix} q_{xx} & q_{xy} & 0 \\ q_{yx} & q_{yy} & 0 \\ 0 & 0 & q_{zz} \end{bmatrix}$$

为了简化式（5.105）的计算区域，需要把求解区域划合成有限个彼此相连的离散单元，因为三角形最适合离散各种不规则区域，且各个三角形离散单元首尾相接，即不重叠又不分离。引入变换 $e_t = \mathrm{j}\beta E_t$，并利用函数

$$e_t^e = \{N^e\}^T \{e_t^e\} = (\alpha_x U^T + \alpha_y V^T) \{e_t^e\}$$

$$e_z^e = \{L^e\}^T \{e_t^e\}$$

式中，$\{N^e\}$ 为截面内与边对应的矢量基插值函数，属于棱边元；$\{L^e\}$ 为 z 方向与节点对应的基插值函数，属于节点元，因此合称为混合棱边/节点元（Hybrid Nodal/Edge Elements）。线性三角形棱边元的示意图如图 5.19 所示。

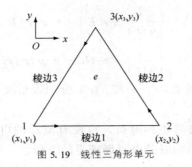

图 5.19 线性三角形单元

对式（5.105）泛函式离散化，可写为

$$F = \frac{1}{2}\left[-\beta^2\{e_t\}^T A_{tt}\{e_t\} + \begin{Bmatrix} e_t \\ e_z \end{Bmatrix}^T \begin{bmatrix} B_{tt} & B_{tz} \\ B_{zt} & B_{zz} \end{bmatrix}\begin{Bmatrix} e_t \\ e_z \end{Bmatrix}\right] \tag{5.106}$$

对式（5.106）运用里兹方法，并在方程两边同时乘以 β^2 得到特征方程：

$$\begin{bmatrix} A_{tt} & 0 \\ 0 & 0 \end{bmatrix}\begin{Bmatrix} e_t \\ e_z \end{Bmatrix} = \beta^2 \begin{bmatrix} B_{tt} & B_{tz} \\ B_{zt} & B_{zz} \end{bmatrix}\begin{Bmatrix} e_t \\ e_z \end{Bmatrix} \tag{5.107}$$

式中各矩阵是由单元矩阵组合而成，这些单元矩阵为

$$A_{tt}^e = \iint_\Omega \begin{bmatrix} k_0^2(q_{xx}UU^T + q_{yy}VV^T + q_{xy}UV^T + q_{yx}VU^T) - \\ q_{zz}\left(\dfrac{\partial U}{\partial y}\dfrac{\partial U^T}{\partial y} - \dfrac{\partial U}{\partial y}\dfrac{\partial V^T}{\partial x} - \dfrac{\partial V}{\partial x}\dfrac{\partial U^T}{\partial y} + \dfrac{\partial V}{\partial x}\dfrac{\partial V^T}{\partial x}\right) \end{bmatrix} d\Omega$$

$$B_{tt}^e = \iint_\Omega [p_{xx}VV^T - p_{xy}VU^T - p_{yx}UV^T + p_{yy}UU^T] d\Omega$$

$$B_{tz}^e = [B_{zt}^e]^T = \iint_\Omega \left[p_{xx}V\frac{\partial L^T}{\partial y} - p_{xy}V\frac{\partial L^T}{\partial x} - p_{yx}U\frac{\partial L^T}{\partial y} + p_{yy}U\frac{\partial L^T}{\partial x}\right] d\Omega$$

$$B_{zz}^e = \iint_\Omega \begin{bmatrix} k_0^2 q_{zz}LL^T + p_{xx}\dfrac{\partial L}{\partial y}\dfrac{\partial L^T}{\partial y} + p_{yy}\dfrac{\partial L}{\partial x}\dfrac{\partial L^T}{\partial x} - \\ p_{xy}\dfrac{\partial L}{\partial y}\dfrac{\partial L^T}{\partial x} - P_{yx}\dfrac{\partial L}{\partial x}\dfrac{\partial L^T}{\partial y} \end{bmatrix} d\Omega$$

实际计算中，有限元法也只能处理有限区域问题，因此和前面介绍的时域有限差分法一样，也需要采用合适的边界条件。常用的边界条件有完美匹配层（Perfect Matched Layer，PML）、理想磁导体边界（Perfect Magnetic Conductor，PMC）、理想电导体边界（Perfect Electric Condition，PEC）、自然边界条件和吸收边界条件（Absorbing Boundary Conditions，ABC）等。选择合适的边界条件可以提高计算效率和计算精度，一般使用完美匹配层作为边界条件。完美匹配层（PML）严格说来并不是边界，而是一个附加区域，在截断的边界处添加一个与相邻介质波阻抗完全相匹配的介质层。该介质一般为有耗介质，能使入射波在无反射地条件下，穿过附加区域进入匹配层后被迅速衰减。因此理论上完美匹配层可以近似模拟光场在无限空间中传播的情况。图 5.20 所示为完美匹配层。

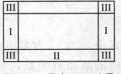

图 5.20 带有 PML 边界条件的计算区域

在 PML 中，介电张量和磁导张量分别表示为

$$[\varepsilon_r]_{\text{PML}} = \varepsilon_r[S] , \quad [\mu_r] = \mu_r[S]$$

其中

$$[S] = \begin{pmatrix} s_z s_y / s_x & 0 & 0 \\ 0 & s_x s_z / s_y & 0 \\ 0 & 0 & s_x s_y / s_z \end{pmatrix}$$

式中，s_x，s_y，s_z 为完美匹配层参数，它们的取值范围见表 5.4。

表 5.4 完美匹配层参数取值范围

PML 参数	PML 区域			非 PML
	I	II	III	
s_x	α_x	1	α_x	1
s_y	1	α_y	α_y	1
s_z	1	1	1	1

其中参数

$$\alpha_i = 1 - \text{j}\frac{\sigma_{\max}}{\omega\varepsilon}\left(\frac{\rho(x, y)}{d_i}\right), \quad i = x, y \tag{5.108}$$

式（5.108）中，$\sigma_{\max}$ 是 PML 层的最大电导率，ω 为入射波的角频率，ε 为 PML 中的介电常数，取值与相邻介质一样，d_i 为 PML 的厚度，$\rho(x, y)$ 为点到 PML 层开始处的垂直距离，m 称为 PML 层的阶数，它决定 PML 层中的电导率的分布，通常取值 2 到 4 之间。

5.3.3 基于有限元法的软件

COMSOL Multiphysics 是一款基于有限元法大型的高级数值仿真软件，由瑞典的 COMSOL 公司开发，主要用来模拟科学和工程领域的各种物理过程，目前已被广泛应用于各领域的科学研究及工程计算，被当今世界科学家称为第一款真正的任意多物理场直接耦合分析软件。

COMSOL Multiphysics 具有用途广泛、灵活、易用的特性，与其他有限元分析软件相比，强大之处在于利用其附加的功能模块，软件功能可以很容易进行扩展。用户可以利用 RF 模块仿真波导、光学晶体、天线等。另外，COMSOL 提供了与 MATLAB 计算环境的接口，用户可以将仿真导出到 MATLAB，在 MATLAB 中进行数据的处理。

下面以利用 COMSOL 分析光子晶体光纤为例来说明 COMSOL 分析解决问题的基本步骤。

（1）根据要解决的问题，设置参数，建立模型

图 5.21 中深色区域表示二氧化硅，浅色区域表示圆形的空气孔柱，在软件的菜单中设置光纤的各个子域属性，其中选择背景材料的折射率 $n = 1.45$，空气芯的折射率为 $n = 1$。

（2）进行网格划分

如前所述，利用有限元法求解时通常要将计算域离散成有限个互相不重叠的小三角形单元，通过调整网格化的参数，可以控制网格划分的精度。一般来说，网格划分越密集，求解精度越高，但由于计算机内存的限制，网格划分也不可太细。图 5.22 所示为光子晶体光纤网格化处理后的截面图。

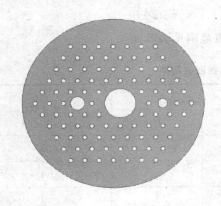
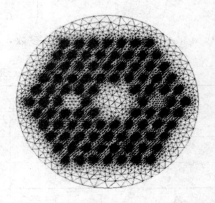

图 5.21　一种光子晶体光纤的横截面示意图[23]

图 5.22　图 5.21 中的光子晶体光纤网格化
处理后的截面图[23]

（3）计算及后处理

在以上两个步骤的准备工作完成后，通过设定求解算法和波长就可以求解光子晶体光纤电磁场的模式分布。一般根据光子晶体光纤的带隙范围来设置入射波的波长，同时设置有效折射率的初值，就可以求解出光纤的有效折射率。而根据有效折射率，可以进一步分析光纤的耦合特性、模间色散等其他特性。除此之外，在后处理中还可以实现解及和解有关的一些表达式的可视化，即可画出 2D 或 3D 表面图、等值线图、箭头图、变形图、流线图、粒子追踪图等，也可播放解随时间或参数变化的动画。

为了验证利用该软件分析光子晶体光纤的正确性，将求解出来的结果与文献［23］中光纤的有效折射率进行了对比。如图 5.23 所示，可以看出用该软件求解出来的结果几乎没有误差。因此也证明了利用 COMSOL 软件计算结果并结合 MATLAB 编程来进行光子晶体光纤传输特性研究是可信的。

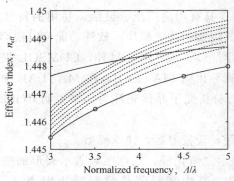

图 5.23　图 5.20 中光纤的有效折射率[23]

下面再介绍一个利用 COMSOL 软件分析 THz 光子晶体光纤的一个例子，其光纤的结构如图 5.24（a）所示，其中孔之间间距 Λ 为 $600\mu m$，$d/\Lambda = 0.5$，网格化处理后的横截面及计算得到光子晶体光纤光强的二维、三维图如图 5.24（b）、（c）、（d）所示。

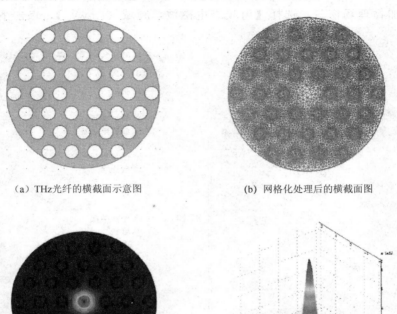

（a）THz光纤的横截面示意图 　　　　（b）网格化处理后的横截面图

（c）光纤中光强的二维分布图 　　　　（d）光纤中光强的三维分布图[24]

图 5.24　利用 COMSOL 软件分析 THz 光子晶体光纤

5.3.4　利用 COMSOL 软件进行计算的一个实例

1. 模型定义

单根矩形波导尺寸 $8\times0.5\times0.73\mu m$，衬底尺寸 $8\times6\times1.3\mu m$，空气层尺寸 $8\times6\times2\mu m$，结构图如图 5.25 所示。

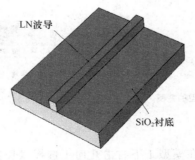

图 5.25　单根矩形波导结构示意图

2. 建模指导

（1）模型向导

①打开模型向导，在选择空间维度窗口选择【三维】，点击下一步，如图 5.26 所示。

②在增加物理场窗口，选择【射频＞电磁波，频域（emw）】，点击下一步，如图 5.27 所示。

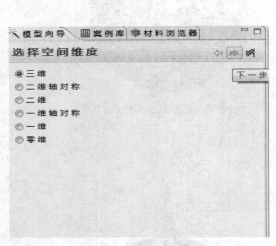

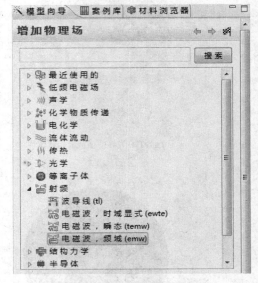

图 5.26　打开模型向导的截图　　　　　　　　图 5.27　增加物理场窗口的截图

③在选择求解类型窗口，选择【预置求解＞频域】，点击完成，如图 5.28 所示。

在模型 1 下【几何】1 窗口，长度单位选择 μm，高级选项几何表示选择 COMSOL 内核，如图 5.29 所示。

图 5.28　选择求解类型的截图　　　　　　　　图 5.29　模型下的几何窗口的截图

（2）长方体 1（衬底）

①在模型构建器窗口，在模型 1 下右击几何 1 选择【长方体】。

②在长方体 1 窗口，设置尺寸与形状部分。

③在宽度编辑区域键入 6；深度编辑区域键入 8；高度编辑区域键入 1.3。

④点击构建所有，如图 5.30 所示。

（3）长方体 2（LN 波导）

①在模型构建器窗口，在模型 1 下右击几何 1 选择【长方体】。

②在长方体 2 窗口，设置尺寸与形状部分。

③在宽度编辑区域键入 0.5；深度编辑区域键入 8；高度编辑区域键入 0.73。

④设置位置部分，在 x 编辑区域键入 2.75，在 z 编辑区域键入 1.3。

⑤点击构建所有，如图 5.31 所示。

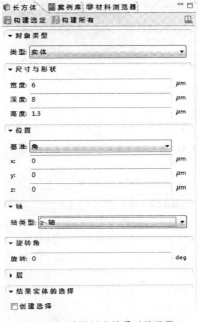
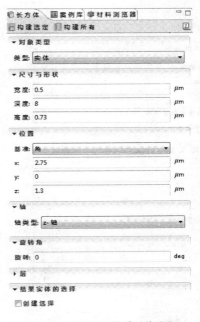

图 5.30 选择衬底性质时的截图   图 5.31 选择波导性质时的截图

（4）长方体 3（空气层）

①在模型构建器窗口，在模型 1 下右击几何 1 选择【长方体】。

②在长方体 3 窗口，设置尺寸与形状部分。

③在宽度编辑区域键入 6；深度编辑区域键入 8；高度编辑区域键入 2。

④设置位置部分，在 z 编辑区域键入 1.3。

⑤点击构建所有，如图 5.32 所示。在软件中构建好的波导结构如图 5.33 所示。

3. 材料

（1）材料 1

①在模型构建器窗口，在模型 1 下右击材料选择【材料】。

②在几何实体选择窗口，只选择域 2（单击要选择的区域然后右击），如图 5.34 所示。

③在材料属性窗口，打开电磁模型右击折射率，选择增加到材料。

④在材料目录窗口，折射率的值键入 1。

⑤右击材料 1 选择重命名，在弹出的重命名材料窗口中新名称栏键入 Air。

⑥点击确定，如图 5.35 所示。定义好材料 1 的波导如图 5.36 所示。

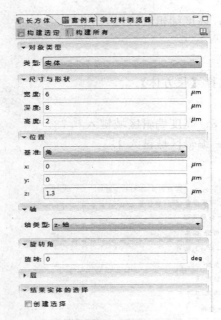

图 5.32 选择空气层性质时的截图

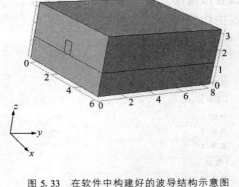

图 5.33 在软件中构建好的波导结构示意图

图 5.34 选择材料 1 时的截图

图 5.35 设置材料 1 折射率的截图

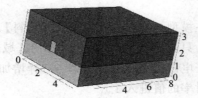

图 5.36 定义材料 1 后的波导

（2）材料 2

①在模型构建器窗口，在模型 1 下右击材料选择【材料】。

②在几何实体选择窗口，只选择域 3，如图 5.37 所示。

③在材料属性窗口，打开电磁模型右击折射率，选择增加到材料。

④在材料目录窗口，折射率的值键入 2.22。

⑤右击材料 2 选择重命名，在弹出的重命名材料窗口中新名称栏键入 LN。

⑥点击确定，如图 5.38 所示。定义好材料 2 的波导如图 5.39 所示。

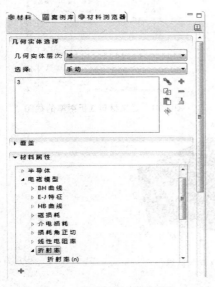

图 5.37 选择材料 2 时的截图

图 5.38 定义材料 2 折射率的截图

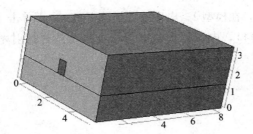

图 5.39 定义材料 2 后的波导

（3）材料 3

①在模型构建器窗口，在模型 1 下右击材料选择【材料】。

②在几何实体选择窗口，只选择域 1，如图 5.40 所示。

③在材料属性窗口，打开电磁模型右击折射率，选择增加到材料。

④在材料目录窗口，折射率的值键入 1.44，如图 5.41 所示。

⑤右击材料 3 选择重命名，在弹出的重命名材料窗口中新名称栏键入 SiO_2。

⑥点击确定，如图 5.41 所示。定义好材料 3 的波导如图 5.42 所示。

图 5.40 选择材料 3 时的截图

图 5.41 定义材料 3 折射率的截图

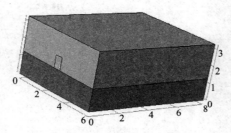

图 5.42 定义材料 3 后的波导

4. 电磁波，频域（emw）

（1）散射边界条件

①在模型构建器窗口，在模型 1＞电磁波，频域（emw）下单击【波方程】，点 1 分支。

②在波方程，点 1 窗口，电位移场栏电位移场模型选择折射率，如图 5.43 所示。

图 5.43 波方程选项的截图

③右击电磁波，频域（emw）选择散射边界条件。

④在散射边界条件设置窗口，边界选择项手动选择边界1，3，4，7，17，18，如图5.44所示。

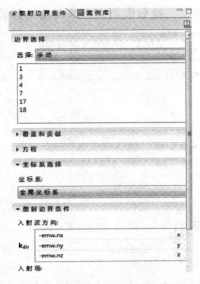

图 5.44　散射边界条件选择窗口截图

（2）端口1

①在模型构建器窗口，在模型1下右击电磁场，频域（emw）选择【端口】。

②在端口1设置窗口，边界选择项手动选择边界2，5，11，如图5.45所示。

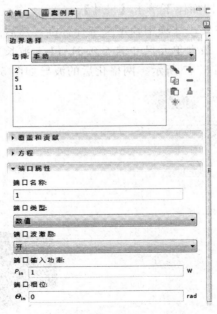

图 5.45　端口1下设置窗口截图

③在端口属性项，端口类型选择数值，端口波激励选择开。

（3）端口 2

①在模型构建器窗口，在模型 1 下右击电磁场，频域（emw）选择【端口】。

②在端口 2 设置窗口，边界选择项手动选择边界 8，9，14。

③在端口属性项，端口类型选择数值，端口波激励选择关，如图 5.46 所示。

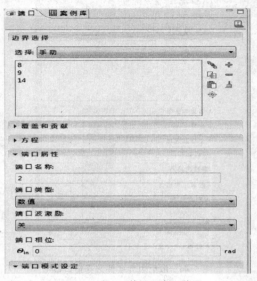

图 5.46　端口 2 的设置窗口截图

5. 网格

①在模型构建器窗口，在模型 1 下右击网格选择自由剖分四面体网格。

②在模型 1＞自由剖分四面体下单击【尺寸】。

③在尺寸设置窗口，单元尺寸项中预定义选择标准，然后点击定制。

④在单元尺寸参数项，最大单元尺寸键入 0.31（1/5 波长）。

⑤点击构建所有，如图 5.47 所示。网格化后的波导如图 5.48 所示。

图 5.47　网格设置窗口截图

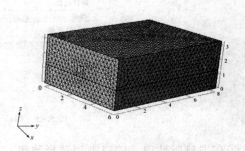

图 5.48　网格化后的波导

6. 求解过程

（1）边界模式分析 1

①在模式构建器窗口，右击求解 1 选择求解步骤【边界模式分析】。

②在边界模式分析设置窗口，求解设定项中搜索模态基准点栏键入 1.7，频率模式分析栏键入 3e8/1.55e－6。

③在模式构建器窗口，在求解 1 下右击边界模式分析选择上移，如图 5.49 所示。

（2）边界模式分析 2

①在模式构建器窗口，右击求解 1 选择求解步骤【边界模式分析】。

②在边界模式分析设置窗口，求解设定项中搜索模态基准点栏键入 1.78，端口名称栏键入 2，频率模式分析栏键入 3e8/1.55e－6。

③在模式构建器窗口，在求解 1 下右击边界模式分析 2 选择上移，如图 5.50 所示。

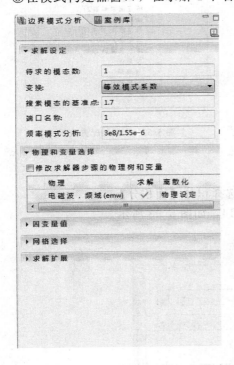
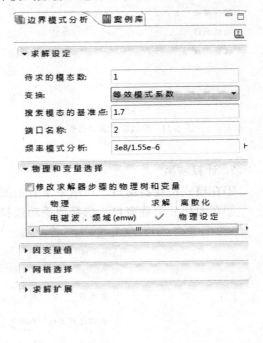

图 5.49　边界模式分析 1 窗口截图　　　　图 5.50　边界模式分析 2 窗口截图

（3）频域

①在模式构建器窗口，在求解 1 下单击【频域】。

②在频域设置窗口，求解设定项中，频率栏键入 3e8/1.55e－6，如图 5.51 所示。

（4）求解器配置

①在模式构建器窗口，右击【求解】1 选择显示缺省求解器。

②在模式构建器窗口，单击求解 1＞求解器配置＞求解器 1＞稳态求解器 1，右击直接选择启用，如图 5.52 所示。

③在模式构建器窗口，右击求解选择计算，等待计算结果。

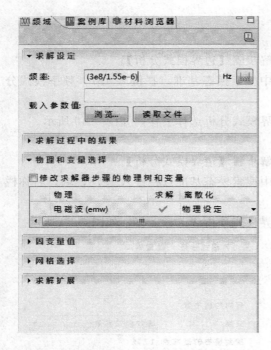

图 5.51 频域设置窗口截图

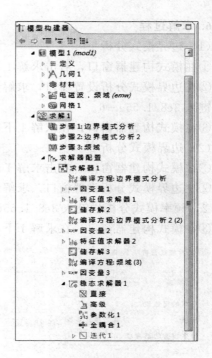

图 5.52 求解器配置截图

7. 计算结果

①在模式构建器窗口，在结果下右击派生值选择积分【面积分】。

②在面积分设置窗口，选择项手动选择边界 14，如图 5.53 所示。

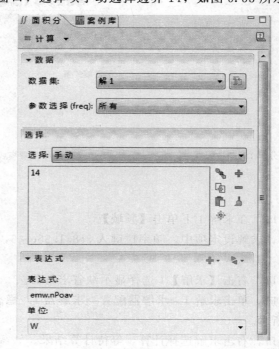

图 5.53 面积分设置窗口 1 截图

③在面积分设置窗口，表达式项单击图标 ，选择电磁波，频域＞能量和功率＞时均功率流出（emw. nPoav），单击计算获得输入功率。

④在面积分设置窗口，选择项单击图标 ，清空选择，重新手动选择边界 11，如图 5.54 所示，单击计算获得输出功率。

⑤透射率＝（输出功率/输入功率）％。

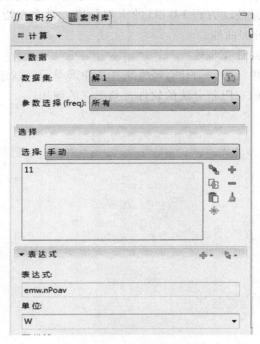

图 5.54　面积分设置窗口 2 的截图

8. 讨论

选择波长为 $1.55\mu m$ 的准 TM 波作为入射波，透射率高达 99.3％，其波导中的电场分布如图 5.55 所示。

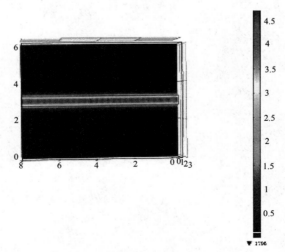

图 5.55　波导中的电场分布示意图

习　题

1. 对一维标量波动方程 $\dfrac{\partial^2 u}{\partial t^2} = c^2 \dfrac{\partial^2 u}{\partial x^2}$ 进行差分近似，推出其差分迭代公式。

2. 编写第 1 题中标量波动方程 FDTD 的求解程序，设在左边界处存在高斯函数，画出传播函数关于位置的分布曲线。

3. 总结光束传播法的计算步骤。

4. 在有限元法划分单元时，为什么经常选择三角形单元，叙述这个单元的优缺点。

5. 选择一种基于时域有限差分法的软件，熟悉它的使用。

附录1 矢量分析常用公式

1. 矢量恒等式

$$\boldsymbol{a} \cdot \boldsymbol{b} \times \boldsymbol{c} = \boldsymbol{b} \cdot \boldsymbol{c} \times \boldsymbol{a} = \boldsymbol{c} \cdot \boldsymbol{a} \times \boldsymbol{b}$$

$$\boldsymbol{a} \times (\boldsymbol{b} \times \boldsymbol{c}) = \boldsymbol{b}(\boldsymbol{a} \cdot \boldsymbol{c}) - \boldsymbol{c}(\boldsymbol{a} \cdot \boldsymbol{b})$$

$$(\boldsymbol{a} \times \boldsymbol{b}) \cdot (\boldsymbol{c} \times \boldsymbol{d}) = (\boldsymbol{a} \cdot \boldsymbol{c})(\boldsymbol{b} \cdot \boldsymbol{d}) - (\boldsymbol{a} \cdot \boldsymbol{d})(\boldsymbol{b} \cdot \boldsymbol{c})$$

$$\nabla(\phi\mu) = \phi \nabla\mu + \mu \nabla\phi$$

$$\nabla \cdot (\phi\boldsymbol{A}) = \boldsymbol{A} \cdot \nabla\phi + \phi \nabla \cdot \boldsymbol{A}$$

$$\nabla \times (\phi\boldsymbol{A}) = \nabla\phi \times \boldsymbol{A} + \phi \nabla \times \boldsymbol{A}$$

$$\nabla(\boldsymbol{A} \cdot \boldsymbol{B}) = (\boldsymbol{A} \cdot \nabla)\boldsymbol{B} + (\boldsymbol{B} \cdot \nabla)\boldsymbol{A} + \boldsymbol{A} \times \nabla \times \boldsymbol{B} + \boldsymbol{B} \times \nabla \times \boldsymbol{A}$$

$$\nabla \cdot (\boldsymbol{A} \times \boldsymbol{B}) = \boldsymbol{B} \cdot \nabla \times \boldsymbol{A} - \boldsymbol{A} \cdot \nabla \times \boldsymbol{B}$$

$$\nabla \times (\boldsymbol{A} \times \boldsymbol{B}) = \boldsymbol{A} \nabla \cdot \boldsymbol{B} - \boldsymbol{B} \nabla \cdot \boldsymbol{A} + (\boldsymbol{B} \cdot \nabla)\boldsymbol{A} - (\boldsymbol{A} \cdot \nabla)\boldsymbol{B}$$

$$\nabla \times \nabla\phi = 0$$

$$\nabla \cdot \nabla \times \boldsymbol{A} = 0$$

$$\nabla^2\phi = \nabla \cdot \nabla\phi$$

$$\nabla^2\boldsymbol{A} = \nabla \cdot \nabla\boldsymbol{A}$$

$$\nabla \times \nabla \times \boldsymbol{A} = \nabla\nabla \cdot \boldsymbol{A} - \nabla^2\boldsymbol{A}$$

2. 直角、圆柱坐标系中场的梯度、散度、旋度和 Laplace 的表示式

(1) 直角坐标系

$$\nabla = \boldsymbol{i}_x \frac{\partial}{\partial x} + \boldsymbol{i}_y \frac{\partial}{\partial y} + \boldsymbol{i}_z \frac{\partial}{\partial z}$$

$$\nabla\phi = \boldsymbol{i}_x \frac{\partial \phi}{\partial x} + \boldsymbol{i}_y \frac{\partial \phi}{\partial y} + \boldsymbol{i}_z \frac{\partial \phi}{\partial z}$$

$$\nabla \cdot \boldsymbol{A} = \frac{\partial A_x}{\partial x} + \frac{\partial A_y}{\partial y} + \frac{\partial A_z}{\partial z}$$

$$\nabla \times \boldsymbol{A} = \boldsymbol{i}_x \left(\frac{\partial A_z}{\partial y} - \frac{\partial A_y}{\partial z} \right) + \boldsymbol{i}_y \left(\frac{\partial A_x}{\partial z} - \frac{\partial A_z}{\partial x} \right) + \boldsymbol{i}_z \left(\frac{\partial A_y}{\partial x} - \frac{\partial A_x}{\partial y} \right)$$

$$\nabla^2\phi = \nabla \cdot \nabla\phi = \frac{\partial^2 \phi}{\partial x^2} + \frac{\partial^2 \phi}{\partial y^2} + \frac{\partial^2 \phi}{\partial z^2}$$

(2) 圆柱坐标系

$$\nabla = \boldsymbol{i}_r \frac{\partial}{\partial r} + \boldsymbol{i}_\phi \frac{\partial}{r \partial \phi} + \boldsymbol{i}_z \frac{\partial}{\partial z}$$

$$\nabla u = \boldsymbol{i}_r \frac{\partial u}{\partial r} + \boldsymbol{i}_\phi \frac{\partial u}{r \partial \phi} + \boldsymbol{i}_z \frac{\partial u}{\partial z}$$

$$\nabla \cdot \boldsymbol{A} = \frac{1}{r} \frac{\partial}{\partial r}(rA_r) + \frac{1}{r} \frac{\partial A_\varphi}{\partial \phi} + \frac{\partial A_z}{\partial z}$$

$$\nabla \times \boldsymbol{A} = \frac{1}{r} \left[\boldsymbol{i}_r \left(\frac{\partial A_z}{\partial \phi} - \frac{\partial (rA_\varphi)}{\partial z} \right) + r\boldsymbol{i}_\varphi \left(\frac{\partial A_r}{\partial z} - \frac{\partial A_z}{\partial r} \right) + \boldsymbol{i}_z \left(\frac{\partial (rA_\varphi)}{\partial r} - \frac{\partial A_r}{\partial \varphi} \right) \right]$$

$$\nabla^2 u = \nabla \cdot \nabla u = \frac{1}{r} \frac{\partial}{\partial r} \left(r \frac{\partial u}{\partial r} \right) + \frac{1}{r^2} \frac{\partial^2 u}{\partial \phi^2} + \frac{\partial^2 u}{\partial z^2}$$

附录 2   常用贝塞尔函数公式

1. 贝塞尔方程

数学上标准的贝塞尔方程的形式为

$$x^2 \frac{\mathrm{d}^2 R(x)}{\mathrm{d}x^2} + x \frac{\mathrm{d}R(x)}{\mathrm{d}x} + (x^2 - m^2)R(x) = 0 \tag{1}$$

其解的形式为

$$R(x) = A J_m(x) + B N_m(x) \tag{2}$$

其中，$J_m(x)$ 为第一类贝塞尔函数，一般简称贝塞尔函数，$N_m(x)$ 为第二类贝塞尔函数，又称聂曼函数。

2. 贝塞尔函数与聂曼函数

贝塞尔函数 $J_m(x)$ 为

$$J_m(x) = \sum_{n=0}^{\infty} \frac{(-1)^n \left(\dfrac{x}{2}\right)^{m+2n}}{n!\,(n+m)!} \tag{3}$$

聂曼函数 $N_m(x)$ 为

$$N_m(x) = \frac{2}{\pi}\left(\gamma + \ln\frac{x}{2}\right) J_m(x) - \frac{1}{\pi}\sum_{n=0}^{m-1} \frac{(m-n-1)!}{n!}\left(\frac{2}{x}\right)^{m-2n}$$

$$- \frac{1}{\pi}\sum_{n=0}^{\infty} \frac{(-1)^n \left(\dfrac{x}{2}\right)^{m-2n}}{n!\,(n+m)!}\left(1 + \frac{1}{2} + \frac{1}{3} + \cdots + \frac{1}{n} + 1 + \frac{1}{2} + \frac{1}{3} + \cdots + \frac{1}{m+n}\right) \tag{4}$$

其中，$\gamma = 0.5772$。

$J_m(x)$、$N_m(x)$ 的函数图形如图 1 所示。当 x 很大时，它们近似于三角函数，可表示为

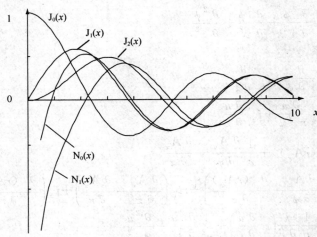

图 1 $J_m(x)$，$N_m(x)$ 的函数图形

$$J_m(x) \cong \sqrt{\frac{2}{\pi x}} \cos\left(x - \frac{\pi}{4} - \frac{m\pi}{2}\right) \tag{5a}$$

$$N_m(x) \cong \sqrt{\frac{2}{\pi x}} \sin\left(x - \frac{\pi}{4} - \frac{mn}{2}\right) \tag{5b}$$

由于聂曼函数在 $x = 0$ 处为无穷大，因而在讨论光纤时不用它，而用贝塞尔函数。

常用的贝塞尔函数的递推公式有

$$J_0'(x) = -J_1(x) = J_{-1}(x) \tag{6a}$$

$$J_m'(x) = \frac{m}{x}J_m(x) - J_{m+1}(x) = -\frac{m}{x}J_m(x) + J_{m-1}(x) \tag{6b}$$

$$2mJ_m(x) = xJ_{m-1}(x) + xJ_{m+1}(x) \tag{6c}$$

常用的积分公式为

$$\int_0^a J_m^2(k_0 x) x\,\mathrm{d}x = \frac{a^2}{2}\left[J_m^2(k_0 a) + \left(1 - \frac{m^2}{k_0^2 a^2}\right)J_m^2(k_0 a)\right] \tag{7}$$

3. 修正的贝塞尔方程及其解

修正的贝塞尔方程的形式为

$$x^2 \frac{\mathrm{d}^2 R(x)}{\mathrm{d}x^2} + x\frac{\mathrm{d}R(x)}{\mathrm{d}x} - (x^2 + m^2)R(x) = 0 \tag{8}$$

式中 x 是实数。如果贝塞尔方程中的宗量为虚数，就可经过变换得到变质的贝塞尔方程。

修正的贝塞尔方程的解为

$$R(x) = CI_m(x) + DK_m(x) \tag{9}$$

$I_m(x)$、$K_m(x)$ 各称为第一类和第二类修正的贝塞尔函数。它们可表示为

$$I_m(x) = j^{-m}J_m(jx) = j^m J_m(-jx) \tag{10a}$$

$$K_m(x) = \frac{\pi}{2}j^{m+1}[J_m(jx) + jN_m(jx)] \tag{10b}$$

它们的函数图形如图 2 所示。

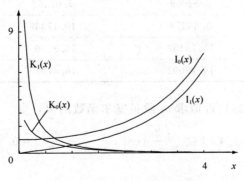

图 2 $I_m(x)$、$K_m(x)$ 的函数图形

当 x 很大时，它们可近似表示为

$$I_m(x) \cong \frac{e^x}{\sqrt{2\pi x}} \tag{11a}$$

$$\mathrm{K}_m(x) \cong \sqrt{\frac{\pi}{2x}} e^{-x} \tag{11b}$$

由式（11）与图 2 都可看出，在 $x \to \infty$ 时，$\mathrm{I}_m(x) \to \infty$，而 $\mathrm{K}_m(x) \to 0$。因而在分析光纤中的导波时，取第二类变质的贝塞尔函数作为包层中的解。

常用的第二类修正的贝塞尔函数的递推公式为

$$\mathrm{K}'_0(x) = -\mathrm{K}_1(x) \tag{12a}$$

$$\mathrm{K}'_m = \frac{m}{x}\mathrm{K}_m(x) - \mathrm{K}_{m+1}(x) = -\frac{m}{x}\mathrm{K}_m(x) + \mathrm{K}_{m-1}(x) \tag{12b}$$

$$2m\mathrm{K}_m(x) = -x\mathrm{K}_{m-1}(x) + x\mathrm{K}_{m+1}(x) \tag{12c}$$

常用的积分式为

$$\int_0^a x\mathrm{K}_m^2(k_0 x)x\,\mathrm{d}x = \frac{a^2}{2}\left[\mathrm{K}_m^2(k_0 a) - \left(1 + \frac{m^2}{k_0^2 a^2}\right)\mathrm{K}_m^2(k_0 a)\right] \tag{13}$$

当 $x \to 0$ 时，$\mathrm{K}_m(x)$ 可用下式近似表示：

$$m = 0: \quad \mathrm{K}_0(x) \cong \ln\frac{2}{x} \tag{14a}$$

$$m \neq 0: \quad \mathrm{K}_m(x) = \frac{1}{2}(m-1)!\left(\frac{2}{x}\right)^m \tag{14b}$$

4. 贝塞尔函数的根

令 $\mathrm{J}_m(x) = 0$，求解就得到贝塞尔函数的根。对于给定的 m，贝塞尔函数的根不只一个，而是一族。以 ν_{mn} 表示 m 阶贝塞尔函数的根，n 是根的编号。ν_{mn} 的值表示于下表。

$\mathrm{J}_m(x)$ 的根 ν_{mn}

n	ν_{0n}	ν_{1n}	ν_{2n}
0		0	0
1	2.40483	3.83171	5.13562
2	5.52008	7.01559	9.76106
3	8.65373	10.17347	13.01520
4	11.79153	13.32369	16.22347
5	14.93092	16.47063	19.40942

当较大时，可用式（5a）近似求 m 阶贝塞尔函数的根，令

$$\mathrm{J}_m(x) \cong \sqrt{\frac{2}{\pi x}}\cos\left(x - \frac{\pi}{4} - \frac{m\pi}{2}\right) = 0 \tag{15}$$

其解为

$$\nu_{mn} \cong \left(m + 2n - \frac{1}{2}\right)\frac{\pi}{2} \tag{16}$$

参 考 文 献

[1] 杨笛，任国斌，王义全 . 导波光学基础 . 北京：中央民族大学出版社，2012.

[2] 廖延彪，黎敏 . 光纤光学 . 北京：清华大学出版社，2000.

[3] 石顺祥，王学恩，刘劲松 . 物理光学与应用光学 . 西安：西安电子科技大学出版社，2008.

[4] 欧攀，戴一堂，王爱民，等 . 高等光学仿真（MATLAB 版）. 北京：北京航空航天大学出版社，2011.

[5] 郑玉祥，陈良尧 . 近代光学 . 北京：电子工业出版社，2011

[6] 吴彝尊，蒋佩璇，李玲 . 光纤通信基础 . 北京：人民邮电出版社，1987.

[7] 杨祥林 . 光纤通信系统 . 北京：国防工业出版社，2000.

[8] 刘德明，孙军强，鲁平，等 . 光纤光学 . 2 版 . 北京：科技出版社，2008.

[9] 马养武，王静环，包成芳，等 . 光电子学 . 杭州：浙江大学出版社，2003.

[10] 曹庄琪 . 导波光学 . 北京：科技出版社，2007.

[11] 吴重庆 . 光波导理论 . 2 版 . 北京：清华大学出版社，2005.

[12] 邓大鹏，等 . 光纤通信原理 . 北京：人民邮电出版社，2003.

[13] 张伟刚 . 光纤光学原理及应用 . 北京：清华大学出版社，2012.

[14] 廖延彪 . 光纤光学 . 北京：清华大学出版社，2000.

[15] 马春生，刘式墉 . 光波导模式理论 . 吉林：吉林大学出版社，2007.

[16] TSUJI Y, KOSHIBA M, SHIRAISHI T. Finite element beam propagation method for three-dimensional optical waveguide structures. J. Lightwave Technol, 1997, 15 (9): 1728 - 1734.

[17] HE Y, SHI F G. Improved full-vectorial beampropagation method with high accuracy for arbitrary optical waveguides. IEEE Photonies Teehnology Letters, 2003, 5 (10): 1381 - 1383.

[18] HOEUSTRA H J W M. On beam propagation methods for modeling in integrated optics. Opt. Quantum Electron, 1997, 29 (2): 157 - 171.

[19] 凤兰，吴根柱，霍海燕 . 光束传播法在光波导中的应用 . 内蒙古石油化工，2010，24 (5): 5 - 9.

[20] 夏全 . 光子晶体全光开关的设计与研究 . 南昌大学硕士论文，2013.

[21] 陈晓文 . 光波导的时域有限差分法数值模拟 . 中山大学硕士论文，2005.

[22] 薄中阳 . 二维 FDTD 集成光波导模拟及子域合成法研究 . 浙江大学硕士论文，2006.

[23] CHEN M, ZHOU J, PUN E Y B. A novel WDM component based on a three-core photonic crystal fiber [J] . J. Lightwave Technol, 2009, 27 (13): 2343 - 2347.

[24] 刘国林 . 基于有限元法的折射引导型 THZ 光子晶体光纤波导的传输特性研究 . 北京交通大学硕士论文，2011.

参考文献

[16] TSUJI Y, KOSHIBA M, SHIRAISHI T. Finite element beam propagation method for three-dimensional optical waveguide structures J. Lightwave Technol, 1997, 15 (9): 1728-1734.

[17] HU Y, SHI P G. Improved full-vectorial beam propagation method with high accuracy for arbitrary optical waveguides IEEE Photonics Technology Letters, 2008, 5 (11): 1342-1353.

[18] HOEKSTRA H J W M. On beam propagation methods for modelling in integrated optics Opt Quantum Electron, 1997, 29 (2): 157-171.

[23] CHEN M, ZHOU H, FUN E, et al. A novel VDM component based on a three-core photonic crystal fiber J J Lightwave Technol, 2008, 37 (13): 2873-2877.